科研費

申請書の

赤ペン添削

ハンドブック

児島将康

久留米大学分子生命科学研究所

JN221131

羊土社
YODOSHA

はじめに

　先に出版した「科研費獲得の方法とコツ」が長編小説だとすると，今回の「科研費申請書の赤ペン添削ハンドブック」は短編小説集だ．

　この本は，ひととおり書かれた科研費の申請書をよりよいものにしていくために，どのように直していけばよいか，その方法論を豊富な例文を使って解説したハンドブックだ．申請書を一から作成するために参考にするための本ではない．

　私が前著「科研費獲得の方法とコツ」を出版したのは 2010 年のことである．幸い，この本は研究者，特に科研費応募の初心者の方々や，応募経験が浅い方々に好評で，多くの方々から役に立ったとの言葉をもらった．また本の出版を契機として，全国のいろんな大学や研究機関で，科研費申請書の書き方についてのセミナーを行ったり，申請書のチェックを頼まれたり，申請者とワークショップでともに勉強したりした．それは非常に得がたい経験であり，私自身大いに勉強になることが多かった．また私は理系の研究者で，先の本は理系の例文が中心だったにもかかわらず，予想外のことに文系の方にもよく参考にしてもらい，また文系学部しかもたない大学でのセミナーの機会もいただいた．

　このような経験から，研究者の方々が申請書の作成において悩む箇所やどうしたらいいのかわからなくなる部分などに，ある共通のパターンがあることがわかってきた．つまり理系文系にかかわらず，申請書の重要なポイントは同じだということだ．それは私の頭で考えたことではなく，実際の研究者の方々との話し合いや申請書のチェックによってわかってきたことである．また，いったん出来上がった申請書について，どこがよくない部分なのか，それをどのようにして改良していったらいいのかなどを参考にできるような本があれば便利だろうということもみえてきた．つまり，自分が書いた申請書にもあてはまる共通のパターンが含まれた例文とその改良法（アドバイス）がまとまっていれば，申請書の自己チェックに大いに役立つだろう．この本はそのような考えのもとで作成した（ただし，内容は私の独断と偏見も含まれることに注意してほしい．審査が合議である以上，すべてが正しいとは限らないのだ）．

例文はさまざまな分野の実際の申請書からの抜粋を基本とした．いくつかの例文は私自身の申請書を変更して使ったものもある．科研費の性質上，申請者が特定できないようにかなり変更を加えている．そのため，内容に関しては架空の化学反応・テーマ・語句になっている箇所がある．専門の方々には非常に違和感を感じる例文もあると思うが，ご容赦願いたい．

最後になるが，本書のアイデアを一緒に考えてくれた羊土社編集部の吉田さん，まとめにくい内容を一冊の本にまでもっていってくれた冨塚さん，そして例文のもととなった申請書を使わせていただいた多くの研究者に感謝する．

科研費の採択は年々難しくなってきている．しかし私自身が多くの申請者とワークショップなどで勉強した経験から言えることは，研究計画のアイデアをしっかりもったうえで，きちんと書いていれば，いつか必ず採択されるということだ．この本を参考にして，申請書をよりよいものに仕上げて欲しいと思う．皆さんの検討を祈りたい．

2016年7月

児島将康

本書の構成・利用法

case
数多くの申請書をみてきた著者が様々な分野からの例文を厳選し，審査委員目線でコメントしています

❷ 研究目的（概要）

case 12

唐突なはじまりで読みにくい

理工系　生命科学系　医歯薬系　人文学系　社会科学系　複合領域系　　重要度 ★★☆　頻度 ★☆☆

どこがよくないか

申請分野
比較的よくみられるなど関連の深い分野がある場合は濃く示します

例文1

研　究　目　的　（概　要）
　ヒト皮膚の角質層に治療液…は，レーザー共焦点顕微鏡と…

重要度　★★★ ⟷ ★☆☆
（採択に影響大）（審査委員の心証次第）
頻度　★★★ ⟷ ★☆☆
（まずはここを直すべし）（配慮できれば二重丸）

例文2

研　究　目　的　（概　要）※ 当該研究計画の目的について，簡潔にまとめて記述してください。
　人間の欲求に関する脳内の情報処理が記憶活動を促進する。Enrianらは生存欲求が，欲求の階層構造の最下層に位置し，その情報処理が記憶活動を促進することを報告している。しかし申請者らは，より上層の欲求である目標達成欲求に関連する情報処理が，意味的情報処理よりも記憶活動を促進することを見いだした。そのために，欲求の階層構造における各階層の欲求が記憶活動にどのような効果を及ぼすかを比較し，欲求の階層構造に対応して記憶に及ぼす効果が変化するのかどうかを検討することが，第1の目的である。

インデックス
8つの改良方針（ふさわしく／はっきりと／具体的に／簡潔に／推敲のヒント／レイアウト／図表／アピールする）で該当するものを濃く示します

さらに…

申請者のギモン
フォントの相談や図版の見栄えなど，申請者からありがちな 30 の疑問について具体的に回答しています

申請者のギモン1　ひらがなと漢字

細かいことだが，漢字で書くのがいいのか，それともひらがなで書くのがいいのか迷う。例えば，語句をつなげる場合の「及び」と「および」，どちらがよいのだろうか？

審査委員としては基本的に「及び」と「および」のどちらでもよいが，個人的には本文に漢字が多いときや，前後が漢字である場合はひらがなの「および」を使う方がよいと思う。これは不必要な漢字を減らすことで，本文を読む抵抗感が減ること，キーとなる専門用語（カタカナでない場合は漢字であることが多い）が目に入りやすくなることを期待して，である

アドバイス
著者からのアドバイスを示します. 自分の申請書に応用してください

アドバイス

書きはじめには2つのパターンがある. 迷ったら「本研究の目的は」or「背景」から書きはじめよう

添削例

例文1

研 究 目 的（概要）※ 当該研究計画の目的について, 簡潔にまとめ〜
　ヒト皮膚の角質層に治療液が浸透する物理メカニズムの解明を目〜
は, レーザー共焦点顕微鏡と〜

　　　　　　　　　開始部分が唐突.

例文2

研 究 目 的（概要）※ 当該研究計画の目的について, 簡潔にまとめ〜
　人間の欲求に関する脳内の情報処理は記憶活動を促進する. Enr〜
造の最下層に位置し, その情報処理が記憶活動を促進することを報〜
より上層の欲求である目標達成状況に関連する情報処理が, 意味記〜
ることを見いだした. そのために, 欲求の階層構造における各階層〜
果を及ぼすかを比較し, 欲求の階層構造に対応して記憶に及〜
ることが, 第1の目的である.

　　　　　背景が長すぎる. 目的との境界がはっきり〜
　　　　　解決すべき課題は？

なぜよくないのか？

　　例文1は「目的」から書いているが, このはじまり方はあまりにぶっきらぼ
うだ. 悪くはないがもう一工夫できる.

　　例文2は研究の「背景」をまず書いているが, 解決すべき課題を書かずに,
そのまま現在の状況をずるずると書き続けてしまっている.

　　いずれも審査委員によってはわかりにくさを感じる原因になる. 申請書の開

なぜよくないのか？
どのように改良すればよいか？

申請書ならではのポイントと改良の方針です. わかりやすいよう具体的に例文から, そして応用しやすいよう一般化した文脈からも解説します

どのように改良すればよいか？

　申請書の文章のはじめ方（開〜
目は,「本研究は」『本研究の目的〜
2つ目は, まず「背景」を書くパ〜
のあとにそのまま研究の「背景」〜
では, まず一般的な研究の背景（〜
そして重要なことは, そのすぐ後〜
ないのは, 背景の説明をその後〜
例文1は冒頭に簡単に『本研究の〜

例文2は「背景」と解決すべき〜
脳内の情報処理は記憶活動を促〜
て, それを解決するためにどの〜

研 究 目 的（概要）※ 当該研究計画の目的につい〜
は, ヒト皮膚の角質層に治療液が浸〜
は, レーザー共焦点顕微鏡と〜（以〜

例文2

研 究 目 的（概要）※ 当該研究計画の目的につい〜
　人間の欲求は階層構造を示し, 欲求に関する脳内〜
いる. しかし, 階層構造に対応して記憶活動を促進〜
Enrianらは生存欲求が, 欲求の階層構造の最下層に〜
に報告しているが, 申請者らは, より上層の欲求で〜
情報処理よりも記憶活動を促進することを見いだし〜
　本研究では, 欲求の階層構造における各階層の欲〜
し, 欲求の階層構造に対応して記憶に及ぼす効果が〜
である.（以下省略）

書き方のポイントを身につけたい

❶ **どこがよくないか** の例文を使い, case タイトルをヒントに添削の腕試し

❷ **アドバイス** **添削例** でポイントを確認！

❸ **なぜよくないのか？** **どのように改良すればよいか？** を熟読すれば, セルフチェック
力も鍛えられます

❹ ふとした思いつきは **申請者のギモン** に類例がないかチェック！

申請書のブラッシュアップに役立てたい

※申請書の草案を用意（草案作成に難しさを感じる場合は「補遺」を参照してください）

❶ セルフチェック／第三者チェックで, 改良すべき点をあぶり出す

❷ 目次や付録, 索引を活用して自分の改良すべき点に近い case にアクセス！

❸ **どのように改良すればよいか？** **改善例** を参考に, 改良してみましょう

❹ ❶〜❸を繰り返して, 魅力的な申請書に仕上げ, 応募！

CONTENTS

1章 総論

▶ 申請書全体から受ける「わかりにくい」印象を改善するにはどうしたらよいか．まずは そこから解説する．

2章 研究目的（概要）

▶ 2～5章では，申請書のコアとなる「研究目的」「研究計画・方法」欄のブラッシュアップ のポイントを解説する．それぞれの欄の概要部分（破線より上）の書き方に苦労する人が 多いので，「～（概要）」とあえて章立てして解説した．

3章　研究目的

6章　その他

▶「研究経費」など加点はないが減点はある欄のポイントや，どの欄でも当てはまる注意事項を解説する．特に後者に関するアドバイスは，審査委員のことをよく考えた申請書にするためのテクニックになりえる．

申請者のギモン

1 総論

case 01

これで完成！？ 文章が下手で申請書の内容が頭に入ってこない

理工系　生命科学系　医歯薬系　人文学系　社会科学系　複合領域系

重要度 ★★★　頻度 ★★★

ふさわしく

はっきりと

具体的に

簡潔に

推敲のヒント

レイアウト

図表

アピールする

どこがよくないか

①研究の学術的背景

　ほ乳類から線虫やショウジョウバエなどのモデル生物まで、代謝調節や体温調節には共通の役割を持つタンパク質が存在している。その中でもペプチドは中枢神経系や末梢組織での情報伝達物質として、代謝調節や体温調節のコントロールに重要である。申請者らはショウジョウバエから3系統5種類の新規なペプチドを発見して、そのうちCCHアミド2は機能解析まで進んでいる（Sano H. et al. PLoS Genet. 2015）。このCCHアミド2は、もともと哺乳類のBRS3受容体（Bombesin Receptor Subtype 3：この受容体のリガンドは不明でノックアウトマウスは摂食亢進を示す）によく似たショウジョウバエの受容体（CG14593）に作用するペプチドとして発見されたもので、脂肪体（Fat body、哺乳類の脂肪組織に相当する組織）から分泌され、インスリンの分泌を刺激することによって代謝活動や体温調節に関与している。ショウジョウバエが食物を摂取すると、脂肪体からCCHアミド2が分泌され、ショウジョウバエ脳内（ショウジョウバエではインスリンは脳内から分泌される）のインスリン産生細胞に作用して分泌を刺激する。

　これらのペプチドの受容体について、ほ乳類、ショウジョウバエ、線虫などでは、現在でも受容体に作用するペプチドが不明なままの受容体（いわゆるオーファン受容体）が数多く存在し、これらの受容体の内因性のペプチドは生体内の代謝活動や体温調節を制御する未知のシグナル伝達物質であり制御因子であると考えられる。しかし、最近では哺乳類からの新規のペプチドの発見はなく、研究は困難な状況に陥っている。

アドバイス

申請書は一度書いたら完成ではない. 初めて読む人にも内容を伝えられるか意識して何度も書き直そう

添削例

①研究の学術的背景

　ほ乳類から線虫やショウジョウバエなどのモデル生物まで、代謝調節や体温調節には共通の役割を持つタンパク質が存在している。その中でもペプチドは中枢神経系や末梢組織での情報伝達物質として、代謝調節や体温調節のコントロールに重要である。申請者らは○○○○○から3系統5種類の新規ペプチドを発見して○○○○○○○機能解析まで進んでいる（Sano H. et al.○○○○○○15）。○○○○○○○○○らと哺乳類のBRS3受容体（Bombesin Receptor Subtype 3: この受容体のリガンドは不明でノックアウトマウスは摂食亢進を示す）によく似たショウジョウバエの受容体（CG14593）に作用するペプチドとして発見されたもので、脂肪体（Fat body、哺乳類の脂肪組織に相当する組織）から分泌され、インスリンの分泌を刺激すること○○○○○○○調節に関与している。ショウジョウバエが食物を摂取すると、脂肪体か○○○○○○れ、ショウジョウバエ脳内（ショウジョウバエではインスリンは脳内から分泌される）のインスリン産生細胞に作用して分泌を刺激する。

　これらのペプチドの受容体について、ほ乳類、ショウジョウバエ○○○、現在でも受容体に作用す○○○○○明なままの受容体（いわゆるオーファン受容体）が数多く存在し、これらの受容体の内因性のペプチドは生体内の代謝活動や体温調節を制御する未知のシグナル伝達物質であり制御因子であると考えられる。しかし、最近では哺乳類からの新規のペプチドの発見はなく、研究は困難な状況に陥っている。

[添削注記]
- 同じ単語の繰り返し
- 内容変わっているので段落入れる
- かっこの説明が多すぎる
- 繰り返し
- 何を指すのか不明
- 申請書にふさわしい表現か

なぜよくないのか？

　　例文は私が書いた申請書の下書きだが，内容が整っておらず，文章も下手．また（）に書いた注釈が多いなど，まだまだ推敲の必要がある．意外にも例文のような状態で提出される申請書は少なくない．

　　申請書は一度書いたらそれで完成というものではない．何から書いたらよいかわからない人はとりあえず書きはじめることが重要だが，書いた後で内容が伝わるか何度も書き直すことはさらに重要．もちろん科研費に応募しようとする多くの研究者の悩みは，"申請書がうまく書けない"ということだが，まずは下書きなしですぐ書き上げられる，という幻想を捨てよう．

どのように改良すればよいか？

　　よい申請書をつくるためには，まず書くこと．書いて，それから直すこと．文章が下手でも，内容がいまひとつでも，ともかく書くこと．書いたものがないと，直すことができない！　頭のなかで考えるだけではだめ．目に見える形を準備して，その実物を見ながら直していくのがよい（ともかく書くための基本は補遺参照）．

　　最初に書いた申請書の内容に満足できることなど，まずない．私の場合，最初に書いた申請書を読み直したときには，いつも"なんて下手な！　内容も支離滅裂だ"と，この先の推敲のたいへんさに呆然となる．それでもめげずに，何度もなんども直していく．できれば途中で誰かに見てもらって意見を聞くとなおよい．自分自身ではわかっている部分が他の人にはわかりにくいなど，思わぬ点を指摘してもらえる．独りよがりの表現などをチェックしてもらえる．他人にみてもらえない場合は数日おいて見直してみよう．

　　そしてもう一度書いておくが，この本は一通り書かれた科研費申請書を，よりよいものにしていくためにどのように書き直していけばよいか，その方法を解説したハンドブックである．ご参考に．

申請者のギモン1　ひらがなと漢字

細かいことだが，漢字で書くのがいいのか，それともひらがなで書くのがいいのか迷う場合がある．例えば，語句をつなげる場合の「及び」と「および」，どちらがよいのだろうか？

審査委員としては基本的に「及び」と「および」のどちらでもよいが，個人的には本文に漢字が多いときや，前後が漢字である場合はひらがなの「および」を使う方がよいと思う．これは不必要な漢字を減らすことで，本文を読む抵抗感が減ることと，キーとなる専門用語（カタカナでない場合は漢字であることが多い）が目に入りやすくなることを期待して，である

最終的には申請書の記載部分や前後の漢字を考慮して，漢字を使うのか，ひらがなを使うのかを決める．「及び」や次にあげる語句について，私はほとんどの場合はひらがなで書くようにしている．

「事」「事柄」	→ こと，ことがら
「果たして」	→ はたして
「分かり易い」	→ わかりやすい
「何故」	→ なぜ
「可及的」	→ できるだけ
「如何にして」	→ いかにして（ただし堅苦

しいので「どのようにして」の方がよい）

case 02

「目的」がわかりにくい

〔理工系〕 〔生命科学系〕 〔医歯薬系〕 〔人文学系〕 〔社会科学系〕 〔複合領域系〕

重要度 ★★☆ 頻度 ★★☆

ふさわしく
はっきりと
具体的に
簡潔に
推敲のヒント
レイアウト
図表
アピールする

どこがよくないか

維持する機構を明らかにする。これにより、ヒトを含む動物種由来する多能性幹細胞の安定な樹立と維持が可能になり、再生医療に大きく貢献できると考えている。

【①学術的背景と着想に至った経緯】

申請者は、2p培養法を用いてマウス系統（129Sv、C57BL/6、CBA/ca およびNOD）からES細胞を樹立して検討した結果、以下のことを明らかにした。

1）異なったマウス系統由来のES細胞は、サイトカインLIFに対して異なった応答性を示す。 血清条件下での自己複製が可能な系統ES細胞（129, B6系統)ではLIF-STAT3標的遺伝子が強く誘導されるが、できない系統のES細胞(CBA/Ca,FVB/N,NOD系統)では弱いことを報告した。

本研究計画：ES細胞の自己複製維持と獲得におけるPCFT機能の解明

マウスES細胞の自己複製能の維持
　計画① PCFTによる自己複製に必要な遺伝子の発現制御
　計画② STAT3の共役因子としてのPCFTの機能
　計画③ PCFTの転写活性に対するエピゲノム修飾の影響

マウスES細胞の自己複製能の獲得
　計画④ PCFTを過剰発現したNOD系統胚盤胞からのES細胞樹立

マウスES細胞の自己複製能の獲得
　計画⑤ PCFT過剰発現によるラットES細胞での自己複製能

発展性：ヒトやブタなどに由来するナイーブ型幹細胞の安定供給が可能となり再生医療へ貢献できる

2）転写因子PFCTの過剰発現でNOD-ES細胞は血清条件下で自己複製が可能となる。 マイクロアレイを用いた遺伝子発現解析により、短期間の血清条件下では129-ES細胞に高発現しているが、NOD-ES細胞では消失する遺伝子を探索し、LIFの標的遺伝子である転写因子PFCTを同定した。このPFCTの過剰発現により、NOD-ES細胞は血清条件下で自己複製でき、かつLIF標的遺伝子の誘導（LIF応答性）の特徴も129-ES型に転換していた。

3）PFCTはES細胞の自己複製に必須である。 129-ES細胞のPFCTノックアウト（KO）ES細胞は、血清条件下で細胞死に陥る（未発表）。

4）PFCTとSTAT3は協調して作用する。 129-ES細胞における PFCTとSTAT3のChiP-Seqデータの再検討により、自己複製に必須なOct4, Sox2, Nanog遺伝子などの近傍の領域にPFCTとSTAT3の結合が認められる（未発表）。

上記の結果から、PFCT の機能について、1）ES 細胞の自己複製に必須であること、2）PFCT はSTAT3 と協調して自己複製に必須な遺伝子発現を制御していることが予想できる。そこで、本研究では、PFCT に着目することで、どのようにして ES 細胞が自己複製能を獲得し維持できるのか、その仕組みを明らかにする。本研究で得られた成果をもとに、ヒトを含む動物種に由来するナイーブ型幹細胞の安定な樹立維持が可能となり、再生医学へ貢献できると考える。

「目的」を端的に言い表した一文を用意しよう.
重複してもよいので繰り返す

添削例

維持する機構を明らかにする。これにより、ヒトを含む動物種由来する多能性幹細胞の安定な樹立と維持が可能になり、再生医療に大きく貢献できると考えている。

【①学術的背景と着想に至った経緯】

　申請者は、2p培養法を用いてマウス系統（129Sv, C57BL/6、CBA/ca およびNOD）からES細胞を樹立して検討した結果、以下のことを明らかにした。

　1）異なったマウス系統由来のES細胞は、サイトカインLIFに対して異なった応答性を示す。血清条件下での自己複製が可能な系統ES細胞（129, B6系統)ではLIF-STAT3標的遺伝子が強く誘導されるが、できない系統のES細胞(CBA/Ca,FVB/N,NOD系統)では弱いことを報告した。

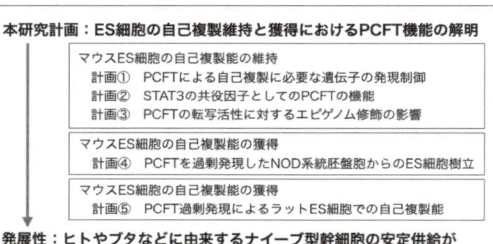

　2）転写因子PFCTの過剰発現でNOD-ES細胞は血清条件下で自己複製が可能となる。マイクロアレイを用いた遺伝子発現解析により、短期間の血清条件下では129-ES細胞に高発現しているが、NOD-ES細胞では消失する遺伝子を探索し、LIFの標的遺伝子である転写因子PFCTを同定した。このPFCTの過剰発現により、NOD-ES細胞は血清条件下で自己複製でき、かつLIF標的遺伝子の誘導（LIF応答性）の特徴も129-ES型に転換していた。

　3）PFCTはES細胞の自己複製に必須である。129-ES細胞のPFCTノックアウト（KO）ES細胞は、血清条件下で細胞死に陥る（未発表）。

　4）PFCTとSTAT3は協調して作用する。129-ES細胞において、LIF, PFCT, STAT3, SHP-2のデータの再検討により、自己複製に必須なOct4, Sox2, Nanog遺伝子の結合が認められる（未発表）。

　上記の結果から、PFCT の機能について、1）ES 細胞の自己複製に必須であること、2）PFCT はSTAT3 と協調して自己複製に必須な遺伝子発現を制御していることが予想できる。そこで、本研究では、PFCT に着目することで、どのようにして ES 細胞が自己複製能を獲得し維持できるのか、その仕組みを明らかにする。本研究で得られた成果をもとに、ヒトを含む動物種に由来するナイーブ型幹細胞の安定な樹立維持が可能となり、再生医学へ貢献できると考える。

> やっと研究目的が出てくる.
> 冒頭にも目的を書く

なぜよくないのか？

　例文は，何を調べたいのかを一言で表した「目的」がページの最後になってやっと出てくる．もし【研究目的（概要）】の記述を読み流していたら，あるいは【研究目的（概要）】後に図をざっと眺めてから【研究目的】にとりかかる審査委員がいたら，読み進める間ストレスを感じるだろう．

　文章を読むときに結論が先に書いてあると，心構えができているので後の部分を読み進めやすい．【研究目的（概要）】の直後にまた「目的」を繰り返すことにくどさを懸念するかもしれないが，審査委員にはそのくらいでちょうどよい．

どのように改良すればよいか？

　「目的」は申請書の【研究目的】と【研究計画・方法】のすべての部分で繰り返し書く．ただ漫然と繰り返すのではなく，2行以内でまとめた「目的」を用意しておくとよい．それには【研究〜（概要）】と【研究〜】本文とは別々の独立したものとして書くのが有効である．初心者のうちは，別々の部分だと考えた方が書きやすい．なお，自分自身が本文を読んでも「目的」がいまひとつはっきりしない，あるいは，「目的」が審査委員に理解してもらえるのか自信がない，そういったときに「目的」をしっかりと審査委員に読んでもらうにはどうしたらよいのか？簡単な方法がある．『この研究の目的は，〜である』と最初に宣言しておけばよい．『この研究の目的は』と書いてあれば，だれが読んでも"ここが研究の目的だな"とわかってもらえる．

　例文では，「目的」を【研究目的】本文の冒頭に簡潔にまとめ，審査委員に研究目的を印象づけるように直す．その後で学術的背景などを説明し，そして最後に「目的」をもう一度書いておくのがよいだろう．

改善例

維持する機構を明らかにする。これにより、ヒトを含む動物種由来する多能性幹細胞の安定な樹立と維持が可能になり、再生医療に大きく貢献できると考えている。

　本研究の目的は、129系統ES細胞が血清条件下で安定に自己複製できる理由を、ES細胞の自己複製能に必要な転写因子PFCTの機能を解析することによって、明らかにすることである。

【①学術的背景と着想に至った経緯】
　申請者は、2p培養法を用いてマウス系統（129Sv, C57BL/6、CBA/ca およびNOD）からES細胞を樹立して検討した結果、以下のことを明らかにした。

参考

研究目的を2行くらいに簡潔にまとめた例をいくつか示す.

参考1

本研究の目的は、豊富なエネルギー資源をもつラテンアメリカ諸国で、地球温暖化などの気候変動政策を実施する制度改革がどのように進展してきたか、その政治過程を分析することである。

参考2

本研究は小児期の注意欠如多動性障害(ADHD)に対して、薬物と心理社会的治療の選択を行うための客観的指標を開発することを目的とする。

参考3

地域コーディネーターの役割・機能に注目し、教職員のニーズと地域住民等のシーズとをつなぎながら「総合的な学習の時間」を再活性化させるストラテジーを構築し、モデルを開発する。

参考4

本研究は、英語力の低い大学生に対するアクティブ・ラーニング型大学英語の教授法の構築を通じて、当該学習者に自己効力感を感じさせ、意欲と英語力を向上させることを目的としている。

1 総論

case 03

図がわかりにくい

理工系　生命科学系　医歯薬系　人文学系　社会科学系　複合領域系

重要度 ★★★　頻度 ★★★

どこがよくないか

研 究 目 的（概要） ※ 当該研究計画の目的について、簡潔にまとめて記述してください。

本研究の目的は、129 系統 ES 細胞が血清条件下で安定に自己複製できる理由を明らかにすることである。これまでに申請者は、GSK3/MAPK 阻害剤を含む無血清 2p 培養を用いて、血清条件下で自己複製できる系統（129 系統）とできない系統（NOD 系統）から ES 細胞を樹立し、次の 2 点を明らかにした。①129-ES 細胞では血清条件下でサイトカイン LIF の標的である転写因子 PFCT が高発現している、②PFCT の過剰発現により、NOD-ES 細胞は血清条件下で STAT3 依存性に自己複製できる。そこで、本研究では PFCT の機能を解析し、ES 細胞の血清条件下での自己複製の獲得と維持機構を明らかにする。これにより、ヒトを含む動物種由来する多能性幹細胞の安定な樹立と維持が可能になり、再生医療に大きく貢献できると考えている。

【①学術的背景と着想に至った経緯】

　申請者は、2p 培養法を用いてマウス系統（129Sv,C57BL/6、CBA/ca、FVB/N、Msm および NOD）から ES 細胞を独自に樹立し、検討した結果、以下のことが明らかとなっている（右図参照）。

1）異なったマウス系統由来 ES 細胞は、サイトカイン LIF に対して異なった応答性を示す:

　すなわち、血清条件下での自己複製が可能な系統 ES 細胞（129, B6 系統）では、LIF-STAT3 標的遺伝子が強く誘導されるが、できない系統 ES 細胞(CBA/Ca, FVB/N, NOD 系統)では弱いことを報告した(Kojima Development Res 2015)。

2）転写因子 PFCT の過剰発現で NOD-ES 細胞は血清条件下で自己複製が可能となる:

　マイクロアレイを用いた遺伝子発現解析により、短期間の血清条件下で 129-ES 細胞に高発現しているが、NOD-ES 細胞では消失する遺伝子を探索し、LIF の標的遺伝子である転写因子 PFCT を同定した。この PFCT の過剰発現により、NOD-ES 細胞は血清条件下で自己複製でき、かつ LIF 標的遺伝子の誘導（LIF 応答性）の特徴も 129-ES 型に転換していた。

3）PFCT は ES 細胞の自己複製に必須である:

　129-ES 細胞の PFCT ノックアウト（KO）ES 細胞は、血清条件下で細胞死に陥る（未発表）。

4）PFCT と STAT3 は協調して作用する:

　129-ES 細胞における、PFCT と STAT3 の ChiP-Seq データの再検討により、自己複製に必須な Oct4

着想に至った経緯および予備実験の結果のまとめ

1）血清条件下での ES 細胞の樹立と維持におけるマウス系統差

マウス系統により LIF-STAT3 標的遺伝子の誘導に差がある、すなわち、129-ES 細胞では強く、NOD-ES 細胞では弱い（Kojima Development 2015）

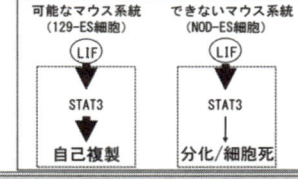

2）129-と NOD-ES 細胞の遺伝発現の比較（血清条件下）による転写因子 PFCT の同定

ES 細胞において血清条件下の PFCT の発現は、
　①129-ES 細胞で高く、NOD-ES 細胞では消失する

NOD-ES 細胞において、PFCT の発現により
　②LIF 応答性が 129-ES 型へ変換される
　③血清条件下での自己複製が可能となる

3）PFCT は ES 細胞の自己複製に必須である

129-ES 細胞において、PFCT KO-ES 細胞は細胞死に陥る

4）PFCT と STAT3 との協調作用による遺伝子発現制御

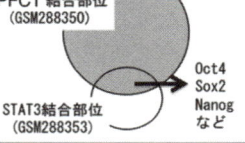

ES 細胞における PFCT と STAT3 の ChiP-Seq データのメタ解析から、両者が結合するゲノム領域には自己複製に必須な遺伝子が含まれる

ふさわしく

はっきりと

具体的に

簡潔に

推敲のヒント

レイアウト

図表

アピールする

アドバイス

図は一目見てポイントがつかめるよう
シンプルにしよう

添削例

研　究　目　的（概要）※ 当該研究計画の目的について、簡潔にまとめて記述してください。

本研究の目的は、129系統ES細胞が血清条件下で安定に自己複製できる理由を明らかにすることである。これまでに申請者は、GSK3/MAPK阻害剤を含む無血清2p培養を用いて、血清条件下で自己複製できる系統（129系）とできない系統（NOD系）からES細胞を樹立し、次の2点を明らかにした。①129-ES細胞では血清条件下でサイトカインLIFの標的である転写因子PFCTが高発現している、②PFCTの過剰発現により、NOD-ES細胞は血清条件下でSTAT3依存性に自己複製できる。そこで、本研究ではPFCTの機能を解析し、ES細胞の血清●●●●●●●●●●●●●●●す
る。これにより、ヒトを含む動物種由来する多能性●●●●●●●●●●●●●●●●●●●医
療に大きく貢献できると考えている。

図中の文章が多く，また図自体からも複雑な印象を受ける

【①学術的背景と着想に至った経緯】

　申請者は、2p培養法を用いてマウス系統（129Sv、C57BL/6、CBA/ca、FVB/N、Msmおよび NOD）から ES 細胞を独自に樹立し、検討した結果、以下のことが明らかとなっている（右図参照）。

1）異なったマウス系統由来 ES 細胞は、サイトカイン LIF に対して異なった応答性を示す：

　すなわち、血清条件下での自己複製が可能な系統 ES 細胞（129, B6系統）では、LIF-STAT3標的遺伝子が強く誘導されるが、できない系統 ES 細胞(CBA/Ca, FVB/N, NOD系統)では弱いことを報告した(Kojima Development Res 2015)。

2）転写因子 PFCT の過剰発現で NOD-ES 細胞は血清条件下で自己複製が可能となる：

　マイクロアレイを用いた遺伝子発現解析により、短期間の血清条件下で129-ES細胞に高発現しているが、NOD-ES 細胞では消失する遺伝子を探索し、LIF の標的遺伝子である転写因子PFCTを同定した。このPFCTの過剰発現により、NOD-ES 細胞は血清条件下で自己複製でき、かつ LIF 標的遺伝子の誘導（LIF 応答性）の特徴も129-ES 型に転換していた。

3）PFCT は ES 細胞の自己複製に必須である：

　129-ES 細胞の PFCT ノックアウト（KO）ES細胞は、血清条件下で細胞死に陥る（未発表）。

4）PFCT と STAT3 は協調して作用する：

129-ES 細胞における、PFCT と STAT3 の ChIP-Seq データの再検討により、自己複製に必須な Oct4

着想に至った経緯および予備実験の結果のまとめ

1）血清条件下でのES細胞の樹立と維持におけるマウス系統差

マウス系統によりLIF-STAT3標的遺伝子の誘導に差がある、すなわち、129-ES細胞では強く、NOD-ES細胞では弱い（Kojima Development 2015）

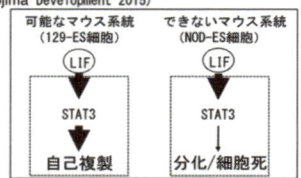

2）129-とNOD細胞の遺伝子発現の比較（血清条件下）による転写因子 PFCT の同定

ES細胞において血清条件下の PFCT の発現は、
①129-ES細胞で高く、NOD-ES細胞では消失する

NOD-ES細胞において、PFCT の発現により
②LIF応答性が129-ES型へ変換される
③血清条件下での自己複製が可能となる

3）PFCT はES細胞の自己複製に必須である

129-ES細胞において、PFCT KO-ES細胞は細胞死に陥る

4）PFCTとSTAT3との協調作用による遺伝子発現制御

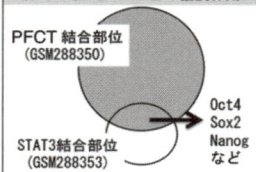

ES細胞における PFCT とSTAT3のChIP-Seqデータのメタ解析から、両者が結合するゲノム領域には自己複製に必須な遺伝子が含まれる

PFCT 結合部位（GSM288350）
STAT3結合部位（GSM288353）
Oct4
Sox2
Nanog
など

なぜよくないのか？

【①学術的背景と着想に至った経緯】として予備実験の結果を含んだ図にまとめたのはよいが，図がわかりにくい．図中の文字が多すぎる．同じ内容が本文中に書いてあるのだから，こんなに書く必要はない．

図は文章だけではわかりにくいものを視覚的に理解させるものだ．図がうまく機能していない申請書は多い．

どのように改良すればよいか？

図を使うときはその利点を生かして，内容を言葉ではなくチャートや模式図，画像で示すこと．また，図で示そうとするものが，研究計画なのか，研究の概念を示す模式図なのか，予備的な実験結果なのかをはっきりと示す．審査委員の立場からすれば，情報は徐々に詳しくなる方が理解しやすく，最初の図は研究の概念図がよい．

例文では，着想に至った経緯を中心に，図をシンプルにする．

改善例

研 究 目 的（概要）※ 当該研究計画の目的について、簡潔にまとめて記述してください。

　本研究の目的は、129 系統 ES 細胞が血清条件下で安定に自己複製できる理由を明らかにすることである。これまでに申請者は、GSK3/MAPK 阻害剤を含む無血清 2p 培養を用いて、血清条件下で自己複製できる系統（129 系統）とできない系統（NOD 系統）から ES 細胞を樹立し、次の 2 点を明らかにした。①129-ES 細胞では血清条件下でサイトカイン LIF の標的である転写因子 PFCT が高発現している、②PFCT の過剰発現により、NOD-ES 細胞は血清条件下で STAT3 依存性に自己複製できる。そこで、本研究では PFCT の機能を解析し、ES 細胞の血清条件下での自己複製の獲得と維持機構を明らかにする。これにより、ヒトを含む動物種由来する多能性幹細胞の安定な樹立と維持が可能になり、再生医療に大きく貢献できると考えている。

【①学術的背景と着想に至った経緯】

　申請者は、2p 培養法を用いてマウス系統（129Sv,C57BL/6、CBA/ca、FVB/N、Msm および NOD）から ES 細胞を独自に樹立し、検討した結果、以下のことが明らかとなっている（右図参照）。

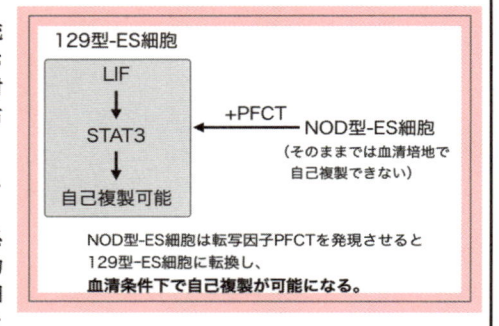

129型-ES細胞

LIF
↓
STAT3
↓
自己複製可能

+PFCT ← NOD型-ES細胞
（そのままでは血清培地で
自己複製できない）

NOD型-ES細胞は転写因子PFCTを発現させると
129型-ES細胞に転換し、
血清条件下で自己複製が可能になる。

1）異なったマウス系統由来 ES 細胞は、サイトカイン LIF に対して異なった応答性を示す：

　すなわち、血清条件下での自己複製が可能な系統 ES 細胞（129、B6 系統）では、LIF-STAT3 標的遺伝子が強く誘導されるが、できない系統 ES 細胞(CBA/Ca, FVB/N, NOD 系統)では弱いことを報告した(Kojima Development Res 2015)。

2）転写因子 PFCT の過剰発現で NOD-ES 細胞は血清条件下で自己複製が可能となる：

　マイクロアレイを用いた遺伝子発現解析により、短期間の血清条件下で 129-ES 細胞に高発現しているが、NOD-ES 細胞では消失する遺伝子を探索し、LIF の標的遺伝子である転写因子 PFCT を同定した。この PFCT の過剰発現により、NOD-ES 細胞は血清条件下で自己複製でき、かつ LIF 標的遺伝子の誘導（LIF 応答性）の特徴も 129-ES 型に転換していた。

3）PFCT は ES 細胞の自己複製に必須である：

　129-ES 細胞の PFCT ノックアウト（KO）ES 細胞は、血清条件下で細胞死に陥る（未発表）。

case 04

箇条書き表記の種類が多すぎてわかりにくい

| 理工系 | 生命科学系 | 医歯薬系 | 人文学系 | 社会科学系 | 複合領域系 |

重要度 ★★☆　頻度 ★☆☆

ふさわしく

はっきりと

具体的に

簡潔に

推敲のヒント

レイアウト

図表

アピールする

どこがよくないか

例文1

①研究の学術的背景

　近年の大学入試の選抜制度は従来の学力試験以外に、推薦入試やAO入試など様々な方式が混在しており、入学時の学力の違いから入学後に授業についていくことが困難な例もしばしば見られる。本研究では多様な選抜試験の成績を用いて、大学入学後の学力を維持し、カリキュラム不適合を減少させる学力支援システムを構築する。学術的背景として以下の3点に着目する。

（背景1）大学入試の選抜方法の多様化と過大評価
（背景2）大学入学時の成績を基にしたカリキュラム効果測定
（背景3）母数推定の簡易化の必要性

②研究期間内に何をどこまで明らかにしようとするのか

　本研究では①であげた（背景1）～（背景3）の各問題について以下のような理論的なことがらを明らかにし、大学入試の選抜方法に関わらず、入学後の学生の学力を客観的に判定することができる合否判定の支援システムを構築する。

（理論1）学力の過大評価を防ぐためのベイズ推定量の導出
（理論2）カリキュラム効果の推定に向けた拡張
（理論3）開発された項目判定理論の簡易化

これらの理論とシステム構築によって、以下のような応用が想定される。

（応用1）多様な大学入試の選抜方法の合否判定の支援システムの開発
（応用2）損失関数設定の自動化機能の開発
（応用3）学力支援カリキュラムの効果測定機能の開発

例文2

②研究期間内に行う予定の内容は、以下のとおりである。

(1)　これまでに申請者が支援を行ってきた～。
(2)　各対象教員にさらに習得を期待できる技能などを～。
(3)　対象教員が（2）の技能を習得できていないときには～。
(4)　（3）に基づいて開発するプロトタイプの査定項目と～。
(5)　（4）の結果に基づいて査定項目と教材を改良し、～。

③本研究の特色、独創的な点は、次のとおりである。

(a)　中堅・熟練教師が評価する枠組みではなく～。
(b)　教科を超えた多様な専門性を活かした～。
(c)　多人数での実施や遠隔地で～。
(d)　継続的に行うことができるようにするために～。

箇条書きや見出し表記の種類は絞ろう. 1〜2箇所に限定して効果的に使い,数が多すぎるときは「・」を使ってシンプルに

添削例

例文1

①研究の学術的背景

　近年の大学入試の選抜制度は従来の学力試験以外に、推薦入試やAO入試など様々な方式が混在しており、入学時の学力の違いから入学後に授業についていくことが困難な例もしばしば見られる。本研究では多様な選抜試験の成績を用いて、大学入学後の学力を維持し、カリキュラム不適合を減少させる学力支援システムを構築する。学術的背景として以下の3点に着目する。

（背景1）大学入試の選抜方法の多様化と過大評価
（背景2）大学入学時の成績を基にしたカリキュラム効果測定
（背景3）母数推定の簡易化の必要性

②研究期間内に何をどこまで明らかにしようとするのか

　本研究では①であげた（背景1）〜（背景3）の各問題について以下のような理論的なことがらを明らかにし、大学入試の選抜方法に関わらず、入学後の学生の学力を客観的に判定することができる合否判定の支援システ〔…〕

> 箇条書きが多すぎる.
> 1〜2箇所までにする

（理論1）学力の過〔…〕の導出
（理論2）カリキュ〔…〕
（理論3）開発された項目判定理論の簡易化

これらの理論とシステム構築によって、以下のような応用が想定される。

（応用1）多様な大学入試の選抜方法の合否判定の支援システムの開発
（応用2）損失関数設定の自動化機能の開発
（応用3）学力支援カリキュラムの効果測定機能の開発

例文2

②研究期間内に行う予定の内容は、以下のとおりである。

（1）これまでに申請者が支援を行ってきた〜。
（2）各対象教員にさらに習得を期待できる技能などを〜。
（3）対象教員が（2）の技能を習得できていないときには〜

> 箇条書きの項目数が多すぎる.
> ・に変える

（4）（3）に基づ〔…〕
（5）（4）の結果に〔…〕

③本研究の特色、

（a）中堅・熟練教師が評価する枠組みではなく〜。
（b）教科を超えた多様な専門性を活かした〜。
（c）多人数での実施や遠隔地で〜。
（d）継続的に行うことができるようにするために〜。

なぜよくないのか？

例文1には『(背景1) ～ (背景3)』『(理論1) ～ (理論3)』『(応用1) ～ (応用3)』，ここには載せていないが，『(ア) ～ (ウ)』もあり，箇条書きが4箇所も登場する．

例文2は箇条書きは2箇所だが，それぞれの項目数が『(1) ～ (5)』『(a) ～ (d)』と多すぎる．

箇条書きも一種の強調手段である．使いすぎはよくない（強調の意図が薄れる）．また，箇条書きにするとしても括弧や数字，文字が多くなりすぎると雑多でまとまりのない印象を与えてしまう．

どのように改良すればいいか？

箇条書きは研究項目をまとめるのによい手段だが，多すぎると逆効果になる．最適な箇条書きの数は1ページに1箇所以内．【研究目的】2ページのなかでも1箇所くらいがよい．それより多いときにはいくつかは箇条書きをやめて，文章でつなげて書く方がまとまった印象になる（ただし，ひとかたまりの文とするためには文章作成スキルを要する場合は多く，書き慣れないうちはお勧めしない）．では，箇条書きの項目数が多すぎるときにはどうすればよいのか？例えば (1) とか (a) とかの括弧文字を使わないで，シンプルに『・』を使うのはどうだろう．こうすれば (1) ～ (5) や (a) ～ (d) などが少なくなって見た目上はすっきりする．

例文1では『(背景1) ～ (背景3)』が上の文章部分と同じ内容の言い換えなので，カットして文章を整理する．『(理論1) ～ (理論3)』はシンプルに『・』にして，『(応用1) ～ (応用3)』のみを残した．

改善例

例文1

①研究の学術的背景

　近年の大学入試の選抜方法は多様化しており、従来の学力試験以外に、推薦入試やAO入試など様々な方式が混在しており、学力を過大評価することも起こりうる。そのため、入学時の学力の違いから入学後に授業についていくことが困難な例もしばしば見られる。本研究では多様な選抜試験の成績を用いて、大学入学後の学力を維持し、カリキュラム不適合を減少させる学力支援システムを構築する。

②研究期間内に何をどこまで明らかにしようとするのか

　本研究では①であげた各問題について以下のような理論的なことがらを明らかにし、大学入試の選抜方法に関わらず、入学後の学生の学力を客観的に判定することができる合否判定の支援システムを構築する。

- ・学力の過大評価を防ぐためのベイズ推定量の導出
- ・カリキュラム効果の推定に向けた拡張
- ・開発された項目判定理論の簡易化

これらの理論とシステム構築によって、以下のような開発への応用が想定される。

（応用1）多様な大学入試の選抜方法の合否判定の支援システムの開発

（応用2）損失関数設定の自動化機能の開発

（応用3）学力支援カリキュラムの効果測定機能の開発

例文2

③本研究の特色、独創的な点は、次のとおりである。

- ・中堅・熟練教師が評価する枠組みではなく～。
- ・教科を超えた多様な専門性を活かした～。
- ・多人数での実施や遠隔地で～。
- ・継続的に行うことができるようにするために～。

case 05

概要と本文で研究項目の数が揃っていない

理工系　生命科学系　医歯薬系　人文学系　社会科学系　複合領域系

重要度 ★☆☆　　頻度 ★★☆

ふさわしく

はっきりと

具体的に

簡潔に

推敲のヒント

レイアウト

図表

アピールする

どこがよくないか

例文1

　本研究の具体的な目的：(1) グレリン受容体に対するナノボディを作製する。(2) 作製したナノボディのうちグレリン受容体を活性化するものを選び出す。(3) 選択したナノボディを用いてグレリン受容体を活性型に固定する。

【②研究期間内に何をどこまで明らかにしようとするのか】
　研究期間内には以下のことを明らかにする。
(1) アルパカに免疫する抗原のグレリン受容体を昆虫細胞を用いて合成する。
(2) 合成したグレリン受容体をアルパカに免役し、リンパ球を得る。
(3) リンパ球からファージディスプレイ・ライブラリを作製する。
(4) グレリン受容体に反応するナノボディをピックアップする。
(5) 作製したナノボディのうちグレリン受容体を活性化するものを選び出す。
(6) 選択したナノボディを用いてグレリン受容体を活性型に固定する。
　以上の方法によって、グレリン受容体の結晶を作る。

例文2

　本研究目的を達成するために、以下の5点の研究を行う。第1に、医療ソーシャルワーカーの医療現場における困難の内容を精査するために、国内外の先行研究の分析を行う。第2に、第1と並行して、医療現場で遭遇する困難と困難克服方法のケーススタディに向けて医療ソーシャルワーカーへのイン

【研究の概要】
　本研究の目的は、医療ソーシャルワーカーの医療現場における困難を克服するプログラムを開発することである。本研究を遂行していく上での具体的工夫は次のとおりである。

　第1に、医療ソーシャルワーカーの医療現場で遭遇する困難に関する枠組みを設定するところである。これまでの研究および先行研究から、困難の枠組みとなりうる知見が見出されている。その点も踏まえ、先行研究にはない困難も明らかにしながら研究を行うことで、包括的に困難を探ることが可能となる。

　第2に、医療ソーシャルワーカーへのインタビュー調査に基づいて医療現場の困難と困難克服方法を明らかにするが、その際、研究協力者の指導を受けることである。インタビュー調査では、調査する研究者の主観が無意識のうちに影響することがある。そこで、これまでの同様な研究蓄積の多い研究者協力者による指導を絶えず受けることで、客観性を高める。

　第3に、困難克服方法を具体的行動レベルの指標にし、かつ、成果（アウトカム）を作成する段階において、医療実践家との議論を行うことである。プログラム評価の研究において、プログラム評価の科学性追求を加速させるとともに、医療実践家の参画型協働型研究の必要性が強調されている。そこで、本研究は試行調査によって、有効性あるプログラムを提示することに加えて、現場で使えるように、医療の実践家の意見を最大限に取り入れる。

アドバイス

項目数や内容は申請書のどの部分でも同じになるように書く

添削例

例文1

　本研究の具体的な目的 (1) グレリン受容体に対するナノボディを作製する。(2) 作製したナノボディのうちグレリン受容体を活性化するものを選び出す。(3) 選択したナノボディを用いてグレリン受〜〜〜固定する。

以下本文

3項目

【〜〜〜何をどこまで明らかにしようとするのか】
　研究期間内には以下のことを明らかにする。
(1) アルパカに免疫する抗原のグレリン受容体を昆虫細胞を用いて合成する。
(2) 合成〜〜受容体をアルパカに免役し、リンパ球を得る。
(3) リン〜〜ージディスプレイ・ライブラリを作製する。
(4) グレリン受容体に反応するナノボディをピックアップする。
(5) 作製したナノボディのうちグレリン受容体を活性化するものを選び出す。
(6) 〜〜

6項目

概要と本文で研究項目が対応していない．3項目に揃える

例文2

　本研究目的を達成するために、以下の5点の研究を行う。第1に、医療ソーシャルワーカーの医療現場における困難の内容を精査するために、〜〜〜並行して、医療現場で遭遇する困難と困難克服方法の〜〜〜ーへのイン〜〜

概要に5つの研究を行うとある

【研究の概要】
　本研究の目的は、医療ソーシャルワーカーの医療現場における困難を克服するプログラムを開発することである。本研究を遂行していく上での具体的工夫は次のとおりである。

　第1に、医療ソーシャルワーカーの医療現場で遭遇する困難に関する枠組みを設定するところである。これまでの研究および先行研究から、困難の枠組みとなりうる知見が見出されている。その点も踏まえ、先行研究にはない困難も明らかにしながら研究を行うことで、包括的に困難を探ることが可能となる。

　第2に、医療〜〜〜ー調査に基づいて医療現場の困難と困難克服方法を明らかにするか、その際、研究協力者の指導を受けることである。インタビュー調査では、調査する研究者の主観が無意識のうちに影響することがある。そこで、これまでの同様な研究蓄積の多い研究者協力者による指導を絶えず受けることで、客観性を高める。

3つしか書いていない

　第3に、困難克服方法を具体的行動レベルの指標にし、かつ、成果（アウトカム）を作成する段階において、医療実践家との議論を行うことである。プログラム評価の研究において、プログラム評価の科学性追求を加速させるとともに、医療実践家の参画型協働型研究の必要性が強調されている。そこで、本研究は試行調査によって、有効性あるプログラムを提示することに加えて、現場で使えるように、医療の実践家の意見を最大限に取り入れる。

なぜよくないのか？

　　例文1の【研究目的(概要)】では具体的な目的として3点あげているが，【研究目的】本文の【②研究期間内に何をどこまで明らかにしようとするのか】では研究項目として(1)〜(6)の6点あげており，目的の数が異なっている．

　　例文2も【研究目的(概要)】では『5点を行う』とあるのに，【研究目的】本文では3点しか書かれていない．数が合わない！

　　【研究目的(概要)】と【研究目的】本文での項目の数が異なると，審査委員は混乱する．

どのように改良すればよいか？

　　研究目的や研究項目を書くときには，その項目の数や内容を，申請書のどの部分でも同じになるように書くこと．

　　例文1は，基盤研究（C）では研究項目として3点あれば十分（case30参照）なので，【②研究期間内に何をどこまで明らかにしようとするのか】の6点を整理して，3点にまとめる．

　　例文2では逆に【研究目的】本文の3点に合わせて【研究目的(概要)】を書き替える．

改善例

例文1

研　究　目　的（概要）※ 当該研究計画の目的について、簡潔にまとめて記述してください。

　本研究の具体的な目的：(1) グレリン受容体に対するナノボディを作製する。(2) 作製したナノボディのうちグレリン受容体を活性化するものを選び出す。(3) 選択したナノボディを用いてグレリン受容体を活性型に固定する。

【②研究期間内に何をどこまで明らかにしようとするのか】

　グレリン受容体の結晶構造解析のために、アルパカのナノボディでグレリン受容体を活性型に固定できるものを選択し、グレリン受容体と共結晶化させる。以下のように研究を進める

　(1) グレリン受容体に対するナノボディを作製する。
　　アルパカに免疫するグレリン受容体の抗原は昆虫細胞で合成する。リンパ球からファージディスプレイ・ライブラリを作製し、グレリン受容体に反応するナノボディを選ぶ。
　(2) 作製したナノボディのうちグレリン受容体を活性化するものを選び出す。
　　グレリン受容体発現細胞を使って、グレリン受容体を活性化するナノボディをスクリーニングする。
　(3) 選択したナノボディを用いてグレリン受容体を活性型に固定する。
　　ナノボディを共結晶化に使って、グレリン受容体の結晶を作る。

例文2

研　究　目　的　（概要）※ 当該研究計画の目的について、簡潔にまとめて記述してください。

　本研究の目的は、医療ソーシャルワーカーの医療現場における困難を克服するプログラムを開発することである。本研究目的を達成するために、以下の3点の研究を行う。

　(1) 医療ソーシャルワーカーの医療現場における困難の内容を精査するために、国内外の先行研究の分析を行う。(2)　(1)と並行して、医療現場で遭遇する困難と困難克服方法のケーススタディに向けて医療ソーシャルワーカーへのインタビュー調査を実施する。(3) 困難克服方法をプログラムとして活用できるように、行動レベルの指標を作成し、困難克服によってもたらされる成果（アウトカム）を特定する。最終的に得られた結果を総合して、有効性かつ実用性のある困難克服プログラムを開発し、マニュアルを作成する。

【研究の概要】

　本研究の目的は、医療ソーシャルワーカーの医療現場における困難を克服するプログラムを開発することである。本研究を遂行していく上での具体的工夫は次のとおりである。

　第1に、医療ソーシャルワーカーの医療現場で遭遇する困難に関する枠組みを設定するところである。これまでの研究および先行研究から、困難の枠組みとなりうる知見が見出されている。その点も踏まえ、先行研究にはない困難も明らかにしながら研究を行うことで、包括的に困難を探ることが可能となる。

　第2に、医療ソーシャルワーカーへのインタビュー調査に基づいて医療現場の困難と困難克服方法を明らかにするが、その際、研究協力者の指導を受けることである。インタビュー調査では、調査する研究者の主観が無意識のうちに影響することがある。そこで、これまでの同様な研究蓄積の多い研究者協力者による指導を絶えず受けることで、客観性を高める。

　第3に、困難克服方法を具体的行動レベルの指標にし、かつ、成果（アウトカム）を作成する段階において、医療実践家との議論を行うことである。プログラム評価の研究において、プログラム評価の科学性追求を加速させるとともに、医療実践家の参画型協働型研究の必要性が強調されている。そこで、本研究は試行調査によって、有効性あるプログラムを提示することに加えて、現場で使えるように、医療の実践家の意見を最大限に取り入れる。

case 06

美しくない申請書は読む気になれない(1)

理工系　生命科学系　医歯薬系　人文学系　社会科学系　複合領域系

重要度 ★★★　頻度 ★★★

ふさわしく

はっきりと

具体的に

簡潔に

推敲のヒント

レイアウト

図表

アピールする

どこがよくないか

研究目的（概要）※ 当該研究計画の目的について、簡潔にまとめて記述してください。

　抗血小板薬によって心筋梗塞や脳梗塞の発症リスクが低下することが大規模調査で明らかになっている。しかし血小板に対してより高い特異性を有し、副作用の少ない薬剤の開発のためには、ADPレセプターより下流に位置する血小板凝集のシグナル分子をターゲットにする必要がある。その候補分子のひとつが、血小板の膜表面上のインテグリンの活性化に関与しているRap1であるが、その詳細な機能については不明である。

　本研究の目的は、Rap1が関わるシグナル伝達経路において、血小板内顆粒の放出反応に関与するタンパク質とその機構を明らかにすることである。これによって、新しいメカニズムの抗血小板薬の開発につながり、心筋梗塞や脳梗塞の予防・治療に貢献できると考える。

　わが国においては悪性新生物、心疾患、脳血管疾患が死因の第1位から第3位を占める。そのうち、死因の第2位、第3位を占める心疾患、脳血管疾患は血管障害および血栓形成に関わる疾患という共通点があり、なかでも心筋梗塞や脳梗塞などの虚血性疾患は人口の高齢化や食事の欧米化により近年増加の傾向にあり、その死亡者数の合計は悪性新生物による死亡者数に匹敵するため、これらの疾患の基礎研究には大きな関心が払われなければならないものと考えられる。虚血性疾患の病因は動脈硬化などの血管病変に加え、血小板や凝固系、線溶系などが関与した血栓形成反応が直接的な原因となっている。アスピリンなどの抗血小板薬によって血栓形成反応を阻害することで心筋梗塞や脳梗塞の発症リスクが低下することが欧米での大規模調査で明らかになり、現在、より有効な抗血小板薬を求めて多くの研究が進められている。

　我々の研究室では1989年にコラーゲンとの反応性を欠損している患者の血小板より、血小板糖タンパク質のGPVIを初めて同定するとともに、GPVIがコラーゲンレセプターとして機能していることを示した。その後1999年にGPVIのクローニングが成功して分子構造が明らかになり、その機能がより詳しく解析されることになった。GPVIがそのリガンドであるコラーゲンと結合し、その情報は血小板内へ伝えられて血小板中に存在する顆粒の放出を引き起こし、顆粒中に含まれていたADPがさらに血小板膜表面上に存在するADPレセプターであるP2Y12、P2Y1を介して周囲の血小板を活性化することによってポジティブフィードバックを引き起こし、血小板の凝集反応が進行していくことがわかった。抗血小板薬として以前より使用されてきたチクロピジンと比較して、より副作用が少ない優れた抗血小板薬として本年より国内承認が下りたクロピドグレル、2007年販売開始予定のプラスグレルはともにADPレセプターをターゲットとした薬剤であるが、抗血小板薬として、血小板に対してより高い特異性を有し副作用の少ない薬剤の開発のためにはADPレセプターより下流に位置する血小板凝集のシグナル伝達に関与する分子をターゲットにする必要があると考えている。

　そこでGPVIによる刺激に伴って血小板からの顆粒放出反応、すなわちADP放出反応と時系列を同じくして活性化されるタンパク質を検索したところ、Rap1の関与が強く示唆された。Rap1はRasと類似のタンパク質として見出されたが、細胞機能の広範囲な部分に関与しており、その生理的機能に関して統一的な解釈ができていないのが現状である。Rap1の機能を調節するGEFやGAPの組み合わせが細胞の種類によって大きく異なっているため、Rap1は多様な機能を担うことができるのであろう。血小板中には大量のRap1が存在しており、血小板の刺激によりGTPを結合した活性型に変換されることが知られている。このRap1の活性化は血小板膜表面上のインテグリンの活

アドバイス

審査委員の目を意識して，常に読みやすいかどうか考えながら工夫しよう

添削例

研　究　目　的　（概要）　※ 当該研究計画の目的について，簡潔にまとめて記述してください。

　抗血小板薬によって心筋梗塞や脳梗塞の発症リスク〔余白なくぎっしり詰まっていて読みにくい〕になっている。しかし血小板に対してより高い特異性を有〔　〕は，ADPレセプターより下流に位置する血小板凝集のシグナ〔　〕。その候補分子のひとつが，血小板の膜表面上のインテグリ〔　〕が，その詳細な機能については不明である。

　本研究の目的は，Rap1が関わるシグナル伝達経路において，血小板内顆粒の放出反応に関与するタンパク質とその機構を明らかにすることである。これによって，新しいメカニズムの抗血小板薬の開発につながり，心筋梗塞や脳梗塞の予防・治療に貢献できると考える。

　わが国においては悪性新生物，心疾患，脳血管疾患が死因の第1位から第3位を占める。そのうち，死因の第〔見出しを入れたい〕脳血管疾患は血管障害および血栓形成に関わる疾患という共通点が〔　〕脳梗塞などの虚血性疾患は人口の高齢化や食事の欧米化により近年増加の傾向にあり，その死亡者数の合計は悪性新生物による死亡者数に匹敵するため，これらの疾患についての基礎研究には大きな関心が払われなければならないものと考えられる。虚血性疾患の病因は動脈硬化などの血管病変に加え，血小板や凝固系，線溶系などが関与した血栓形成反応が直接的な原因となっている。アスピリンなどの抗血小板薬によって血栓形成反応を阻害することで心筋梗塞や脳梗塞の発症リスクが低下することが欧米での大規模調査で明らかになり，現在，より有効な抗血小板薬を求めて多くの研究が進められている。

　我々の研究〔段落のかわりめに余白行を入れたい〕との反応性を欠損している患者の血小板より，血小板糖タンパク質の〔　〕もに，GPVIがコラーゲンレセプターとして機能していることを示した〔　〕クローニングが成功して分子構造が明らかになり，その機能がより詳〔　〕。GPVIがそのリガンドであるコラーゲンと結合し，その情報は血小板内へ伝えられて血小板中に存在する顆粒の放出を引き起こし，顆粒中に含まれていたADPがさらに血小板膜表面上に存在するADPレセプターであるP2Y12，P2Y1を介して周囲の血小板を活性化することによってポジティブフィードバックを引き起こし，血小板の凝集反応が進行していくことがわかった。抗血小板薬として以前より使用されてきたチクロピジンと比較して，より副作用が少ない優れた抗血小板薬として本年より国内承認が下りたクロビドグレル，2007年販売開始予定のプラスグレルはともにADPレセプターをターゲットとした薬剤であるが，抗血小板薬として，血小板に対してより高い特異性を有し副作用の少ない薬剤の開発のためにはADPレセプターより下流に位置する血小板凝集のシグナル伝達に関与する分子をターゲットにする必要があると考えている。

　そこでGPVIによる刺激に伴って血小板からの顆粒放出反応，すなわちADP放出反応と時系列を同じくして活性化されるタンパク質を検索したところ，Rap1の関与が強く示唆された。Rap1はRasと類似のタンパク質として見出されたが，細胞機能の広範囲な部分に関与しており，その生理的機能に関して統一的な解釈ができていないのが現状である。Rap1の機能を調節するGEFやGAPの組み合わせが細胞の種類によって大きく異なっているため，Rap1は多様な機能を担うことができるのであろう。血小板中には大量のRap1が存在しており，血小板の刺激によりGTPを結合した活性型に変換されることが知られている。このRap1の活性化は血小板膜表面上のインテグリンの活

なぜよくないのか？

　　例文は見出し項目も，余白行も，図もなく，ただ文字だけを書いている（きれいでない）．

　　審査委員の立場（短期間で100件近く読みこなし，それぞれに点数とコメントをつけなければならない！）で申請書を見て欲しい．言うまでもなく，読みやすい申請書（きれいな申請書）の方が印象がよい．いくら内容がよくても読み進めてもらえなければ意味がない．

どのように改良すればよいか？

　　ひたすら美しく，読みやすさを意識して書く！　いろいろな申請書を見てきた経験から言うと，きれいな申請書は採択されやすい．きれいな申請書はレイアウトもきちんとしているだけでなく，内容をじっくりと仕上げていることが多い．これは，おそらくは申請者が外見にまで配慮できるくらい丁寧に申請書を仕上げているからだと思う．逆に，雑で読みにくい申請書は，よほどの内容でないかぎり，審査員の評価は低くなる．上で指摘した点をきちんと直していけば，きれいな申請書になる．以下の工夫が一般的なようだ．

- 適宜，見出し項目や余白行を入れて，段落にメリハリをつける（case19，申請者のギモン10参照）
- 下線，太字，下線太字などは効果的に使う．ただし使用は最小限に留める（case27参照）
- 白抜き文字や修飾されたフォント（影文字など）は使わない
- 図は解像度の高い，クリアなものにする（申請者のギモン11参照）
- フォントの種類を工夫する．フォントの違いで印象ががらりと変わる（申請者のギモン2参照）

　　例文は，見出し項目と余白行を入れ，研究計画の流れを図示し，読みやすいフォントに工夫する．

改善例

研　究　目　的（概要）※ 当該研究計画の目的について、簡潔にまとめて記述してください。

　抗血小板薬によって心筋梗塞や脳梗塞の発症リスクが低下することが大規模調査で明らかになっている。しかし血小板に対してより高い特異性を有し、副作用の少ない薬剤の開発のためには、ADPレセプターより下流に位置する血小板凝集のシグナル分子をターゲットにする必要がある。その候補分子のひとつが、血小板の膜表面上のインテグリンの活性化に関与しているRap1であるが、その詳細な機能については不明である。

　本研究の目的は、Rap1が関わるシグナル伝達経路において、血小板内顆粒の放出反応に関与するタ〔**読みやすいフォントを工夫する**〕これによって、新しいメカニズムの抗血小板薬の開〔　　〕に貢献できると考える。

①【研究の学術的背景】

　わが国においては悪性新生物、心疾患、脳血管疾患が死因の第1位から第3位を占める。そのうち、死因の第2位、第3位を占める心疾患、脳血管疾患は血管障害および血栓形成に関わる疾患という共通点があり、なかでも心筋梗塞や脳梗塞などの虚血性疾患は人口の高齢化や食事の欧米化により近年増加の傾向にあり、その死亡者数の合計は悪性新生物による死亡者数に匹敵するため、これらの疾患についての基礎研究には大きな関心が払われなければならないものと考えられる。虚血性疾患の病因は動脈硬化などの血管病変に加え、血小板や凝固系、線溶系などが関与した血栓〔**研究計画の流れを図示する**〕アスピリンなどの抗血小板薬によって血栓形成反応を阻害することで心筋梗塞や脳梗塞の発症リスクが低下することが欧米での大規模調査で明らかになり、現在、より有効な抗血小板薬を求めて多くの研究が進められている。

本申請書の研究計画の流れ

コラーゲンがGPVI に結合

↓

血小板顆粒からADPの放出　　これまでの抗血小板薬の作用箇所

↓

ADPレセプターの活性化

↓

血小板凝集の阻害　　この間をターゲットにした阻害剤＝新しい機序の抗血小板薬

〔**余白行を入れる**〕

【国内・国外の研究動向及び位置づけ】

　我々の研究室では 1989 年にコラーゲンとの反応性を欠損している患者の血小板より、血小板糖タンパク質の GPVI を初めて同定するとともに、GPVI がコラーゲンレセプターとして機能していることを示した。その後 1999 年に GPVI のクローニングが成功して分子構造が明らかになり、その機能がより詳しく解析されることになった。GPVI がそのリガンドであるコラーゲンと結合し、その情報は血小板内へ伝えられて血小板中に存在する顆粒の放出を引き起こし、顆粒中に含まれていた ADP がさらに血小板膜表面上に存在する ADP レセプターで〔**見出し項目を入れる**〕の血小板を活性化することによってポジティブフィードバックを引き〔　　　　〕行していくことがわかった。抗血小板薬として以前より使用されてきたチクロピジンと比較して、より副作用が少ない優れた抗血小板薬として本年より国内承認が下りたクロピドグレル、2007 年販売開始予定のプラスグレルはともに ADP レセプターをターゲットとした薬剤であるが、抗血小板薬として、血小板に対してより高い特異性を有し副作用の少ない薬剤の開発のためには ADP レセプターより下流に位置する血小板凝集のシグナル伝達に関与する分子をターゲットにする必要があると考えている。

【着想に至った経緯】

　そこで GPVI による刺激に伴って血小板からの顆粒放出反応、すなわち ADP 放出反応と時系列を同じくして活性化されるタンパク質を検索したところ、Rap1 の関与が強く示唆された。Rap1 は Ras

case 07

美しくない申請書は読む気になれない（2）

理工系　生命科学系　医歯薬系　人文学系　社会科学系　複合領域系

重要度 ★★★　頻度 ★★★

どこがよくないか

研究目的（概要） ※ 当該研究計画の目的について、簡潔にまとめて記述してください。

　抗血小板薬によって心筋梗塞や脳梗塞の発症リスクが低下することが大規模調査で明らかになっている。しかし血小板に対してより高い特異性を有し、副作用の少ない薬剤の開発のためには、ADPレセプターより下流に位置する血小板凝集のシグナル分子をターゲットにする必要がある。その候補分子のひとつが、血小板の膜表面上のインテグリンの活性化に関与しているRap1であるが、その詳細な機能については不明である。本研究の目的は、**Rap1が関わるシグナル伝達経路において、血小板内顆粒の放出反応に関与するタンパク質とその機構を明らかにする**ことである。これによって、新しいメカニズムの抗血小板薬の開発につながり、心筋梗塞や脳梗塞の予防・治療に貢献できると考える。

①研究の学術的背景

　わが国においては悪性新生物、心疾患、脳血管疾患が死因の第1位から第3位を占める。そのうち、死因の第2位、第3位を占める心疾患、脳血管疾患は血管障害および血栓形成に関わる疾患という共通点があり、なかでも心筋梗塞や脳梗塞などの虚血性疾患は人口の高齢化や食事の欧米化により近年増加の傾向にあり、その死亡者数の合計は悪性新生物による死亡者数に匹敵するため、これらの疾患についての基礎研究には大きな関心が払われなければならないものと考えられる。虚血性疾患の病因は動脈硬化などの血管病変に加え、

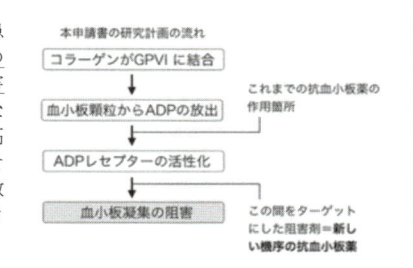

本申請書の研究計画の流れ

コラーゲンがGPVIに結合 → 血小板顆粒からADPの放出 → ADPレセプターの活性化 → 血小板凝集の阻害

これまでの抗血小板薬の作用箇所

この間をターゲットにした阻害剤＝新しい機序の抗血小板薬

血小板や凝固系、線溶系などが関与した血栓形成反応が直接的な原因となっている。アスピリンなどの抗血小板薬によって血栓形成反応を阻害することで心筋梗塞や脳梗塞の発症リスクが低下することが欧米での大規模調査で明らかになり、現在、より有効な抗血小板薬を求めて多くの研究が進められている。

　我々の研究室では1989年にコラーゲンとの反応性を欠損している患者の血小板より、血小板糖タンパク質のGPVIを初めて同定するとともに、GPVIがコラーゲンレセプターとして機能していることを示した。その後1999年にGPVIのクローニングが成功して分子構造が明らかになり、その機能がより詳しく解析されることになった。GPVIがそのリガンドであるコラーゲンと結合し、その情報は血小板内へ伝えられて血小板中に存在する顆粒の放出を引き起こし、顆粒中に含まれていたADPがさらに血小板膜表面上に存在するADPレセプターであるP2Y12、P2Y1を介して周囲の血小板を活性化することによってポジティブフィードバックを引き起こし、血小板の凝集反応が進行していくことがわかった。抗血小板薬として以前より使用されてきたチクロピジンと比較して、より副作用が少ない優れた抗血小板薬として本年より国内承認が下りたクロビドグレル、2007年販売開始予定のプラスグレルはともにADPレセプターをターゲットとした薬剤であるが、抗血小板薬として、血小板に対してより高い特異性を有し副作用の少ない薬剤の開発のためには**ADPレセプターより下流に位置する血小板凝集のシグナル伝達に関与する分子をターゲットにする必要がある**と考えている。

②研究期間内に何をどこまで明らかにするか

　そこでGPVIによる刺激に伴って血小板からの顆粒放出反応、すなわちADP放出反応と時系列を

ふさわしく　はっきりと　具体的に　簡潔に　推敲のヒント　レイアウト　図表　アピールする

アドバイス

審査委員の目を意識して，常に読みやすいかどうか考えながら工夫しよう

添削例

研 究 目 的（概要） ※ 当該研究計画の目的について、簡潔にまとめて記述してください。

　抗血小板薬によって心筋梗塞や脳梗塞の発症リスクが低下することが大規模調査で明らかになっている。しかし血小板に対してより高い特異性を有し、副作用の少ない薬剤の開発のためには、ADPレセプターより下流に位置する血小板凝集のシグナル分子をターゲットにする必要がある。その候補分子のひとつが、血小板の膜表面上のインテグリンの活性化に関与しているRap1であるが、その詳細な機能については不明である。本研究の目的は、**Rap1が関わるシグナル伝達経路において、血小板内顆粒の放出反応に関与するタンパク質とその機構を明らかにする**ことである。これによって、新しいメカニズムの抗血小板薬の開発につながり、心筋梗塞や脳梗塞の予防・治療に貢献できると考え〔太字〕

①研究の学術的背景

　わが国においては悪性新生物、心疾患、脳血管疾患が死因の第1位から第3位を占める。そのうち、死因の〔第〕3位を占める心疾患、脳血管疾患は血管障害〔血栓〕形成に関わる疾患という共通点があり、な〔心〕筋梗塞や脳梗塞などの虚血性疾患は人口の高〔齢化、食〕事の欧米化によ〔って増加〕傾向にあり、そ〔れら〕の死亡者数の合計は悪性新〔生物による〕死亡者数に匹敵するため、これらの疾患についての基礎研究には大きな関心が払われなければならないものと考えられる。虚血性疾患の病因は動脈硬化などの血管病変に加え、**血小板や凝固系、線溶系などが関与した血栓形成反応が直接的な原因となっている**。アスピリンなどの抗血小板薬によって血栓形成反応を阻害することで心筋梗塞や脳梗塞の発症リスクが低下することが欧米で〔の大規模調査によって明ら〕かになり、現在、より有効な抗血小板薬を求めて多くの研究が進められている〔。〕

　我々の研究室では 1989 年にコラーゲンとの反応性を欠損している患者の血小板より、血小板糖タンパク質の GPVI を初めて同定するとともに、GPVI がコラーゲンレセプターとして機能していることを示した。その後 1999 年に GPVI のクローニングが成功して分子構造が明らかになり、その機能がより詳しく解析されることになった。GPVI がそのリガンドであるコラーゲンと結合し、その情報は血小板内へ伝えられて血小板中に存在する顆粒の放出を引き起こし、顆粒中に含まれていた ADP がさらに血小板〔表面上の ADP レセプターに結合することで、それが引き金となっ〕て周囲の血小板を活性化することに〔より、さらに血小板が活性化されていくという血小板凝〕集反応が進行していくことがわかった。抗血小板薬として以前より使用されてきたチクロピジンと比較して、より副作用が少ない優れた抗血小板薬として本年より国内承認が下りたクロピドグレル、2007年販売開始予定のプラスグレルはともに ADP レセプターをターゲットとした薬剤であるが、抗血小板薬として、**血小板に対してより高い特異性を有し副作用の少ない薬剤の開発のためには ADP レセプターより下流に位置する血小板凝集のシグナル伝達に関与する分子をターゲットにする必要がある**と考えている〔。〕

②研究期間内に何をどこ〔まで明らかにするのか〕

　そこで GPVI による刺激に伴って血小板からの顆粒放出反応、すなわち ADP 放出反応と時系列を

[注記：太字、白抜き文字は不要、図の解像度が低い、下線、下線＋太字、下線．下線が多すぎて煩わしく見える]

（図内）
本申請書の
コラーゲンがGPVI に結合
↓
血小板顆粒からADPの放出　→　これまでの抗血小板薬の作用箇所
↓
ADPレセプターの活性化
↓
血小板凝集の阻害　→　この間をターゲットにした阻害剤＝新しい機序の抗血小板薬

なぜよくないのか？

　　例文はcase06と同じ内容だが，ずいぶんと印象が違うだろう．例文は白抜き文字を使ったり，下線，下線太字などを使って工夫しているが，下線が多すぎて煩わしく見えるし，太字も文中に混在していてわかりにくい（強調しすぎで，きれいでない）．

　　読みやすい申請書の方が印象がよい．読み進めてもらえても心証が悪ければ評価は低くなりやすい．

どのように改良すればよいか？

　　申請書はきれいに仕上げよう．きれいでない申請書にはほとんど共通のパターンがある（case06参照）．

　　例文は，本文を「ヒラギノ明朝Pro」，見出しを「メイリオ」太字になるようにし，行間は15ポイント，余白行は8ポイントにしている．図がクリアでないので解像度の高いものに差替える．

改善例

①【研究の学術的背景】

　わが国においては悪性新生物、心疾患、脳血管疾患が死因の第1位から第3位を占める。そのうち、死因の第2位、第3位を占める心疾患、脳血管疾患は血管障害および血栓形成に関わる疾患という共通点があり、なかでも心筋梗塞や脳梗塞などの虚血性疾患は人口の高齢化や食事の欧米化により近年増加の傾向にあり、その死亡者数の合計は悪性新生物による死亡者数に匹敵するため、これらの疾患についての基礎研究には大きな関心が払われなければならないものと考えられる。虚血性疾患の病因は動脈硬化などの血管病変に

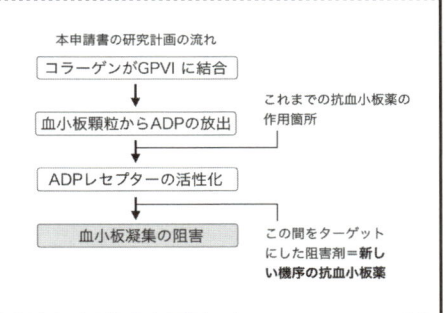

加え、血小板や凝固系、線溶系などが関与した血栓形成反応が直接的な原因となっている。アスピリンなどの抗血小板薬によって血栓形成反応を阻害することで心筋梗塞や脳梗塞の発症リスクが低下することが欧米での大規模調査で明らかになり、現在、より有効な抗血小板薬を求めて多くの研究が進められている。

【国内・国外の研究動向及び位置づけ】

　我々の研究室では1989年にコラーゲンとの反応性を欠損している患者の血小板より、血小板糖タンパク質のGPVIを初めて同定するとともに、GPVIがコラーゲンレセプターとして機能していることを

申請者のギモン2　フォント

申請書に使うフォントは何がいいのですか？

ほとんどの申請書は，ダウンロードしたWordファイルそのままに，MSフォント（Microsoft Wordの基本フォント）のMS明朝で書かれている．
あるセミナーで申請書のフォントを変えたいくつかのバージョンで，どのフォントのものがよいと思うか意見を聞いたことがある．その結果，明朝体とゴシック体のどちらがよいと思うかは，ほぼ半分にわかれた．しかしMS明朝またはMSゴシックがよいと答えた人は，だれもいなかった．

フォントに指定はないので自由に選んでかまわない．明朝体ならば「きちんとした」という印象を，ゴシック体ならば「力強い」という印象を受けやすい．ただし，申請書でゴシック体のフォントを使うのはいいが，あまり太めのフォントを使わないこと．

申請書にお勧めのフォントは，
・ヒラギノ明朝Pro（Proはプロフェッショナルの意味ではなく，Proportionalの意味）
・ヒラギノ角ゴシックPro
・ヒラギノ丸ゴシック
・メイリオ
・游ゴシック
・游明朝
など．申請書をこれらのフォントに変えたものを並べるので，MSフォントのものとを比べてみよう．どの印象がよいだろうか？

MS明朝

研　究　目　的（概要）※ 当該研究計画の目的に
　本研究では申請者らが発見した摂食亢進ホル
化するモノクローナル抗体を作製し、活性型グ
　近年、多くの GPCR の結晶構造が明らかになっ
不活性型で、アゴニストが結合した活性型受容
受容体は動きが大きく結晶構造をとりにくいた
セカンドメッセンジャー変化を指標として、受
る。この抗体を使ってグレリン受容体を活性化
晶構造を解明する。本方法は他の GPCR において

１．研究の学術的背景
　申請者らは1999年に摂食亢進・成長ホルモン
リンを発見し（Kojima et al. Nature 1999）、
　近年の研究手法の開発によって膜タンパク質
報伝達に重要な役割をするGタンパク質共役型
しても、現在20種類近くの結晶構造が解明され
　しかし、結晶構造が解明された論文に発表さ
ゴニストが結合した不活性型受容体であり、ア

MSゴシック

研　究　目　的（概要）※ 当該研究計画の目的に
　本研究では申請者らが発見した摂食亢進ホル
化するモノクローナル抗体を作製し、活性型グ
　近年、多くの GPCR の結晶構造が明らかになっ
不活性型で、アゴニストが結合した活性型受容
受容体は動きが大きく結晶構造をとりにくいた
セカンドメッセンジャー変化を指標として、受
る。この抗体を使ってグレリン受容体を活性化
晶構造を解明する。本方法は他の GPCR において

１．研究の学術的背景
　申請者らは1999年に摂食亢進・成長ホルモン
リンを発見し（Kojima et al. Nature 1999）、
　近年の研究手法の開発によって膜タンパク質
報伝達に重要な役割をするGタンパク質共役型受
しても、現在20種類近くの結晶構造が解明され
　しかし、結晶構造が解明された論文に発表さ
ゴニストが結合した不活性型受容体であり、ア

ヒラギノ明朝Pro

研　究　目　的（概要）※ 当該研究計画の目的に
　本研究では申請者らが発見した摂食亢進ホルモ
るモノクローナル抗体を作製し、活性型グレリン
　近年、多くの GPCR の結晶構造が明らかになっ
活性型で、アゴニストが結合した活性型受容体は
は動きが大きく結晶構造をとりにくいためである
ッセンジャー変化を指標として、受容体を活性化
使ってグレリン受容体を活性化状態に固定し、活
本方法は他の GPCR においても活性型構造の解明

１．研究の学術的背景
　申請者らは1999年に摂食亢進・成長ホルモン分
を発見し（Kojima et al. Nature 1999）、現在グレ
　近年の研究手法の開発によって膜タンパク質
達に重要な役割をするGタンパク質共役型受容体(
現在20種類近くの結晶構造が解明されている。
　しかし、結晶構造が解明された論文に発表され
ストが結合した不活性型受容体であり、アゴニス

ヒラギノ丸ゴシック

研　究　目　的（概要）※ 当該研究計画の目的に
　本研究では申請者らが発見した摂食亢進ホルモ
るモノクローナル抗体を作製し、活性型グレリン
　近年、多くの GPCR の結晶構造が明らかになっ
活性型で、アゴニストが結合した活性型受容体は
は動きが大きく結晶構造をとりにくいためである
ッセンジャー変化を指標として、受容体を活性化
使ってグレリン受容体を活性化状態に固定し、活
本方法は他の GPCR においても活性型構造の解明

１．研究の学術的背景
　申請者らは1999年に摂食亢進・成長ホルモン分
を発見し（Kojima et al. Nature 1999）、現在グ
　近年の研究手法の開発によって膜タンパク質
達に重要な役割をするGタンパク質共役型受容体(
現在20種類近くの結晶構造が解明されている。
　しかし、結晶構造が解明された論文に発表され
ニストが結合した不活性型受容体であり、アゴニス

メイリオ

研　究　目　的（概要）※ 当該研究計画の目的に
　本研究では申請者らが発見した摂食亢進ホルモ
るモノクローナル抗体を作製し、活性型グレリン
　近年、多くの GPCR の結晶構造が明らかになっ
活性型で、アゴニストが結合した活性型受容体は
は動きが大きく結晶構造をとりにくいためである
ッセンジャー変化を指標として、受容体を活性化
使ってグレリン受容体を活性化状態に固定し、活
本方法は他の GPCR においても活性型構造の解明

１．研究の学術的背景
　申請者らは1999年に摂食亢進・成長ホルモン分
を発見し（Kojima et al. Nature 1999）、現在グ
　近年の研究手法の開発によって膜タンパク質
達に重要な役割をするGタンパク質共役型受容体(
現在20種類近くの結晶構造が解明されている。
　しかし、結晶構造が解明された論文に発表され
ストが結合した不活性型受容体であり、アゴニス

游ゴシック

研　究　目　的（概要）※ 当該研究計画の目的につい
　本研究では申請者らが発見した摂食亢進ホルモン
るナノボディをアルパカで作製し、活性型グレリン
　近年、多くの GPCR の結晶構造が明らかになって
活性型で、アゴニストが結合した活性型受容体の結
が大きく結晶構造をとりにくいためである。本研究
ジャー変化を指標として、受容体を活性化できるナ
いためグレリン受容体のリガンド結合部位が認識可
体を活性型に固定し、さらにグレリン受容体との共

①研究の学術的背景
　申請者らは1999年に摂食亢進・成長ホルモン分泌
を胃から発見し（Kojima et al. Nature 1999）、
(Nakazato, Kojima (4/7人) et al. Nature 2001他)
で7,800件以上の研究論文が発表され、申請者らの
5,000回を超えている。
　グレリンは典型的なGタンパク質共役型受容
体(GPCR)であるグレリン受容体に結合して、そ

case 08

必要な内容が十分に書かれておらず わかりにくい（1）

理工系　生命科学系　医歯薬系　人文学系　社会科学系　複合領域系

重要度 ★★★　頻度 ★★★

はっきりと

具体的に

簡潔に

推敲のヒント

レイアウト

図表

アピールする

どこがよくないか

例文1

研　究　目　的　（概要）※ 当該研究計画の目的について、簡潔にまとめて記述してください。

　以下の①と②を比較・考察することにより、ハロゲン化アルキル置換反応の基礎研究を行う。

　①実際のハロゲン化アルキル置換系を電子スピン共鳴分光法で観測し、系の中に存在する反応活性種のスペクトルを得る。

　②制御ハロゲン化アルキル置換によってモデルアルキル前駆体を合成し、そこから発生させた構造の明確なモデルアルキルを電子スピン共鳴分光法で観測することにより、①で観測した活性種の鎖長、反応性、前末端基効果などについての情報を得て、ハロゲン化アルキル置換反応の基礎を形成する。

例文2

研　究　目　的　（概要）※ 当該研究計画の目的について、簡潔にまとめて記述してください。

　本研究では、主として近代英語期以降の英語受容者受動（二重目的語構文（DOC）の受動化において受容者（Recipient）項が受動態主語とされるもの（REC受動）、例：Mary was given the book by John））の通時的拡大過程を分析対象とする。分析を通して以下の研究成果をあげることを目標とする。

(a) 近代英語期以降の動詞ごとのREC受動受け入れ状況を示す数量的データを提供する。

(b) 本来、与格マーキングを受けていた Recipient 項の文法化がどのように進んだのか、構文文法の知見を入れながら解明する。

(c) REC 受動の成立過程において、構文ネットワークの拡大と抑制がどのように相互作用しあったのかを示し、構文と文法化の関係について考察する。

例文3

研　究　目　的　（概要）※ 当該研究計画の目的について、簡潔にまとめて記述してください。

【全体構想】

　地域コーディネーターの役割・機能に注目し、教職員のニーズと地域住民等のシーズとをつなぎながら「総合的な学習の時間」を再活性化させるストラテジーを構築し、モデルを開発する。

【具体的な目的】

1）「総合的な学習の時間」における地域コーディネーターの役割・機能の解明

2）「総合的な学習の時間」において教職員と地域コーディネーターとが協働して単元開発・授業実践するプロセスモデルの収集・分析・開発

3）「総合的な学習の時間」において教職員が地域住民等と連携・協働する要件の解明

概要部分には「背景」「目的」「展開」を書こう

添削例

例文1

研　究　目　的（概要）※ 当該研究計画の目的について、簡潔にまとめて記述してください。

以下の①と②を比較・考察することにより、ハロゲン化アルキル置換反応の基礎研究を行う。 ← 目的

　①実際のハロゲン化アルキル置換系を電子スピン共鳴分光法で観測し、系の中に存在する反応活性種のスペクトルを得る。

　②制御ハロゲン化アルキル置換によってモデルアルキル前駆体を合成し、そこから発生させた の明確なモデルアルキルを電子スピン共鳴分光法で観測することにより、①で観測した活性種の 反応性、前末端基効果などについての情報を得て、ハロゲン化アルキル置換反応の基礎を形成する。 ← 方法

方法よりも研究の「背景」と「展開」を優先して書く

例文2

研　究　目　的（概要）※ 当該研究計画の目的について、簡潔にまとめて記述してください。

　本研究では、主として近代英語期以降の英語受容者受動（二重目的語構文（DOC）の受動化において受容者（Recipient）項が受動態主語とされるもの（REC受動）、例：Mary was given the book by John））の通時的拡大過程を分析対象とする。分析を通して以下の研究成果をあげることを目標とする。 ← 目的

(a) 近代英語期以降の動詞ごとのREC受動受け入れ状況を示す数量的データを提供する。

(b) 本来、与格マーキングを受けていた Recipient 項の文法化がどのように進んだのか、構文文法の知見を入れながら解明する。 ← 方法

(c) REC 受動の成立過程において、構文ネットワークの拡大と抑制がどのように相互作用しあっ かを示し、構文と文法化の関係について考察する。

「背景」や「展開」が書かれていない.
研究をとりまく状況は？ 研究で何がわかるのか？

例文3

研　究　目　的（概要）※ 当該研究計画の目的について、簡潔にまとめて記述してください。

【全体構想】

　地域コーディネーターの役割 がら「総合的な学習の時間」を

非常によい工夫なのだが,「背景」が書かれていない. 見た目よりもまずは内容の充実をめざそう

【具体的な目的】

1）「総合的な学習の時間」における地域コーディネーターの役割・機能の解明

2）「総合的な学習の時間」において教職員と地域コーディネーターとが協働して単元開発・授業実践するプロセスモデルの収集・分析・開発

3）「総合的な学習の時間」において教職員が地域住民等と連携・協働する要件の解明

なぜよくないのか？

例文1は，はじめに要点を述べるというパラグラフライティングの原則に則り最初の1行に「目的」を示すのはよいことだが，この場合の『基礎研究を行う』はあまりに漠然としすぎている．『基礎研究を行う』だけでは，審査委員には研究目的が伝わらない，と思おう．ただし，どこまでが基礎でどこからが応用か，分野において明確なコンセンサスがあるものは別である．さらに，2行目以降には方法論が書かれているが，研究の「背景」と「展開」が読みとれない．

例文2は，「背景」と「展開」がなく，構造が，「目的（→方法）」となっている．

例文3は【全体構想】【具体的な目的】と分けて書いていて，非常にわかりやすい．その反面，研究の「背景」（どのような研究の状況なのか）が十分に書かれていない．【研究目的（概要）】特有の事情としてスペースが限られているため記載できる量に限りがあるからだ．

【研究目的（概要）】は，研究の「背景」「目的」「展開」の3つは抜かさず書くこと．「背景」とは【①研究の学術的背景】，「目的」とは【②研究期間内に何をどこまで明らかにしようとするのか】，「展開」とは【③当該分野における本研究の学術的な特色・独創的な点及び予想される結果と意義】に対応する要約であるべきだ．「背景」で何がわかっていないのかを書いてこそ，研究目的の意義がある．この欄での方法論や見た目の工夫の優先度は低い．

どのように改良すればよいか？

申請書のWordファイルをダウンロードしてくると，【研究目的（概要）】の枠には8行くらいが入る．そのため8±1行くらいに概要をまとめるのがよい．また，例文のような【研究目的（概要）】になる原因のほとんどは，【研究目的（概要）】と【研究目的】本文とを別々に書いているためだ．【研究目的（概要）】は全体のまとめであるので，一番最後に書くのがよい（補遺参照）．本文を書いて，それから重要な内容を抜き出して文章を整えればよい．すなわち，【研究目的】本文の【①研究の学術的背景】【②研究期間内に何をどこまで明らかにしようとするのか】【③当該分野における本研究の学術的な特色・独創的な点及び予想される結果と意義】から重要な文章を抜粋して，

- 研究の背景：3〜4行
- 研究の目的：2行
- 研究の展開：2行

くらいを目安にして書く．背景に研究で解決すべき課題を加えられるとなおよい．

　例文1ならばどのような『基礎研究』なのか説明しなければならない．目的と方法を簡潔にまとめ，「背景」と「展開」を加えてみよう．この場合は「連鎖移動反応の起こりやすさが鎖長依存性であるかどうかは不明」が未解明の問題点になるのでそれを加える．

　例文2の場合【研究目的】本文中から，

- 構文文法と文法化の関わりについてはほとんど解明されていない
- REC受動の拡大過程の分析には大規模言語コーパスの利用が有益だが，その分析は行われていない

とこの研究分野の解決すべき課題（つまり「背景」）や，この研究によって何がわかるのか（つまり「展開」）など抜き出してきてまとめる．

　例文3は，ここでは分けて書くという申請者のよい工夫を生かして，そのうえで研究の「背景」を加える．なお『モデルを開発』とは何のモデルかはっきりしなかった．具体的に『授業モデル』と書き加えた．

改善例

例文1

研　究　目　的（概要） ※ 当該研究計画の目的について、簡潔にまとめて記述してください。

　これまで申請者はいろいろな電子スピン共鳴分光(ESR)法を用いることにより、ハロゲン化アルキル置換反応を直接観察し、開始・成長・連鎖移動・停止の各素反応を個別に観測してきた。しかし連鎖開始ラジカルから成長ラジカルへの過程において、連鎖移動反応の起こりやすさが鎖長依存性であるかどうかは明らかではない。

　本研究では、①実際のハロゲン化アルキル置換系を電子スピン共鳴分光法で観測し、系の中に存在する反応活性種のスペクトルを調べる。②制御ハロゲン化アルキル置換によってモデルアルキル前駆体を合成し、そこから発生させた構造の明確なモデルアルキルを電子スピン共鳴分光法で観測する。

　これらの観察から、活性種の鎖長、反応性、前末端基効果などについての情報を得て、ハロゲン化アルキル置換反応の連鎖移動反応の機構と鎖長依存性についての詳細な検討が可能になると考える。

例文2

研　究　目　的　（概要）　※ 当該研究計画の目的について、簡潔にまとめて記述してください。

　近年の言語学では「構文」の意義が認識されつつあるが、一方で、構文文法と文法化の関わりについてはほとんど解明が進んでいない。また REC 受動が拡大したのは近代英語期以降で、その拡大過程の分析には大規模言語コーパスの利用が有益と考えられるが、そのような分析についてはほぼ未着手の状態である。本研究では、近代英語期以降の動詞ごとの REC 受動受け入れ状況を分析し、与格マーキングを受けていた Recipient 項の文法化がどのように進んだのか、そして REC 受動の成立過程において構文ネットワークの拡大と抑制がどのように相互作用しあったのかを示し、構文と文法化の関係について考察する。動詞ごとの REC 受動の広がりの差異の解明は、与格の文法化だけでなく、動詞と構文の関係の解明にもつながると考えられる。

例文3

研　究　目　的　（概要）　※ 当該研究計画の目的について、簡潔にまとめて記述してください。

　【研究の背景】　地域住民が学校の教育活動を支援する「学校支援地域本部」が設置され、学校のニーズと地域住民等のシーズをつなぐ「地域コーディネーター」の配置が進んでいるが、地域コーディネーターの「総合的な学習の時間」における役割と機能（成果・課題）を調査・分析した報告はない。**【具体的な目的】**　「総合的な学習の時間」において、1）地域コーディネーターの役割・機能の解明、2）教職員と地域コーディネーターとが協働して単元開発・授業実践するプロセスモデルの収集・分析・開発、3）教職員が地域住民等と連携・協働する要件の解明、を行う。**【予想される結果と意義】**　地域コーディネーターによって「総合的な学習の時間」を再活性化させるストラテジーを構築し、充実した授業モデルを開発することができる。

　　　例文3の見出しをさらに目立たせるには，文章のフォントを明朝体にして，より文字の違いを対比させるやり方（参考）もある（まあ，これは好みによると思う）．

参考

研　究　目　的　（概要）　※ 当該研究計画の目的について、簡潔にまとめて記述してください。

　【研究の背景】　地域住民が学校の教育活動を支援する「学校支援地域本部」が設置され、学校のニーズと地域住民等のシーズをつなぐ「地域コーディネーター」の配置が進んでいるが、地域コーディネーターの「総合的な学習の時間」における役割と機能（成果・課題）を調査・分析した報告はない。**【具体的な目的】**　「総合的な学習の時間」において、1）地域コーディネーターの役割・機能の解明、2）教職員と地域コーディネーターとが協働して単元開発・授業実践するプロセスモデルの収集・分析・開発、3）教職員が地域住民等と連携・協働する要件の解明、を行う。**【予想される結果と意義】**　地域コーディネーターによって「総合的な学習の時間」を再活性化させるストラテジーを構築し、充実した授業モデルを開発することができる。

申請者のギモン3　長い語句

『集約型都市構造形成...拠点エリア集客力算定システム...歩行者優先道路整備指針』としました．手を入れた方がよいところはありますか．

これらは長すぎて意味がとりにくい単語になっている．複数の単語をただつなげて説明したつもりになっているケースはよくある．漢字も多くて読みにくい．

長くとも一般的に使われる単語（日本学術振興会科学研究費助成事業など）ならよいが，ある単語が申請者によって独自に組合わせられたものの場合，注意が必要だ．

独自に単語を組合わせる場合，つなげる目安は2単語，どんなに譲歩しても3単語まで．それ以上は読みにくさが増すだけ，と思おう．むしろ申請者が創った言葉（つなげた単語）は使わないくらいのスタンスでもよい．その言葉が一般的に，あるいは分野で使われているかどうかは，ウェブで検索して複数の研究者が用いているかどうかで判断する．

3単語以上組み合わせてしまった場合は，あいだに「の」などのひらがなを入れて単語を分ければ，組合わせた場合とほぼ同等の意味をあらわせる．その他，改良例をいくつか示す．

- 各種生化学検査値
    - →各種の生化学検査値
- 昆虫媒介性感染症
    - →昆虫が媒介する感染症
- 系統分類学的再検討
    - →系統分類学的な再検討
- 小腸粘膜障害増悪因子
    - →小腸粘膜に障害を起こす増悪因子
- 人為的発現誘導株
    - →人為的に誘導した発現株

2 研究目的（概要）

case 09

概要とはいえ中身に乏しく
具体的でない（1）

理工系　生命科学系　医歯薬系　人文学系　社会科学系　複合領域系

重要度 ★★★　頻度 ★★★

どこがよくないか

例文1

研　究　目　的（概要）※ 当該研究計画の目的について、簡潔にまとめて記述してください。

　本研究の目的は、有酸素性運動とエイコサペンタエン酸（EPA: Eicosapentaenoic acid）摂取が肥満・メタボリックシンドローム、および脳神経機能に及ぼす影響を明らかにすることである。近年、食の欧米化（高脂肪食、EPA 摂取量の減少）、身体活動量の減少などにより肥満・メタボリックシンドロームや脳神経機能異常（神経変性疾患）が急増している。本研究では普通食と高脂肪食の異なる生活環境における老齢マウスに対して有酸素性運動と EPA 摂取を行い、肥満・メタボリックシンドローム、及び脳神経機能の予防・改善効果を運動生理学的、生化学的、行動学的、神経病理学的に検討する。また肥満・メタボリックシンドロームや脳神経保護に効果的な運動処方および EPA 摂取量などをスクリーニングする。

例文2

研　究　目　的（概要）※ 当該研究計画の目的について、簡潔にまとめて記述してください。

　本研究では、アクティブ・ラーニングでの学びの経験が、教員養成課程学生の学習指導力の向上にどのような影響を及ぼすのかということについて、教員養成課程全体を見据えた検討を行うことを目的とする。そのために、以下の3つのテーマを設定して研究を行う。

テーマ1　教員を志望する学生の学習指導力を評価する尺度の構成

テーマ2　教員養成課程全体を通した学習指導力向上の変化とその要因についての縦断的検討

テーマ3　個別の授業におけるアクティブ・ラーニングと学習指導力の変化についての検討

ふさわしく

はっきりと

具体的に

簡潔に

推敲のヒント

レイアウト

図表

アピールする

アドバイス

何を調べたいのかという「目的」を第三者でも イメージできるように書こう

添削例

例文1

対象が広すぎて漠然としている．具体的に

研 究 目 的（概要） ※ ………………とめて記述してください。

　本研究の目的は、有酸素性運動とエイコサペンタエン酸（EPA: Eicosapentaenoic acid）摂取が肥満・メタボリックシンドローム、および脳神経機能に及ぼす影響を明らかにすることである。近年、食の欧米化（高脂肪食、EPA 摂取量の減少）、身体活動量の減少などにより肥満・メタボリックシンドロームや脳神経機能異常（神経変性疾患）が急増している。本研究では普通食と高脂肪食の異なる生活環境における老齢マウスに対して有酸素性運動と EPA 摂取を行い、肥満・メタボリックシンドローム、及び脳神経機能の予防・改善効果を運動生理学的、生化学的、行動学的、神経病理学的に検討する。また肥満・メタボリックシンドロームや脳神経保護に効果的な運動処方および EPA 摂取量などをスクリーニングする。

網かけは外す　　　　　「〜的」が多すぎる！カットや言い換えを検討

例文2

具体的な目的ではない

研 究 目 的（概要） ※ 当該研究計画の目的について、簡潔にまと………

　本研究では、アクティブ・ラーニングでの学びの経験が、教員養成課程学生の学習指導力の向上にどのような影響を及ぼすのかということについて、教員養成課程全体を見据えた検討を行うことを目的とする。そのために、以下の3つのテーマを設定して研究を行う。

抽象的

テーマ1　教員を志望する学生の学習指導力を評価する尺度の構成
テーマ2　教員養成課程全体を通した学習指導力向上の変化とその要因についての縦断的検討
テーマ3　個別の授業におけるアクティブ・ラーニングと学習指導力の変化についての検討

中身に乏しい．第三者にもわかるよう，具体的に書くと？

なぜよくないのか？

　　　　例文1は，研究目的が具体的でなくわかりにくい，と審査委員は感じるだろう．研究目的が具体的でない？冒頭にはっきりと『本研究の目的は，有酸素性運動と EPA 摂取が肥満・メタボリックシンドローム，および脳神経機能に及ぼす影響を明らかにすること』と書いているじゃないかと思われるかもしれない．しかしこれもよくあるケースだが，『及ぼす影響』ではあまりに対象が広

すぎて漠然とした印象をうける．具体的にはどのようなことなのか，この例文だけからはわからない．また研究の「展開」が書かれていないのもわかりにくいと感じるポイントだ．

　　例文2は【研究目的(概要)】のすべてを使って「目的」を書いているが，明確でない(「背景」や「展開」部分がない)．研究目的としている『教員養成課程全体を見据えた検討』とは，いったいどのような検討なのか？　そして，検討してどうするのか？　また，テーマ1～4は具体的なように見えるが，学習観の構造とタイプとしてどのようなものを想定しているのかは審査委員にはわからず，これも実際には中身が乏しい．

　　もとになった申請書を書いた方は若手研究者だが，いくつかの申請書をチェックしてきた経験から言うと，若手研究者がこのような具体性のない研究目的を書くケースが多い．なぜ彼(彼女)らの研究目的は具体的でないのか？　それは「展開」と「目的」の区別ができていないことに原因がある．つまり，研究の「展開」にあたる部分を研究の「目的」として書いており，その結果うまく書き切れていないことが多い．

どのように改良すればよいか？

　　具体的でない【研究目的(概要)】はどのように改良すればよいのだろうか？　新たに書き足さねばならないだろうか？　このようなときは，まずは【研究目的】本文を読んでみよう．たいてい【研究目的】本文には書かれている．それを抜き出してきて，不要な記載をカットする．不要な記載とは，概要に書く必要のないことで，『(図1)』あるいは『学術雑誌への投稿』などである．あるいは，発想を転換してみるのも1つの手だ．

　　例文1では【研究目的】本文に次のような記載があった．

- 適度な有酸素性運動は高齢者の肥満，高血圧，糖尿病，メタボリックシンドロームなどの生活習慣病を予防する
- EPA摂取は肥満・メタボリックシンドロームを改善し，脳神経機能の保護効果がある
- 有酸素性運動とEPA摂取の併用による肥満・メタボリックシンドロームの予防・改善効果の報告はまだない

これらを組合わせて，「背景」「目的」「展開」と整理して書いていくとよいだろう．

例文2では，『教員養成課程全体を見据えた検討』を「目的」としているから書きにくい．そうではなく，その前に書いている『アクティブ・ラーニングでの学びの経験が，教員養成課程の学生の学習観にどのような影響を及ぼすのか』が研究「目的」であると捉え直して，『教員養成課程全体を見据えた検討』は「展開」と位置付けてみよう．そして3つのテーマ（方法と目的にあたる）のあとに，「展開」を書くと，うまくまとまる．

改善例

例文1

研　究　目　的（概要）※ 当該研究計画の目的について、簡潔にまとめて記述してください。

　本研究の目的は、有酸素性運動とエイコサペンタエン酸（EPA: Eicosapentaenoic acid）摂取の併用が、高齢者の肥満、高血圧、糖尿病、メタボリックシンドロームなどの生活習慣病の予防効果や、脳神経機能の保護効果があるかどうかを探ることである。
　近年、食の欧米化（高脂肪食、EPA 摂取量の減少）、身体活動量の減少などにより生活習慣病や、認知症などの脳神経疾患が急増している。適度な有酸素性運動や EPA 摂取は、これらを予防・改善する効果があると言われているが、両者を併用してその効果を確かめた報告はまだない。
　本研究で、普通食と高脂肪食の異なる生活環境における老齢マウスに対して有酸素性運動と EPA 摂取を併用して行い、生活習慣病や脳神経疾患の予防・改善効果を検討することで、効果的な運動処方および EPA 摂取量などを提案することができると考える。

　　　　例文1は重要な文章の強調手段として網かけ文字が使われているが，【研究目的（概要）】には強調スタイルは原則必要ない（case15参照）．

例文2

研　究　目　的（概要）※ 当該研究計画の目的について、簡潔にまとめて記述してください。

　近年、学校教育において生徒が「主体的に学ぶ」ためのアクティブ・ラーニングが積極的に取り入れられつつあるが、アクティブ・ラーニングを実践指導する教師の育成が追いついていない。本研究では、アクティブ・ラーニングでの学びの経験が、教員養成課程学生の学習指導力の向上にどのような影響を及ぼすのかということについて調査する。以下の3つのテーマを設定して研究を行う。
（テーマ1）教員養成課程学生の学習指導力を客観的に評価できる尺度を確立する。
（テーマ2）アクティブ・ラーニングによる学習指導力の変化とその要因について、教員養成課程全体を通した検討を行う。
（テーマ3）アクティブ・ラーニングの模擬授業によって変化する学習指導力の向上効果を検討する。
　以上の研究によって、アクティブ・ラーニングによる学習指導力の向上につながる要因を明らかにし、より良い指導教員の育成に応用していく。

　　　　例文2には，文章を格調高く（？）しようとして，抽象的な表現になっている部分（『学習観を評価する尺度の構成』『縦断的検討』など）も多い．これらはもっと簡単な表現に改めた．

❷ 研究目的（概要）

case 10
「背景」の記述が十分でなく
解決すべき課題をつかみにくい

理工系　生命科学系　医歯薬系　人文学系　社会科学系　複合領域系

重要度 ★★★　頻度 ★★★

どこがよくないか

例文1

研　究　目　的（概要）※ 当該研究計画の目的について、簡潔にまとめて記述してください。

　本研究の目的は、歩行機能に障害をもつ高齢者のリハビリ訓練において、患者と理学療法士を支援するシステムを研究することである。理学療法士による従来のリハビリ方法とリハビリ支援ロボットを統合し、訓練計画の定量的な評価を可能にする。さらに支援ロボットに訓練方法を自動的に解析し効果・効率を持続的に改良できるシステムを組み込む。本研究では、こうしたリハビリ支援システムの原型をつくることを目標とする。高齢者に多い大腿骨骨折による歩行障害や脳卒中による片麻痺を対象として、立位での歩行機能のリハビリ訓練に的を絞り研究する。本研究の成果は、他のリハビリ訓練へも広く応用でき、機能回復の向上へ貢献することが期待できる。

例文2

研　究　目　的（概要）※ 当該研究計画の目的について、簡潔にまとめて記述してください。

　世界の年金機構等の過剰流動性資金はリーマンショックの金融危機後も拡大している。年金機構の資産は6兆ドル（約600兆円）を超え、日本の株式時価総額やヘッジファンド（図1）を超える。これまで主要投資家であったヘッジファンドは金融危機に伴い資産増加が鈍化し、年金機構が資金供給者としての役割を増し、投資対象も株式から不動産、直接投資へと拡大している。本研究は、ロシア、中東、中国等の主要な年金機構の投資戦略と日米欧市場等の投資受け入れ政策に焦点を当てることで年金機構についての研究基盤を確立する。研究成果は Journal of European Economics, World Development など内外の学術雑誌へ投稿する。

ふさわしく　はっきりと　具体的に　簡潔に　推敲のヒント　レイアウト　図表　アピールする

アドバイス

研究目的を理解してもらうため,どのような研究の状況で何を解決すべきかという「背景」をしっかり示そう

添削例

例文1

研　究　目　的（概要） ※ 当該研究計画の目的について、簡潔にまとめて記述してください。

目的

　本研究の目的は、歩行機能に障害をもつ高齢者のリハビリ訓練において、患者と理学療法士を支援するシステムを研究することである。理学療法士による従来のリハビリ方法とリハビリ支援ロボットを統合し、訓練計画の定量的な評価を可能にする。さらに支援ロボットに訓練方法を自動的に解析し効果・効率を持続的に改良できるシステムを組み込む。本研究では、こうしたリハビリ支援システムの原型をつくることを目標とする。高齢者に多い大腿骨骨折による歩行障害や脳卒中による片麻痺を対象として、立位での歩行機能のリハビリ訓練に的を絞り研究する。本研究の成果　　　　　リハビリ訓練へも広く応用でき、機能回復の向上へ貢献することが期待できる。

展開

背景（解決すべき課題）が書かれていない.
何が解決すべき課題か？

例文2

研　究　目　的（概要） ※ 当該研究計画の目的について、簡潔にまとめて記述してくだ

　世界の年金機構等の過剰流動性資金はリーマンショックの金融危機後も拡大し、資産は6兆ドル（約600兆円）を超え、日本の株式時価総額やヘッジファンドまで主要投資家であったヘッジファンドは金融危機に伴い資産増加が鈍化し、としての役割を増し、投資対象も株式から不動産、直接投資へと拡大している中東、中国等の主要な年金機構の投資戦略と日米欧市場等の投資受け入れ政策に年金機構についての研究基盤を確立する。研究成果は Journal of European Ec Development など内外の学術雑誌へ投稿する。

研究の背景は書かれているが,解決すべき課題が明らかではない. 研究すべき課題は？

研究基盤を確立する，とは？

なぜよくないのか？

　例文1は研究の「目的」や「展開」は書かれているが，「背景」が書かれていない．現在の研究はどのような状況で，何が問題で，何を解決すべきなのか，それをしっかりと書かないといけない．研究の背景は書かれているようにみえるが事実の羅列のみであり，申請書で求められている「背景」にはなっていない．申請書で求められている「背景」とは解決すべき課題が書かれた背景だ．このままでは審査委員は，何が問題で，この研究計画によって何が解決できるのかが認識できない．

　「背景」を明示しないと専門が少し異なる審査委員には「目的」の重要度が伝わらないことがある．「背景」が，すなわち研究課題のとりまく状況と解決すべき課題が，あってこその研究である．そして，課題を解決することが研究の目的である．

どのように改良すればよいか？

　【研究目的 (概要)】で研究の「背景」を書いていない例は結構多い．しかし，そのほとんどで（全部で？），【研究目的】本文中には研究の「背景」がきちんと書いてある（case09 参照）．

　例文1の場合も【研究目的】本文から，「背景」を抜き出してくると，

- 日本が直面する超高齢社会において，歩行障害をきたしてリハビリを行う方は急増している
- 高齢者の歩行訓練のリハビリで，支援ロボットを使った例が多くなっているが，支援ロボットを現場のニーズに合わせて持続的に改良が可能なシステムはまだない

となる．例文2の場合，

- 今後，年金機構が先進国企業の主要株主になる
- そのため，役員選任・派遣など株主としての権利を行使すると予想される
- 日本では，年金機構の投資受け入れの制度面の研究が進んでいない

と研究の背景で解決すべき課題などが書いてあった．これらの記述を整理してまとめ，「背景」として加えるのがよいだろう．

改善例

例文 1

研 究 目 的 （概要） ※ 当該研究計画の目的について、簡潔にまとめて記述してください。

　日本が直面する超高齢社会において、歩行障害を来してリハビリを行う患者は急増している。そして高齢者の歩行訓練のリハビリで、支援ロボットを使った例が多くなっているが、支援ロボットを現場のニーズに合わせて持続的に改良可能なシステムはまだ十分に開発されていない。

　本研究の目的は、歩行機能に障害をもつ高齢者のリハビリ訓練において、理学療法士による従来のリハビリ方法とリハビリ支援ロボットを統合し、支援ロボットが訓練方法を自動的に解析し持続的に改良できるシステムを開発することである。本研究の成果は、他のリハビリ訓練へも広く応用でき、機能回復の向上へも貢献することが期待できる。

例文 2

研 究 目 的 （概要） ※ 当該研究計画の目的について、簡潔にまとめて記述してください。

　世界の年金機構などの過剰流動性資金はリーマンショックの金融危機後も拡大している。これまで主要投資家であったヘッジファンドに代わり、年金機構が資金供給者としての役割を増し、投資対象も株式から不動産、直接投資へと拡大している。そのため今後、年金機構が先進国企業の主要株主になることで、役員選任・派遣など株主としての権利を行使することが予想される。しかし年金機構の投資受け入れの制度面の研究は、日本では進んでいない。

　本研究では、世界の年金機構について、ロシア・中東・中国等の主要な年金機構の投資戦略と、日米欧市場などの投資受け入れ政策について調査する。制度設計が進んでいる英国との比較によって日本市場の問題点が明らかになり、日本企業の今後に向けての企業統治の改革の参考になると考える。

　　　例文2ではさらに，最後から2文目の『研究基盤を確立する』が具体的でないので，何を研究するのかをしっかりと示すため，文章を工夫した．

2 研究目的（概要）

case 11

「目的」「背景」が分断されてわかりにくい(1)

理工系　生命科学系　医歯薬系　人文学系　社会科学系　複合領域系

重要度 ★★☆　頻度 ★★☆

どこがよくないか

例文1

研　究　目　的（概要） ※ 当該研究計画の目的について、簡潔にまとめて記述してください。

　本研究の目的は、学校給食を扱った教員養成段階における授業⇒教育実習⇒初任者研修の一連のプログラムを開発することである。食育の生きた教材とも言われる学校給食ではあるが、単に食事を提供すればよいと誤解している教師もいる。教員予備軍や初任者に必要な指導を行わなくして、食育の充実と継続は難しい。教員養成段階において学校給食を扱った授業を提供している大学は僅少である。給食を扱った授業については検討済みであり、今回は、教育実習及び初任者研修における給食指導の実態把握に努めるととともに、収集した事例を参考に給食指導に必要な力量形成を図る教員養成段階から初任者研修に至る一連のプログラムを開発する。

例文2

研　究　目　的（概要） ※ 当該研究計画の目的について、簡潔にまとめて記述してください。

　本研究の目的は、歯科心身症に対する薬物療法が有効かどうかの評価を行う。また、発症の原因や患者の分類を行うことによって、適切な診断を行えるようにする。

　歯科心身症は他覚的異常所見に乏しく、精神的な異常も認められないにもかかわらず、痛みや異常感を訴える疾患である。本研究では歯科心身症患者を痛み、異常感の症状ごとに分け、どの症状に対してどのような薬物療法がより有効であるか、用量反応性に関する検討を行う。また、なぜ歯科心身症となるのか、発症の契機や症状を増悪させる原因の解析を行い、患者を分類する。さらに薬物療法を行う際に改善や悪化に関わる因子を解明し、それらの結果から、歯科心身症患者のQOL向上につながる、より効果的な治療法と診断の確立を目指す。

例文3

研　究　目　的（概要） ※ 当該研究計画の目的について、簡潔にまとめて記述してください。

　染織品は職人が作り上げる日常品であり、商品として流通しているため、制作年代や制作地の特定が難しい。本研究は、2世紀から12世紀に発掘された古代中国・都邑の染織品と同地域から出土した殷・周の更紗を調査し、制作年・制作地の特定を行なう基礎研究である。この研究から、人から人、地域へと広がる染織品の文様・技法が時代と共に変容する過程を読み解く。先行研究では都邑の染織品、殷・周の更紗それぞれ個別に研究されていたが、河南省鄭州市で発掘された殷・周の更紗を軸に、都邑と殷・周の結びつきを研究するものはない。本成果は美術史、歴史学、経済史などの研究に寄与できる。

ふさわしく　はっきりと　具体的に　簡潔に　推敲のヒント　レイアウト　図表　アピールする

アドバイス

「目的」「背景」はそれぞれ1つにまとめてロジックを明確にしよう.「目的」の片方を「背景」に書き換えるのも1つの方法

添削例

例文1

目的が2つに分断されている. 1つにまとめる

目的①

研　究　目　的（概要）※ 当該研究計画の目的について、簡潔にまとめて記述してください。

本研究の目的は、学校給食を扱った教員養成段階における授業⇒教育実習⇒初任者研修の一連のプログラムを開発することである。食育の生きた教材とも言われる学校給食ではあるが、[**背景**]の充実と継続は難しい。教員予備軍や初任者に必要な指導を行わなくし、の充実と継続は難しい。教員養成段階において学校給食を扱った授業を提供している大学はある。給食を扱った授業については検討済みであり、今回は、教育実習及び初任者研修における給食指導の実態把握に努めるととともに、収集した事例を参考に給食指導に必要な力量形成を図る教員養成段階から初任者研修に至る一連のプログラムを開発する。

目的②

例文2

研　究　目　的（概要）※ 当該研究計画の目的について、簡潔にまとめて記述してください。

本研究の目的は、歯科心身症に対する薬物療法が有効かどうかの評価を行う。また、発症の原因や患者の分類を行うことによって、適切な診断を行えるようにする。

歯科心身症は他覚的異常所見に乏しく、精神的な異常も認められないにもかかわらず、痛みや異常感を訴える疾患である。本研究では歯科心身症患者を痛み、異常感の症状ごとに分け、どの症状に対してどのような薬物療法がより有効であるか、用量反応性に関する検討を行う。また、なぜ歯科心身症となるのか、発症の契機や症状を増悪させる原因の解析を行い、患者を分類する。さらに薬物療法を行う際に治療に変化に関する因子を解明し、…その結果から、歯科心身症患者のQOL向上につながる、

同じような目的が2箇所に書かれている. まとめたい

例文3

背景1①　　　　　　　　　**目的②**　　　　　　　　**展開1③**

研　究　　　　　）※ 当該研究計画の目的について、　　　記述してください。

染織品は職人が作り上げる日常品であり、商品として流通しているため、制作年代や制作地の特定が難しい。本研究は、2世紀から12世紀に発掘された古代中国・都邑の染織品と同地域から出土した殷・周の更紗を調査し、制作年・制作地の特定を行なう基礎研究である。この研究から、人から人、地域へと広がる染織品の文様・技法が時代と共に変容する過程を読み解く。先行研究では都邑の染織品、殷・周の更紗それぞれ個別に研究されていたが、河南省鄭州市で発掘された殷・周の更紗を軸に、都邑と殷　　**背景2④**　　を研究するものはない。本成果は美術史、歴史学、経済史　　　　　　与**展開2⑤**できる。

背景，展開が分断されている. ①と④，③と⑤はそれぞれまとめる

なぜよくないのか？

　例文1は，構成が，目的①，背景，目的②となっており，「目的」が2つに分断されている．また研究の「展開」がない（正確には目立たない）．

　例文2は，「目的」が2箇所に書かれていて，しかもその内容がほぼ重なっている．具体的に見ていくと最初の『薬物療法が有効かどうかの評価』と次の『どの症状に対してどのような薬物療法がより有効であるか，用量反応性に関する検討を行う』が重なっている．そして『発症の原因や患者の分類を行うことによって，適切な診断を行えるようにする』と『痛み，異常感の症状ごとに分け』『発症の契機や症状を増悪させる原因の解析を行い，患者を分類』とがほぼ同じ内容である．また研究の「背景」で解決すべき課題が十分に書かれていない点もどうにかしたい．

　例文3は，背景1→目的→展開1→背景2→展開2となって，「背景」と「展開」がそれぞれ2つに分断されている．

　このように「目的」や「背景」が2つになっている例は意外と多い．スペースが限られている【研究目的（概要）】では目的はまとめて1つの部分に書いてあったほうが審査委員は理解しやすい．

どのように改良すればよいか？

　分断された，あるいは重複した「目的」を整理する．研究目的は，裏返せば研究の問題意識である．つまり研究目的とは解決すべき課題を明らかにすることである．この研究でどのようなことがわかるのか，明らかになるのか，応用があるのかなどを書かないといけない．

　例文1では分断された目的をまとめ，最後の『プログラムを開発する』が「展開」にあたる部分なので，これを目立たせよう．

　例文2の場合，ほぼ同じような内容の「目的」が2箇所に書かれていた．そこで，「目的」を「背景」の解決すべき課題として書き直して，全体を整理して書き直す．また申請書のキーワードにあたるものを太字にする（もちろん太字にしなくてもよい．この場合は『歯科心身症』）．

　例文3では，いまあるものを，背景→目的→展開の順番に並べ替える．「背景」では何が問題点なのか，解明すべきこと，明らかにすべきことなどが書か

れているかもう一度確認しよう（ここではきちんと書かれている）.

改善例

例文1

研　究　目　的　（概要）※ 当該研究計画の目的について、簡潔にまとめて記述してください。

　食育の生きた教材とも言われる学校給食ではあるが、単に食事を提供すればよいと誤解している教師もいる。教職課程の学生や教員初任者に必要な指導が行われないと食育の充実と継続は難しい。しかし教員養成段階において学校給食を扱った授業を提供している大学は少ない。

　本研究の目的は、学校給食を扱った教員養成段階における授業⇒教育実習⇒初任者研修の一連のプログラムを開発することである。給食を扱った授業については検討済みであり、今回は、教育実習及び初任者研修における給食指導の実態把握に努める。さらに収集した事例を参考に給食指導に必要な力量形成を図るための、教員養成段階から初任者研修に至る一連の教育プログラムを開発する。

例文2

研　究　目　的　（概要）※ 当該研究計画の目的について、簡潔にまとめて記述してください。

　歯科心身症は他覚的異常所見に乏しく、精神的な異常が認められないにもかかわらず、痛みや異常感を訴える疾患である。しかし、発症の原因や症状から患者の分類を行って適切に診断することはまだ行われていないし、薬物療法が有効かどうかの評価も十分ではない。

　本研究では歯科心身症患者を、痛みや異常感の症状ごとに分け、どの症状に対してどのような薬物療法がより有効であるかの検討を行う。また、なぜ歯科心身症となるのか、発症の契機や症状を増悪させる原因の解析から患者を分類する。さらに薬物療法を行う際に，症状の改善や悪化に関わる因子を解明する。これらの結果から、歯科心身症患者のQOL向上につながる、より効果的な診断法と治療法の確立を目指す。

例文3

研　究　目　的　（概要）※ 当該研究計画の目的について、簡潔にまとめて記述してください。

　染織品は職人が作り上げる日常品であり、商品として流通しているため、制作年代や制作地の特定が難しい。先行研究では都邑の染織品、殷・周の更紗それぞれ個別に研究されていたが、河南省鄭州市で発掘された殷・周の更紗を軸に、都邑と殷・周の結びつきを研究するものはない。

　本研究は、2世紀から12世紀に発掘された古代中国・都邑の染織品と同地域から出土した殷・周の更紗を調査し、制作年・制作地の特定を行なう基礎研究である。この研究から、都邑と殷・周の結びつきにおいて、人から人、地域へと広がる染織品の文様・技法が時代と共に変容する過程を読み解く。本成果は美術史、歴史学、経済史などの研究に寄与できると考える。

case 12

唐突なはじまりで読みにくい

理工系　生命科学系　医歯薬系　人文学系　社会科学系　複合領域系

重要度 ★★☆　　頻度 ★☆☆

どこがよくないか

例文1

研　究　目　的（概要） ※ 当該研究計画の目的について、簡潔にまとめて記述してください。

　ヒト皮膚の角質層に治療液が浸透する物理メカニズムの解明を目的に研究を行う。これまで申請者は、レーザー共焦点顕微鏡と〜

例文2

研　究　目　的（概要） ※ 当該研究計画の目的について、簡潔にまとめて記述してください。

　人間の欲求に関する脳内の情報処理は記憶活動を促進する。Enrianらは生存欲求が、欲求の階層構造の最下層に位置し、その情報処理が記憶活動を促進することを報告している。しかし申請者らは、より上層の欲求である目標達成欲求に関連する情報処理が、意味的情報処理よりも記憶活動を促進することを見いだした。そのために、欲求の階層構造における各階層の欲求が記憶活動にどのような効果を及ぼすかを比較し、欲求の階層構造に対応して記憶に及ぼす効果が変化するのかどうかを検討することが、第1の目的である。

書きはじめには2つのパターンがある．迷ったら「本研究の目的は」or「背景」から書きはじめよう

添削例

例文1

研 究 目 的 （概要）　※ 当該研究計画の目的について、簡潔にまとめて記述してください。

ヒト皮膚の角質層に治療液が浸透する物理メカニズムの解明を目的に研究を行う。これまで申請者は、レーザー共焦点顕微鏡と〜

> 開始部分が唐突．一言足す

例文2

研 究 目 的 （概要）　※ 当該研究計画の目的について、簡潔にまとめて記述してください。

人間の欲求に関する脳内の情報処理は記憶活動を促進する。Enrianらは生存欲求が、欲求の階層構造の最下層に位置し、その情報処理が記憶活動を促進することを報告している。しかし申請者らは、より上層の欲求である目標達成欲求に関連する情報処理が、意味的情報処理よりも記憶活動を促進することを見いだした。そのために、欲求の階層構造における各階層の欲求が記憶活動にどのような効果を及ぼすかを比較し、欲求の階層構造に対応して記憶に及ぼす効果が変化するのかどうかを検討することが、第1の目的である。

> 背景が長すぎる．目的との境界がはっきりしない．
> 解決すべき課題は？

なぜよくないのか？

　　　　例文1は「目的」から書いているが，このはじまり方はあまりにぶっきらぼうだ．悪くはないがもう一工夫できる．

　　　　例文2は研究の「背景」をまず書いているが，解決すべき課題を書かずに，そのまま現在の状況をずるずると書き続けてしまっている．

　　　いずれも審査委員によってはわかりにくさを感じる原因になる．申請書の開始部分，特に【研究目的（概要）】の開始部分はどのようなものがよいのだろうか？

どのように改良すればよいか？

　　　申請書での文章のはじめ方（開始パターン）は大きく2つにわかれる．1つ目は，『本研究は』『本研究の目的は』と，まず研究「目的」を書くパターン．2つ目は，まず「背景」を書くパターンである．1つ目のパターンは，「目的」のあとにそのまま研究の「背景」を書いていって問題ない．2つ目のパターンでは，まず一般的な研究の背景（どのような状況か）の一文を書くことが多い．そして重要なことは，そのすぐ後に解決すべき課題を明記することである．よくないのは，背景の説明をその後も何行か続けるパターンである．

　　　例文1は冒頭に簡単に『本研究の目的は』と付けるだけで唐突な印象は薄れる．

　　　例文2は「背景」と解決すべき課題をまとめる．つまり『人間の欲求に関する脳内の情報処理は記憶活動を促進する』の後に，研究で解決すべき課題を書いて，それを解決するためにどのような研究を行うのかを書くべきである．

改善例

例文1

研　究　目　的（概要）※ 当該研究計画の目的について、簡潔にまとめて記述してください。

本研究の目的は、ヒト皮膚の角質層に治療液が浸透する物理メカニズムの解明を行うことである。これまで申請者は、レーザー共焦点顕微鏡と〜

例文2

研　究　目　的（概要）※ 当該研究計画の目的について、簡潔にまとめて記述してください。

人間の欲求は階層構造を示し、欲求に関する脳内の情報処理は記憶活動を促進することが知られている。しかし、階層構造に対応して記憶活動を促進する程度が異なるのかどうかは明らかではない。Enrianらは生存欲求が、欲求の階層構造の最下層に位置し、その情報処理が記憶活動を促進することを報告しているし、申請者らは、より上層の欲求である目標達成欲求に関連する情報処理が、意味的情報処理よりも記憶活動を促進することを見いだしている。

本研究では、欲求の階層構造における各階層の欲求が記憶活動にどのような効果を及ぼすかを比較し、欲求の階層構造に対応して記憶に及ぼす効果が変化するのかどうかを検討することが、第1の目的である。

参考

　参考までに，それぞれのパターンにあてはまるはじめ方の例をその他に8つほどあげておこう．

　パターン1：研究目的からはじめるパターン
- 本研究の目的は，129系統ES細胞が血清条件下で安定に自己複製できる理由を明らかにすることである．
- 研究の全体構想：本研究では一般複素擬楕円体の間の〜
- 本研究の目的は，食育教育を扱った教員養成段階における一連の授業プログラムを開発することである．
- 本研究は，訪問看護師のコンピテンシーを高めるための教育プログラムの開発を最終目的とする．
- 本研究の目的は，豊富なエネルギー資源をもつラテンアメリカ諸国で，地球温暖化などの気候変動政策を実施する制度改革がどのように進展してきたか，その政治過程を分析することである．

　パターン2：研究の背景からはじめるパターン
- 学校教員には，教職生活全般を通じて資質能力を高めることが求められている．
- 高校では英語での授業が基本となり，学習者のより多くの英語使用も求められている．
- 近年の大学選抜制度は学力テスト方式，AO方式などさまざまな形式が混在しており，これらの成績から適切かつ整合的な合否判定をする必要が生じている．

2 研究目的（概要）

case 13

研究のキーワードが埋もれて重要度が伝わってこない（1）

理工系　生命科学系　医歯薬系　人文学系　社会科学系　複合領域系

重要度 ★★☆　頻度 ★☆☆

どこがよくないか

例文 1

研　究　目　的（概要）※ 当該研究計画の目的について、簡潔にまとめて記述してください。

　本研究は、日本国内の鳥類および蚊から検出される鳥マラリア原虫のうち、国内で流行している原虫系統を明らかにするために、媒介蚊の特定方法を確立して、新たな病原体の侵入および流行の拡大防止につなげることを目的とする。鳥マラリアは、蚊が媒介する鳥類の感染症で、日本では50系統以上の鳥マラリア原虫が報告されている。しかし、その原虫系統が国内で流行している（在来性）かは不明であり、在来性と外来性の鳥マラリア原虫を区別することはできていない。本研究では、PCR法による蚊からの原虫遺伝子の検出に加え、顕微鏡検査により蚊の体内における原虫の発育段階を観察することで、日本産の蚊がベクターとして機能しているかどうかを調べる。これらの成果は、外来性の病原体の侵入経路の特定や、流行予測に必要な基礎データを提供し、希少鳥類の保全管理に役立つと考える。

例文 2

　本研究では、ES細胞の自己複製の獲得と維持における転写因子PCFTの機能を明らかにする。一連の研究から、マウスおよびラット由来ES細胞における、PCFTを介したES細胞の自己複製のメカニズムが明らかとなる。

理解に役立つキーワードはなるべく冒頭で提示しよう

添削例

例文1

研　究　目　的（概要）※ 当該研究計画の目的について、簡潔にまとめて記述してください。　下線は不要

　本研究は、日本国内の鳥類および蚊から検出される鳥マラリア原虫のうち、国内で流行している原虫系統を明らかにするために、媒介蚊の特定方法を確立して、新たな病原体の侵入および流行の拡大防止につなげることを目的とする。鳥マラリアは、蚊が媒介する鳥類の感染症で、日本では50系統以上の鳥マラリア原虫が報告されている。しかし、その原虫系統が国内で流行し……マラリア原虫を区別することはできていない。……に加え、顕微鏡検査により蚊の体内における……として機能しているかどうかを調べる。これら…成果は、外来性の病原体の侵入経路の特定や、流行予測に必要な基礎データを提供し、希少鳥類……全管理に役立つと考える。

> 目的
> 背景
> 方法
> 展開

> 大切なキーワードが目立たない.
> より冒頭に移動する

例文2

> これが重要なキーワード

　本研究では、ES細胞の自己複製の獲得と維持における転写因子PCFTの機能を明らかにする。一連の研究から、マウスおよびラット由来ES細胞における、PCFTを介したES細胞の自己複製のメカニズムが明らかとなる。

> 文章が堅い

なぜよくないのか？

　　　　例文1は大切な単語（キーワード）が文章のなかに少々埋もれている．この研究のキーワードは『媒介蚊の特定方法』だが，それが目的を説明した文脈であまり目立たない．「目的」「背景」「方法」「展開」ときちんとわかりやすく書かれていて，もちろんこのままでも問題ない．だが，もう少しアピールしたいところである．どうするか？

　　　　例文2は重要な研究のキーワード（この場合，『転写因子PCFT』）が文章の後ろの方にあるので主題がはっきりしない．

　　　　キーワードは，分野外の読み手でもそれを頼りに本文を読み進めていける手がかりの1つである．しかし，ただ本文中に登場させればよいとのではなく，効果的に使うことが申請書では求められる．そして細かいことだが，文章を書

くときには単語の順番にも注意を払うこと．文学的な文章とは異なり，研究に関する文章は重要な単語やキーワードは先にする．

どのように改良すればよいか？

まず主題となるキーワードを意識しよう．そしてそれを主語にして，できるだけ文章の冒頭部分に置く，あるいは，より冒頭に移動する．これが重要と認識されやすくなり，審査委員もそれを念頭に読み進めることができる．

例文1ではキーワード『媒介蚊の特定方法』を先にもってこよう．

例文2では『転写因子PCFT』を冒頭に置く．

改善例

研　究　目　的　（概要）　※　当該研究計画の目的について、簡潔にまとめて記述してください。

本研究では、媒介蚊における鳥マラリア原虫の特定方法を確立して、日本国内の鳥類および蚊から鳥マラリア原虫を検出し、国内で流行している鳥マラリア原虫の系統を明らかにする。鳥マラリアは、蚊が媒介する鳥類の感染症で、日本では50系統以上の鳥マラリア原虫が報告されている。しかし、どの原虫系統が国内で流行している（在来性）かは不明であり、在来性と外来性の鳥マラリア原虫を区別することはできていない。

本研究では、PCR法による蚊からの原虫遺伝子の検出に加え、顕微鏡検査により蚊の体内における原虫の発育段階を観察することで、日本産の蚊がベクターとして機能しているかどうかを調べる。これらの成果は、外来性の病原体の侵入経路の特定や、流行予測に必要な基礎データを提供し、希少鳥類の保全管理に役立つと考える。

【研究目的（概要）】に下線は必要ない．さらに『本研究では，』のところで改行を入れると，全体で（目安の8行より）1行分増えてしまうが，もっと読みやすくなる（case15,17参照）．

本研究では転写因子PCFTの機能によって、ES細胞がどのようにして自己複製能を獲得するのか、そして自己複製能を維持するのかを明らかにする。一連の研究から、PCFTによるマウスおよびラット由来のES細胞の、自己複製のメカニズムが明らかになる。

例文2は文章が堅く，例えば『自己複製の獲得と維持』など印象に残らない．文章は人に説明するように書く．そうすると堅い文章を避けることができる（case29参照）．

申請者のギモン4　外来語

【学術的な特色】に『単独機関でのプログラムであり試行錯誤的な育成からエビデンスのあるシステマティックな技術と知識の獲得へと導く』と書きました．手を入れた方がよいところはありますか．

どのようなエビデンス？ どのようなことをシステマティックという？ その外来語を使う必然性があるのか？『エビデンス』→『実際に効果のある』，『システマティック』→『体系的な』と言い換える．

この「システマティックな」など外来語を形容詞として使う場合は，申請者としてはそれで説明したつもりになるが審査委員には伝わっていないことがあるので要注意だ．なるべく日本語に言い換えた方がよい．

申請書でよく見かける外来語として，次のものがある．
- リアルタイムな　→ その時々の
- プレテスト　　　→ 予備試験
- リサーチクエスチョン
　　　　　　　　　　→研究の問題点としては
- センセーショナル→ 重要な

case 14

一文が長くて読みにくい

理工系　生命科学系　医歯薬系　人文学系　社会科学系　複合領域系

重要度 ★☆☆　　頻度 ★★☆

どこがよくないか

例文1

研 究 目 的（概要） ※ 当該研究計画の目的について、簡潔にまとめて記述してください。

　本研究では、ラット頭蓋骨欠損モデル等の造骨の評価に適した動物モデルに脱灰した象牙質を移植後、次世代走査型顕微鏡(Focused-ion beam; FIB/SEM)を用いて，象牙質とその周囲に形成される骨組織との境界面を 3 次元的微細構造レベルで観察し、それらの相互関係の組織構築を超微形態レベルで形態学的に解析することを目指すとともに移植材料に骨髄幹細胞等を用いて脱灰象牙質と比較し、より効率的な骨再生療法を追究することを目的とする。顎顔面領域において、骨造成を期待する治療法の一つに骨欠損部に対して脱灰象牙質を移植する補填術があり、近年臨床でも用いられている。その形成骨と脱灰象牙質の境界面構造およびその周囲組織構築の詳細については臨床的に重要であるものの、未だ明確ではない。

例文2

　本研究においては、住民代表性の確立した幅広い年齢を対象に脊椎アライメントと運動機能に関する情報を包括的かつ体系的に収集するとともに、重要な中間因子であるサルコペニアに関しても検討を行うことで、効果的予防法（一次予防）と運動機能低下ハイリスク群の効率的選択法（二次予防）に関するエビデンスを構築することが可能である。

ふさわしく

はっきりと

具体的に

簡潔に

推敲のヒント

レイアウト

図表

アピールする

アドバイス

文章は短くしよう．2行を超える一文は分割する

添削例

例文1

研　究　目　的（概要）※当該研究計画の目的について，簡潔にまとめて記述してください．

本研文章が長い．ここで文章を分ける適した動物モデルに脱灰した象牙質を移植後，次　用いて，象牙質とその周囲に形成される骨組織との境界面を3次元的微細構造レベルで観察し，それらの相互関係の組織構築を超微形態レベルで形態学的に解析することを目指す<u>とともに</u>移植材料に骨髄幹細胞等を用いて脱灰象牙質と比較し，より効率的な骨再生療法を追究することを目的とする．顎顔面領域において，骨造成を期待する治療法の一つに骨欠損部に対して脱灰象牙質を移植する補填術があり，近年臨床でも用いられている．その形成骨と脱灰象牙質の境界面構造およびその周囲組織構築の詳細については臨床的に重要であるものの，未だ明確ではない．

例文2 文章が長い．ここで文章を分ける

本研究においては，住民代表性の確立した幅広い年齢を対象に脊椎アライメントと運動機能に関する情報を包括的かつ体系的に収集するとともに，重要な中間因子であるサルコペニアに関しても検討を行う<u>ことで，</u>効果的予防法（一次予防）と運動機能低下ハイリスク群の効率的選択法（二次予防）に関するエビデンスを構築することが可能である．

なぜよくないのか？

例文1は1つの文章が長すぎる．最初の一文は5行もある．

例文2では『住民代表性の確立した幅広い年齢を対象に脊椎アライメントと運動機能に関する情報を包括的かつ体系的に収集する』と『重要な中間因子であるサルコペニアに関しても検討を行うことで，効果的予防法（一次予防）と運動機能低下ハイリスク群の効率的選択法（二次予防）に関するエビデンスを構築する』という2つの内容がつながっているので，文章が長く，わかりにくい．

どのように改良すればよいか？

　　　長すぎる一文は二文に分ける．最大でも2行くらいにするのが適当．『とともに』とか『することで』とあるときには，2つの内容が書かれていることが多く，そこで文章を切ることができる．

　　　例文1の場合，『目指すとともに』でカットして，文章を分ける．さらに言葉を付け加えて文章をわかりやすくし，全体を整える．

　　　例文2も『行うことで』とあるところで文章を切って，2つに分けた方がわかりやすくなる．

改善例

例文1

研 究 目 的（概要） ※ 当該研究計画の目的について、簡潔にまとめて記述してください。
　本研究では、ラット頭蓋骨欠損モデル等の造骨の評価に適した動物モデルに脱灰した象牙質を移植後、次世代走査型顕微鏡(Focused-ion beam; FIB/SEM)を用いて，象牙質とその周囲に形成される骨組織との境界面を3次元的微細構造レベルで観察し、それらの相互関係の組織構築を超微形態レベルで形態学的に解析する。さらに移植材料に骨髄幹細胞等を用いて脱灰象牙質と比較し、より効率的な骨再生療法を追究する。
　顎顔面領域において、骨造成を期待する治療法の一つに骨欠損部に対して脱灰象牙質を移植する補填術があり、近年臨床でも用いられている。その形成骨と脱灰象牙質の境界面構造およびその周囲組織構築の詳細については臨床的に重要であるものの、未だ明確ではない。

例文2

　本研究においては、住民代表性の確立した幅広い年齢を対象に脊椎アライメントと運動機能に関する情報を収集し、重要な中間因子であるサルコペニアに関しても検討を行う。これによって、効果的な予防法（一次予防）と運動機能低下のハイリスク群の効率的な選択法（二次予防）に関するエビデンスを構築することが可能である。

申請者のギモン5　模式図か計画表か

> 最初に出すのは模式図がよいですか？　予備実験画像ですか？　計画の表ですか？

さっと見て，審査委員がすぐに理解できるような簡潔で印象的な図であれば，言うことなしだ．おそらく【研究目的】の1ページ目の最初の図は研究計画の概念図がベストである．

ただし，図はただ加えることに意味があるのではなく，あまりよくない図もある．例えば，複雑すぎる模式図，研究内容と関連が低い図などである．また予備実験のデータだけで，実験結果の説明のない図もよくない．図には必ず説明を付けることだ（case65参照）．

❷ 研究目的（概要）

case 15

概要を概要として書けておらず読みにくい（1）

理工系　生命科学系　医歯薬系　人文学系　社会科学系　複合領域系

重要度 ★☆☆　頻度 ★☆☆

どこがよくないか

例文1

研 究 目 的（概要）※ 当該研究計画の目的について、簡潔にまとめて記述してください。

　高校では英語での授業が基本となり、学習者のより多くの英語使用も求められている。しかしながら、日本人英語学習者は一般に英語での発話に自信がなく(Sano, 2011)、また英語での発話に不安も大きい（Sano & Kojima, 2012）。英語での会話で間違いをおかした際に、教師から明示的な訂正やフィードバックを受けると、会話を続ける意欲を失ってしまう現象もみられる (Sano, 2011)。本研究では、主に英語での授業において、1)生徒の誤りを生かしながら文脈の中でさりげなく与えられる

例文2

研 究 目 的（概要）※ 当該研究計画の目的について、簡潔にまとめて記述してください。

　脊椎アライメントの不整と、運動機能低下の関連について今までにも検討が行われ、これらに相互に作用する因子として筋量の低下（サルコペニア）が示唆されているものの、解析対象と評価体系に問題があるため、因果関係が証明されるまでにはいたっていない。本研究では、**1)代表者が確立した住民健診をサルコペニア・脊椎アライメントと運動機能をターゲットにしたコホート調査へと拡大しデータベースを構築すること、2)新たに「腰椎単純MRI定量評価システム」を開発して、評価を行うことにより、サルコペニアと脊椎アライメント・運動機能の因果関係を明らかにすること、3)評価基準値の設定を行い、運動機能低下ハイリスク群の効率的選択法に関するエビデンスを構築すること、**の3点を目的とする。

例文3

研 究 目 的（概要）※ 当該研究計画の目的について、簡潔にまとめて記述してください。

　本研究では摂食亢進ホルモン・グレリンの受容体を活性化するモノクローナル抗体を作製し、活性型グレリン受容体の結晶構造解析のツールとして使う。

　近年、多くの GPCR の結晶構造が明らかになってきたが、ほとんどがアンタゴニスト結合状態の不活性型で、アゴニストが結合した活性型受容体の報告は少ない。

　本研究ではグレリン受容体発現細胞のセカンドメッセンジャー変化を指標として、受容体を活性化できるモノクローナル抗体を探索する。この抗体を使ってグレリン受容体を活性化状態に固定し、活性型グレリン受容体としての結晶構造を解明する。本方法は他の GPCR においても活性型構造の解明に応用できると考える。

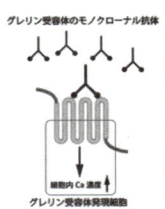

グレリン受容体のモノクローナル抗体

細胞内 Ca 濃度

グレリン受容体発現細胞

ふさわしく
はっきりと
具体的に
簡潔に
推敲のヒント
レイアウト
図表
アピールする

アドバイス
概要部分は論文のサマリーとみなそう.
文献引用, 太字, 図はここになくてよい

添削例

例文1

研 究 目 的（概要） ※ 当該研究計画の目的について、簡潔にまとめて記述してください。

　高校では英語での授業が基本となり、学習者のより多くの英語使用も求められている。しかしながら、日本人英語学習者は一般に英語での発話に自信がなく(Sano, 2011)、また英語での発話に不安も大きい (Sano & Kojima, 2012)。英語での会話で間違いをおかした際に、教師から明示的な訂正やフィードバックを受けると、会話を続ける意欲を失ってしまう現象もみられる (Sano, 2011)。本研究では、主に英語での授業において、1)生徒の誤りを生かしながら文脈の中でさりげなく与えられる

概要に文献引用は必要ない. カットする

例文2

研 究 目 的（概要） ※ 当該研究計画の目的について、簡潔にまとめて記述してください。

太字にする必要はない. 太字は外す

　　　　　　　　　連について今までにも検討が行われ、これらに相互に作用する因子として筋肉の量（サルコペニア）が示唆されているものの、解析対象と評価体系に問題があるため、因果関係が証明されるまでにはいたっていない。本研究では、**1)代表者が確立した住民健診をサルコペニア・脊椎アライメントと運動機能をターゲットにしたコホート調査へと拡大しデータベースを構築すること、2)新たに「腰椎単純MRI定量評価システム」を開発して、評価を行うことにより、サルコペニアと脊椎アライメント・運動機能の因果関係を明らかにすること、3)評価基準値の設定を行い、運動機能低下ハイリスク群の効率的選択法に関するエビデンスを構築すること、**の3点を目的とする。

とは？

例文3

研 究 目 的（概要） ※ 当該研究計画の目的について、簡潔にまとめて記述ください。

　本研究では摂食亢進ホルモン・グレリンの受容体を活性化するモノクローナル抗体を作製し、活性型グレリン受容体の結晶構造解析のツールとして使う。

　近年、多くの GPCR の結晶構造が明らかになってきたが、ほとんどがアンタゴニスト結合状態の不活性型で、アゴニストが結合した活性型受容体の報告は少ない。

　本研究ではグレリン受容体発現細胞のセカンドメッセンジャー変化を指標として、受容体を活性化できるモノクローナル抗体を探索する。この抗体を使ってグレリン受容体を活性化状態に固定し、活性型グレリン受容体としての結晶構造を解明する。本方法は他の GPCR においても活性型構造の解明に応用できると考える。

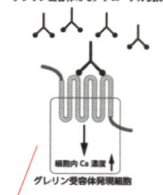

概要に図は必要ない. カットする

なぜよくないのか？

　例文1では文献を入れているが，【研究目的（概要）】には文献引用は必要ない．例えば論文のアブストラクトにも，普通は，文献は入れない．

　例文2の場合は【研究目的（概要）】に太字が多く，半分が太字になっている．研究目的を太字にして強調する意義はよくわかる．しかし【研究目的（概要）】は限られたスペースなので，基本的には太字は必要ない．

　例文3では，図は【研究目的】本文に入れればよく，ここには必要ない．研究計画全体の流れを図にしている場合でも，その図は【研究目的】本文中に入れれば問題ない．

　【研究目的（概要）】には下線や太字は（基本的に）必要ない．基本的にというのは，特に重要なキーワードだけを強調文字にすることは，「あり」だと思うからだ．しかし一般には太字は必要ない．文献もカットするとかなりのスペースの節約になる．その分，内容をよいものにすると審査委員としても助かる．学術論文と比較するのは疑問があるかもしれないが，論文のサマリーには太字，引用文献など含むだろうか（もちろんジャーナルによって例外はある）．また，【研究目的（概要）】に図は入れてもよいかという疑問もあると思う．もちろん入れてもかまわないが，【研究目的（概要）】はスペースも限られているし，私は，図は入れない方がよいと思う．

どのように改良すればよいか？

　文献引用，太字，図などはここになくてよい．概要部分は論文のサマリーとみなそう．

　例文1では文献引用はカットする．そのかわり文献引用は【研究目的】本文中に入れる．特に申請者の論文はぜひとも引用して，研究計画が実現可能であることを示すこと（case23参照）．

　例文2では太字を使わない．使わないでも問題ない．そのうえで『効率的選択法』という書き方を簡単に『選び出す』に改め，また研究の「展開」を【研究目的】本文中から抜き出して加えたい．こうすると全部で9行となって，標準の8行（case08参照）よりも1行多くなるが，まあよしとしてもらおう．たとえ1行増えても，わかりやすいことが一番大切だからだ．

　　　例文3では図や文献引用は不要なのでカットする．その分の空いたスペース
で，【研究目的（概要）】の内容を充実させる（改善例は省略）．

改善例

例文1

研　究　目　的　（概要）　※ 当該研究計画の目的について、簡潔にまとめて記述してください。

　高校では英語での授業が基本となり、学習者のより多くの英語使用も求められている。しかしなが
ら、日本人英語学習者は一般に英語での発話に自信がなく、また英語での発話に不安も大きい。英語
での会話で間違いをおかした際に、教師から明示的な訂正やフィードバックを受けると、会話を続け
る意欲を失ってしまう現象もみられる。本研究では、主に英語での授業において、1）生徒の誤りを生
かしながら文脈の中でさりげなく与えられる暗示的な

例文2

研　究　目　的　（概要）　※ 当該研究計画の目的について、簡潔にまとめて記述してください。

　　脊椎アライメントの不整と、運動機能低下との関連について検討が行われ、これらに相互に作用
する因子として筋量の低下（サルコペニア）が示唆されている。しかし、解析対象と評価体系に問題
があるため、因果関係が証明されるまでにはいたっていない。
　本研究では、1）代表者が確立した住民健診をサルコペニア・脊椎アライメントと運動機能をターゲ
ットにしたコホート調査へと拡大しデータベースを構築すること、2）新たに「腰椎単純MRI定量評価
システム」を開発して、サルコペニアと脊椎アライメント・運動機能の因果関係を明らかにすること、
3）評価基準値の設定を行い、運動機能低下ハイリスク群を選び出すエビデンスを構築すること、の3
点を目的とする。この研究によって高齢者のサルコペニア・脊椎アライメント・運動機能低下の因果
関係が明らかになり、これらの効果的な予防法の開発につながると期待される。

❷ 研究目的（概要）

case 16

概要を概要として書けておらず読みにくい（2）

〔理工系〕〔生命科学系〕〔医歯薬系〕〔人文学系〕〔社会科学系〕〔複合領域系〕

重要度 ★☆☆　頻度 ★☆☆

ふさわしく　はっきりと　具体的に　簡潔に　推敲のヒント　レイアウト　図表　アピールする

どこがよくないか

例文1

研　究　目　的（概要） ※ 当該研究計画の目的について、簡潔にまとめて記述してください。

　マウス胚性幹(ES)細胞は、LIF依存性に3胚葉への多分化能を維持し、自己複製するナイーブ型幹細胞である。従来の血清条件で、様々なマウス系統に由来するES細胞樹立の試みがなされ、ES細胞樹立が可能な系統とそうでない系統が知られていた。申請者は、マウスES細胞において、「LIFシグナル伝達経路におけるマウス系統差」と「ES細胞樹立の可否」との間に強い関連性を見出した（In revision）。さらに、血清条件での発現解析の結果、129系統ES細胞において血清条件で安定して自己複製するための候補因子として、PCFTを見出した（未発表）。

　そこで、本研究では、PCFT 制御系のマウス系統差を生化学的および遺伝学的に解析し、**「何故、129 系統由来 ES 細胞だけが、血清条件で安定的に自己複製できるのか」**を明らかにすることを目的とする。

例文2

研　究　目　的（概要） ※ 当該研究計画の目的について、簡潔にまとめて記述してください。

　申請者は，高齢者の運動介入が身体機能、健康関連 QOL さらに身体活動に対する自己効力感（セルフ・エフィカシー）を向上させることを明らかにした。本研究では、地域で実施される介護予防事業に参加した**高齢者の基礎情報**(基本チェックリスト、身体レベル、既往歴、疼痛の有無、家族環境、自己効力感（セルフ・エフィカシー）などを調査し、さらに**高齢者自身の健康に対する意識やニーズ(運動内容、転倒、体力、骨・関節、体力の維持など)を調査し、高齢者が参加し共に介護予防教育プログラムを開発すること、および従来の運動プログラムに教育プログラムを加えた介護予防「運動＋教育プログラム」を実施し、従来の運動プログラムと比較し、効果を検証すること**を目的とする。

アドバイス

概要部分は論文のサマリーとみなそう．未発表表記，太字，下線はここになくてよい

添削例

例文1

研　究　目　的　（概要）　※ 当該研究計画の目的について、簡潔にまとめて記述してください。

　マウス胚性幹(ES)細胞は、LIF依存性に3胚葉への多分化能を維持し、自己複製するナイーブ型幹細胞である。従来の血清条件で、様々なマウス系統に由来するES細胞樹立の試みがなされ、ES細胞樹立が可能な系統とそうでない系統が知られていた。申請者は、マウスES細胞において、「LIFシグナル伝達経路におけるマウス系統差」と「ES細胞樹立の可否」との間に強い関連性を見出した（In revision）。さらに、血清条件での発現解析の結果、129系統ES細胞において血清条件で安定して自己複製するための候補因子として、PCFTを見出した（未発表）。

　そこで、本研究では、PCFT 制御系のマウス系統差を生化学的および遺伝学的に解析し、**何故、129 系統由来 ES 細胞だけが、血清条件で安定的に自己複製できるのか**を明らかにすることを目的とする。

必要ない．カットする　　　下線太字の必要あるか？

例文2

研　究　目　的　（概要）　※ 当該研究計画の目的について、簡潔にまとめて記述してください。

　申請者は，**高齢者の運動介入**が身体機能、健康関連 QOL さらに身体活動に対する自己効力感（セルフ・エフィカシー）を向上させることを明らかにした。本研究では、地域で実施される介護予防事業に参加した**高齢者の基礎情報**(基本チェックリスト、身体レベル、既往歴、疼痛の有無、家族環境、自己効力感（セルフ・エフィカシー）などを調査し、さらに**高齢者自身の健康に対する意識やニーズ**(運動内容、転倒、体力、骨・関節、体力の維持など)を調査し、高齢者が参加し共に**介護予防教育プログラムを開発すること、および従来の運動プログラムに教育プログラムを加えた介護予防「運動＋教育プログラム」**を実施し、従来の運動プログラムと比較し、効果を検証することを目的とする。

下線＋太字の部分が多い！
下線と太字を外す

「背景」に解決すべき課題が書かれていない

なぜよくないのか？

例文1では申請者の論文に関する『(In revision)』や『(未発表)』という記載があるが，【研究目的（概要）】には必要ない．

例文2では，【研究目的（概要）】に下線＋太字が2箇所あり，全体の約半分を占める．【研究目的】に太字や下線は必要ない

【研究目的（概要）】には下線や太字は（基本的に）必要ない．

どのように改良すればよいか？

未発表表記，太字，下線などはここになくてよい．概要部分は論文のサマリーとみなそう（case15参照）．

例文1では『(In revision)』や，『(未発表)』などの記載はカットする．またすでに発表されている論文の引用も不要．投稿中の論文などは【研究目的】本文中に書いておけばよい．そして次の点にも検討を加えたい．まず下線太字の強調は必要なのか？ また最初の『マウス胚性幹（ES）細胞は，LIF依存性に3胚葉への多分化能を維持し，自己複製するナイーブ型幹細胞である』の説明もこの分野では周知の事実．さらに最初の6行が研究の「背景」であり，残りの3行（ほぼ2行）が研究の「目的」と，バランスが悪い．「背景」を少し整理して，「目的」をわかりやすく書き直す．

例文2では，太字や下線を使わない．「背景」「目的」と方法，少々の「展開」という順で書かれている．しかし背景『高齢者の運動介入が身体機能，健康関連QOLさらに身体活動に対する自己効力感（セルフ・エフィカシー）を向上させることを明らかにした』には，解決すべき課題が書かれていない．【研究目的】本文中から解決すべき課題の記述を抜き出してきて，さらにこの研究計画で行う運動プログラムの特徴がもう少しわかりやすいように書き改めるとよいだろう．

改善例

例文 1

研 究 目 的（概要） ※ 当談研究計画の目的について、簡潔にまとめて記述してください。

　様々なマウス系統に由来するES細胞樹立の試みがなされ、従来の血清条件下で、ES細胞樹立が可能な系統と、樹立できない系統が知られている。申請者は、マウスの系統差によるLIFシグナル伝達経路の違いと、ES細胞樹立の可否との間に強い関連性を見出した。さらに血清条件下での発現解析の結果、129系統ES細胞において血清条件下で安定して自己複製するために必要な転写因子PFCTを見出した。

　本研究では、なぜ129系統由来ES細胞だけが血清条件下で安定的に自己複製できるのかを、転写因子PFCTの機能を解析することや、LIFシグナル伝達系の役割を調べることで明らかにする。

　一連の研究によって、ES細胞が自己複製能を獲得するのに必要な遺伝子群の制御機構が解明され、ナイーブ型幹細胞を安定して樹立できるようになると期待される。

例文 2

研 究 目 的（概要） ※ 当談研究計画の目的について、簡潔にまとめて記述してください。

　申請者は高齢者が運動プログラムを行うことで、身体機能、健康関連の QOL、身体活動の自己効力感などが向上することを明らかにしてきた。しかし既存の運動プログラムは、指導者側からの一方向での提供型プログラムであり、高齢者のニーズを基にしたものではない。

　本研究では、高齢者の基礎情報(基本チェックリスト、身体レベル、既往歴、疼痛の有無、家族環境、自己効力感（セルフ・エフィカシー）などを調査し、さらに高齢者自身の健康に対する意識やニーズを調査し、従来の運動プログラムに教育プログラムを加えた介護予防のための「運動＋教育プログラム」を高齢者と共に開発することが目的である。高齢者との共案型介護予防プログラムの開発は、今までにないものであり、サービスを受ける高齢者の自立支援に対しても意義があると考える。

case 17

「目的」が埋もれていて見つけにくい

理工系　生命科学系　医歯薬系　人文学系　社会科学系　複合領域系

重要度 ★☆☆　　頻度 ★☆☆

どこがよくないか

例文1

研　究　目　的　（概要） ※ 当該研究計画の目的について、簡潔にまとめて記述してください。

　介護職員には、勤務全体を通じて資質能力を高めることが求められている。しかし、要介護者の状態を分析し、よりよい介護方針を探る際には、現状では介護経験が少ない職員のみで介護中に何が起こっているのかを適切に認知し解釈することが難しく、熟練職員の支援も必ずしも得られるとは限らない。本研究の目的は、介護経験が少ない職員同士で効果的な介護ができるようになることを支援するために、介護のプロセスを自ら査定し改良できる自己研修用の教材を開発することである。そのために、研修会などの記録から介護の際に起こる事象を認知する能力について既に高め合うことができているものや今後期待できるもの、さらにつまずき等を抽出し、教材のプロトタイプを開発する。

例文2

研　究　目　的　（概要） ※ 当該研究計画の目的について、簡潔にまとめて記述してください。

　本研究の目的は、住まいに関する不平等の実態を明らかにし、解決策を立案することによって、日本社会全体の幸福度を高めることである。住宅の所有形態が教育・職業・健康・幸福度というライフチャンスに及ぼす影響について、大規模データの統計解析とフィールドワーク・インタビュー調査を併用する混合研究法を採用し、さらにオランダとの比較から日本の特色を析出する。住宅、とくに公営賃貸住宅の社会的役割に着目することにより、社会階層研究の新局面を開拓するという学術上の貢献に加え、とくに低所得層の子育て家族の生活基盤が安定するような住宅政策や家族政策の提言につながることを目指す。

ふさわしく
はっきりと
具体的に
簡潔に
推敲のヒント
レイアウト
図表
アピールする

「目的」を目立たせよう. スペースがあれば文脈や意味の切れ目での改行も考える

添削例

例文1

研　究　目　的（概要）※ 当該研究計画の目的について、簡潔にまとめて記述してください。

　介護職員には、勤務全体を通じて資質能力を高めることが求められている。しかし、要介護者の状態を分析し、よりよい介護方針を探る際には、現状では介護経験が少ない職員のみで介護中に何が起こっているのかを適切に認知し解釈することが難しく、熟練職員の支援も必ずしも得られるとは限らない。本研究の目的は、介護経験が少ない職員同士で効果的な介護ができるようになることを支援するために、介護のプロセスを自ら査定し改良できる自己研修用の教材を開発することである。そのために、研修会などの記録から介護の際に起こる事象を認知する能力について既に高め合うことができているものや今後期待できるもの、さらにつまずき箇所を抽出し、教材のプロトタイプを開発する。

> 研究目的が目立たない. ここに改行を入れる

例文2

> スペースに余裕があるのに段落の切れ目がない. パラグラフを分ける

研　究　目　的（概要）※ 当該研究計画の目的について、簡潔にまとめて記述してください。

　本研究の目的は、住まいに関するデータの実感を分うかにし、解決策を立案することによって、日本社会全体の幸福度を高めることである。住宅の所有形態が教育・職業・健康・幸福度というライフチャンスに及ぼす影響について、大規模データの統計解析とフィールドワーク・インタビュー調査を併用する混合研究法を採用し、さらにオランダとの比較から日本の特色を析出する。住宅、とくに公営賃貸住宅の社会的役割に着目することにより、社会階層研究の新局面を開拓するという学術上の貢献に加え、とくに低所得層の子育て家族の生活基盤が安定するような住宅政策や家族政策の提言につながることを目指す。

> 「背景」だが少ない

なぜよくないのか？

　　例文1は『本研究の目的は』で，明らかに文脈が変わっている．しかし連なった文章ではここが目的であるとはっきりしない．

　　例文2の場合，最初の2行は「目的」．次の文章は手法，そして「展開」と続く．

　　【研究目的（概要）】はスペースが限られているが，うまく文章を整えて改行の効果を生かしてほしい．

どのように改良すればよいか？

　　強調したい部分を，改行することで段落の最初にもってくる．こうすることによって，研究目的の文章をはっきりと示せる．また改行したら，段落の最初に1文字分のスペースを空けること（字下げ）．改行を入れてパラグラフをつくると，審査委員にも意味の単位が視覚的にもわかるようになる．【研究目的（概要）】であってもスペースに余裕があるときには，改行を入れてその部分を目立たせたい．

　　例文1では『本研究の目的は』の前で改行するべきである．そして改行することによって『本研究の目的は』が次の段落の最初に来て，研究目的をしっかりと示すことができる．

　　例文2は「目的」を際立たせるために，最初の文章のあとに改行を入れるとよい．改行を適宜入れて，その部分を他と区別する．

改善例

例文 1

研　究　目　的（概要） ※ 当該研究計画の目的について、簡潔にまとめて記述してください。

　介護職員には勤務全体を通じて資質能力を高めることが求められている。しかし、要介護者の状態を分析し、よりよい介護方針を探るには、現状では介護経験が少ない職員のみで介護中に何が起こっているのかを適切に認知し解釈することが難しく、熟練職員の支援も必ずしも得られるとは限らない。**本研究の目的は、**介護経験が少ない職員同士で効果的な介護ができるようになることを支援するために、介護のプロセスを自ら査定し改良できる自己研修用の教材を開発することである。そのために、研修会などの記録から介護の際に起こる事象を認知する能力について既に高め合うことができているものや今後期待できるもの、さらにつまずき等を抽出し、教材のプロトタイプを開発する。

例文 2

研　究　目　的（概要） ※ 当該研究計画の目的について、簡潔にまとめて記述してください。

　本研究の目的は、住まいに関する不平等の実態を明らかにし、解決策を立案することによって、日本社会全体の幸福度を高めることである。
住宅の所有形態が教育・職業・健康・幸福度というライフチャンスに影響を及ぼすことが指摘されているが、公営住宅が他国に比べて少ない日本では住宅システムと社会階層との関連性は十分に研究されていない。本研究では住宅、とくに公営賃貸住宅の社会的役割に着目することにより、社会階層研究の新局面を開拓するという学術上の貢献に加え、とくに低所得層の子育て家族の生活基盤が安定するような住宅政策や家族政策の提言につながることを目指す。

　　　例文2については，欲を言えば，研究の「背景」として『住宅の所有形態が教育・職業・健康・幸福度というライフチャンスに及ぼす影響』というのは少し書かれているが十分ではない（後の部分は「手法」になっている）．【研究目的】本文から「背景」にあたる部分をもってくるのがよいだろう．重要なことは，「背景」「目的」「展開」ときっちりと書くことである．

❷ 研究目的（概要）

case 18

科研費の目的としてふさわしいか(1)

〔 理工系 〕 〔 生命科学系 〕 〔 医歯薬系 〕 〔 人文学系 〕 〔 社会科学系 〕 〔 複合領域系 〕

重要度 ★☆☆　頻度 ★☆☆

どこがよくないか

例文1

研　究　目　的　（概要）※ 当該研究計画の目的について、簡潔にまとめて記述してください。

　特別養護老人ホームの入居待ち問題の解消において、潜在的な介護福祉士の活用は主たる手段のひとつとなり、各行政において再就職等のための研修を中心とした活用推進事業が進められている。短期的な課題解決としては有効な手段であろうが、潜在介護福祉士の活用の課題には、女性の生涯発達に関する様々な問題を含んでいる。本研究は、潜在介護福祉士活用の課題から浮かび上がる、介護福祉士という職業のあり方を、女性の生涯発達をテーマに捉えなおすことを目的とする。発達心理学（介護臨床及び生涯発達心理学）、社会学、教育学の立場から多角的・学際的検討を行い、仮説生成を行う。さらにこの仮説を今後の女性の生涯発達研究の端緒とし、さらに中長期的な潜在介護福祉士活用の課題、介護福祉士養成の課題、現職の介護福祉士支援への提言を目的とする。

例文2

研　究　目　的　（概要）※ 当該研究計画の目的について、簡潔にまとめて記述してください。

　本研究では、取締役の責任軽減制度に関する日本の会社法について、その元となっている米国の会社法との比較研究を行うことによって、同制度が具体的にどのような場面に適応できるかについて考察する。

　会社法には、取締役の会社に対する損害賠償責任の一部を軽減できる制度がある（会社法 425条～427条、以下「責任軽減制度」）。しかし日本においては、責任軽減制度の利用が普及しておらず、同制度が実際にどのような場合に適応できるかについても明らかではない。

　本研究によって、日本の責任軽減制度の問題点を明らかにし、望ましい会社法の制度の在り方について政策提言することを最終的な目的とする。

アドバイス

「仮説」や「政策提言」を使うときは慎重に. ふさわしくない例に「仮説」という用語を用いたり, 目的を研究の最終目標と混同したりしない

添削例

例文1

研 究 目 的（概要）※ 当該研究計画の目的について、簡潔にまとめて記述してください。

　特別養護老人ホームの入居待ち問題の解消において、潜在的な介護福祉士の活用は主たる手段のひとつとなり、各行政において再就職等のための研修を中心とした活用推進事業が進められている。短期的____としては有効な手段であろうが、潜在介護福祉士の活用の課題には、女性の生涯発達に関_____。本研究は、潜在介護福祉士活用の課題から浮かび上がる、介護福祉士という職業のあり方を、女性の生涯発達をテーマに捉えなおすことを目的とする。発達心理学（介護臨床及び生涯発達心理学）、社会学、教育学の立場から多角的・学際的検討を行い、仮説生成を行う。 さらにこの仮説を今後の女性の生涯発達研究の端緒とし、さらに中長期的な潜在介護福祉士活用の課題、介護福祉士養成の課題、現職の介護福祉士支援への提言を目的とする。

とは？

具体的内容がわからない

〜的は不要なことが多い

例文2

研 究 目 的（概要）※ 当該研究計画の目的について、簡潔にまとめて記述してください。

　本研究では、取締役の責任軽減制度に関する日本の会社法について、その元となっている米国の会社法との比較研究を行うことによって、同制度が具体的にどのような場面に適応できるかについて考察する。

　会社法には、取締役の会社に対する損害賠償責任の一部を軽減できる制度がある（会社法 425条〜427条、以下「責任軽減制度」）。しかし日本においては、責任軽減制度の利用が普及しておらず、同制度が実際にどのような場合に適応できるかについても明らかではない。

　本研究によって、日本の責任軽減制度の問題点を明らかにし、望ましい会社法の制度の在り方について政策提言することを最終的な目的とする。

科研費の「目的」には大げさすぎる！
「展開」にしては？

なぜよくないのか？

　　例文1は，言い方は悪いが，耳障りのよい言葉は多いが具体的な内容は乏し

い．例えば『仮説生成』とは，どのような仮説を生成することなのか？　明言されない仮説は審査委員にはイメージできない．

　例文2は『政策提言』とあるが，これは本当に科研費の申請書が要求している「目的」として適しているのだろうか？

　『仮説を立てる』『仮説を検証する』という表現は科研費申請書でしばしばみられるが，「仮説」とは「自然科学その他で，一定の現象を統一的に説明しうるように設けた仮定」で「理論的に導きだした結果が観察・計算・実験などで検証される」（広辞苑より）ものであるべきだ．したがって例文1のような実証実験にそぐわない内容の研究には「仮説」はふさわしくない．また，最終的な研究の目標としての『政策の提言』『社会への提言』はよいのだが，科研費くらいの研究の規模では『政策の提言』『社会への提言』など大げさすぎると思う審査委員もいる．科研費の目的として書くのは，研究に関するものをさらりと書いておくので十分．特に【研究目的（概要）】の部分では．

どのように改良すればよいか？

　仮説を立てることが研究の「目的」としたら，それはあまりに漠然としすぎている．闇雲に集めたデータを見てからいろいろ考えますということと，考えた目的に沿ってデータを集めますということと，どちらに計画性を感じるだろうか．せめて，どのような仮説なのかを示しておくべきだ．まずはそこからはっきりさせないとだめである．また，例えば『望ましい会社法の制度の在り方について政策提言する』こと自体はよいのだが，このような最終目標を書かないで，科研費で実現できると客観的にも思えることを「展開」として書くだけで十分．

　例文1の場合，仮説は「目的」としてしまっていることが難しい点だ．申請書をじっくりと読んでいくと，次のような背景がわかってくる．

- 中心となるのは不足している介護福祉士の確保について
- 女性のライフデザインにおいて様々な問題が，介護福祉士として継続して働くことを妨げている
- そのような女性特有の問題点を明らかにして，介護福祉士を長期的に安定供給するようにつなげる

これらの内容をできるだけわかりやすく，難しい言葉をなるべく使わないでま

とめてみればよい．この辺りは他の人に口頭で説明するように書くこと．そうすれば難しい，気取った言葉を使わないで，わかりやすい，理解しやすい文章になる（case29 参照）．

　例文2は，社会的インパクトを強調することも時には効果的だが，地に足がついた目的や計画性をもっていることを審査委員に印象付けることの方が重要だ．

改善例

例文1

> **研 究 目 的（概要）** ※ 当該研究計画の目的について，簡潔にまとめて記述してください．
>
> 　特別養護老人ホームの入居待ち問題の解消において，（かつて働いていた）潜在的な介護福祉士の活用は主な手段のひとつとなり，各行政において再就職等のための研修を中心とした活用推進事業が進められている．潜在介護福祉士の活用は，短期的な課題解決としては有効な手段であるが，そこには女性のライフデザインに関する様々な問題を含んでいる．
>
> 　本研究は，潜在介護福祉士の活用から浮かび上がる，介護福祉士という職業の様々な問題点を，女性のライフデザインを中心に調査していく．中長期的に潜在介護福祉士を活用するにあたっての問題点はなにか，介護福祉士養成における課題はなにか，そして現職の介護福祉士への支援体制などを中心に調査を行う．本研究によって，女性のライフデザインの中で介護福祉士という職業の意義が向上すると考えられる．

　なお例文1の『女性の生涯発達をテーマに捉えなおす』というのはどういうことなのか？『さらにこの仮説を今後の女性の〜への提言を目的とする』とあるが，ここも具体的な内容がわからない．それぞれ具体的にした．

例文2

> **研 究 目 的（概要）** ※ 当該研究計画の目的について，簡潔にまとめて記述してください．
>
> 　本研究では，取締役の責任軽減制度に関する日本の会社法について，その元となっている米国の会社法との比較研究を行うことによって，同制度が具体的にどのような場面に適応できるかについて考察する．
>
> 　会社法には，取締役の会社に対する損害賠償責任の一部を軽減できる制度がある（会社法 425条〜427条，以下「責任軽減制度」）．しかし日本においては，責任軽減制度の利用が普及しておらず，同制度が実際にどのような場合に適応できるかについても明らかではない．
>
> 　本研究によって，日本の責任軽減制度の問題点を明らかにし，望ましい会社法の制度の在り方について提案することができる．

case 19

「①研究の学術的背景」の解説が長すぎてわかりにくい

理工系　生命科学系　医歯薬系　人文学系　社会科学系　複合領域系

重要度 ★★★　頻度 ★★★

ふさわしく

はっきりと

具体的に

簡潔に

推敲のヒント

レイアウト

図表

アピールする

どこがよくないか

① 【研究の学術的背景】

　平成25年度及び平成26年度の全国学力・学習状況調査のクロス集計結果では、「総合的な学習の時間」において、探求の過程を意識した指導を行っている学校ほど平均正答率が高く、特に記述式問題の平均正答率が高い傾向が見られた。また、平均正答率を高群・低群に分けた比較においても、高群は探求の過程を意識した指導を積極的に行っている傾向にあった。

　この結果は、「総合的な学習の時間」を懐疑的に見ていた教育関係者に対して、意識の転換を迫るものである。そして、思考力を中核とした「21世紀型能力」（国立教育政策研究所）の育成を見通すとき、次期学習指導要領における「総合的な学習の時間」のより一層の充実が求められると考えられる。

　応募者は、中学校教員を対象とした質問紙調査を通して、「総合的な学習の時間」に肯定的な意識を持っている教員であっても準備の負担が増えていることを感じており、専門教員の配置を望んでいる現状を明らかにしている。また、完全実施から10年以上が経過した現在、教職員の初期の関心が薄らぎ、多くの学校において、「総合的な学習の時間」が形骸化している現状も明らかにしている（**山崎：2013c・2012c**）。

（中略）

そこでの課題は何かを調査・分析した報告も、これまでにない。

　応募者は、日本生活科・総合的学習教育学会の福岡県地域世話人、福岡県生活科・総合的学習研究会の事務局長を務めたり、福岡市立の幼・小・中学校の学校評議員を務めたりしている。また、過年度の基盤研究(C)において、中・高等学校の「総合的な学習の時間」で体験型キャリア教育を促進させる要件を研究し、その理論を解明してきている（**山崎：2013bc, Yamasaki：2013d, 山崎：2012cd**）。

（中略）

　教職員のニーズと地域住民等のシーズとが「つながる」時、「総合的な学習の時間」は児童生徒にとってより一層、魅力的な時間に変容する。応募者は、地域コーディネーターが配置されている学校では教職員と連携・協働するストラテジーを、配置されていない学校では教職員や関係者が地域住民等と連携・協働するストラテジーを明らかにすることで「総合的な学習の時間」を再び活性化させたいと考え、本研究課題を着想するに至った。

アドバイス

見出しを活用して「イントロ」「国内外の研究動向」「位置づけ」「着想に至った経緯」などに分割し，構成を明示しよう

添削例

> 見出しがないひと続きの文章として
> 書いている．見出しを加え分割する

① 【研究の学術的背景】

　平成25年度及び平成26年度の全国学力・学習状況調査のクロス集計結果では、「総合的な学習の時間」において、探求の過程を意識した指導を行っている学校ほど平均正答率が高く、特に記述式問題の平均正答率が高い傾向が見られた。また、平均正答率を高群・低群に分けた比較においても、高群は探求の過程を意識した指導を積極的に行っている傾向にあった。

　この結果は、「総合的な学習の時間」を懐疑的に見ていた教育関係者に対して、意識の転換を迫るものである。そして、思考力を中核とした「21世紀型能力」（国立教育政策研究所）の育成を見通すとき、次期学習指導要領における「総合的な学習の時間」のより一層の充実が求められると考えられる。

　応募者は、中学校教員を対象とした質問紙調査を通して、「総合的な学習の時間」に肯定的な意識を持っている教員であっても準備の負担が増えていることを感じており、専門教員の配置を望んでいる現状を明らかにしている。また、完全実施から10年以上が経過した現在、教職員の初期の関心が薄らぎ、多くの学校において、「総合的な学習の時間」が形骸化している現状も明らかにしている（山崎：2013c・2012c）。

（中略）

そこでの課題は何かを調査・分析した報告も、これまでにない。

　応募者は、日本生活科・総合的学習教育学会の福岡県地域世話人、福岡県生活科・総合的学習研究会の事務局長を務めたり、福岡市立の幼・小・中学校の学校評議員を務めたりしている。また、過年度の基盤研究(C)において、中・高等学校の「総合的な学習の時間」で体験型キャリア教育を促進させる要件を研究し、その理論を解明してきている（山崎：2013bc, Yamasaki: 2013d, 山崎：2012cd）。

（中略）

　教職員のニーズと地域住民等のシーズとが「つながる」時、「総合的な学習の時間」は児童生徒にとってより一層、魅力的な時間に変容する。応募者は、地域コーディネーターが配置されている学校では教職員と連携・協働するストラテジーを、配置されていない学校では教職員や関係者が地域住民等と連携・協働するストラテジーを明らかにすることで「総合的な学習の時間」を再び活性化させたいと考え、本研究課題を着想するに至った。

なぜよくないのか？

　例文は，ひと続きの文章として書かれており，この内容（書き方）だと審査委員は理解しにくい．

　【①研究の学術的背景】は【研究目的】本文で最初に書くところなので，非常に大切である．申請書では平均して約1〜1ページ半くらい書かれていることが多い．それだけのスペースにひと続きの文章として書いていって，審査委員に読ませるには相当な文章力が必要だ．文章力に自信があれば気にしなくてよいが，そうでない場合，どうすればいいか？

どのように改良すればよいか？

　ひと続きの文章よりも，見出しで区切って書かれた文章の方が読みやすいし，理解しやすい．パラグラフに分けたり，適宜見出しを挿入したりすることで，何について書いている項目なのか視覚的にも示す．【研究目的】が小分けに書かれた申請書は，審査委員にとって非常にわかりやすい．科研費申請書の書き方もアイデア勝負．よりわかりやすい申請書にするために新しい工夫を試みること！【①研究の学術的背景】は，慣れないうちは次のような順番で書いていけばよい．「これまでの研究（他の研究者によってなされた研究の背景）」→「申請者がこの研究分野にどのように貢献してきたか，これまでの研究成果」→「いまだわかっていないこと，解決すべき課題は何か」．最後の「解決すべき課題」は特に重要である（case20参照）．なお，挿入する見出しは申請書の説明欄に書かれている項目そのままでなくてかまわない．申請書がわかりやすくなるように項目を設ければよい．例えば，『この研究についてのこれまでの研究経過』『この研究について申請者はどのような研究を行ってきたか』『何が未解明な問題か？　何を明らかにすべきか？』などでよいのである（申請者のギモン15参照）．

　例文は『国内・国外の研究動向及び位置づけ』『着想に至った経緯』を見出しとして加えるとよい．

改善例

① 【研究の学術的背景】

　平成25年度及び平成26年度の全国学力・学習状況調査のクロス集計結果では、「総合的な学習の時間」において、探求の過程を意識した指導を行っている学校ほど平均正答率が高く、特に記述式問題の平均正答率が高い傾向が見られた。また、平均正答率を高群・低群に分けた比較においても、高群は探求の過程を意識した指導を積極的に行っている傾向にあった。

　この結果は、「総合的な学習の時間」を懐疑的に見ていた教育関係者に対して、意識の転換を迫るものである。そして、思考力を中核とした「21世紀型能力」（国立教育政策研究所）の育成を見通すとき、次期学習指導要領における「総合的な学習の時間」のより一層の充実が求められると考えられる。

【国内・国外の研究動向及び位置づけ】

　応募者は、中学校教員を対象とした質問紙調査を通して、「総合的な学習の時間」に肯定的な意識を持っている教員であっても準備の負担が増えていることを感じており、専門教員の配置を望んでいる現状を明らかにしている。また、完全実施から10年以上が経過した現在、教職員の初期の関心が薄らぎ、多くの学校において、「総合的な学習の時間」が形骸化している現状も明らかにしている（**山﨑**：2013c・2012c）。

（中略）

そこでの課題は何かを調査・分析した報告も、これまでにない。

【着想に至った経緯】

　応募者は、日本生活科・総合的学習教育学会の福岡県地域世話人、福岡県生活科・総合的学習研究会の事務局長を務めたり、福岡市立の幼・小・中学校の学校評議員を務めたりしている。また、過年度の基盤研究(C)において、中・高等学校の「総合的な学習の時間」で体験型キャリア教育を促進させる要件を研究し、その理論を解明してきている（**山﨑**：2013bc, **Yamasaki**：2013d, **山﨑**：2012cd）。

（中略）

　教職員のニーズと地域住民等のシーズとが「つながる」時、「総合的な学習の時間」は児童生徒にとってより一層、魅力的な時間に変容する。応募者は、地域コーディネーターが配置されている学校では教職員と連携・協働するストラテジーを、配置されていない学校では教職員や関係者が地域住民等と連携・協働するストラテジーを明らかにすることで「総合的な学習の時間」を再び活性化させたいと考え、本研究課題を着想するに至った。

❸ 研究目的

case 20

「①研究の学術的背景」に 一般的な情報がなくわかりにくい

理工系　生命科学系　医歯薬系　人文学系　社会科学系　複合領域系

重要度 ★★☆　　頻度 ★★☆

どこがよくないか

【①学術的背景と着想に至った経緯】

申請者は、2p培養法を用いてマウス系統（129Sv, C57BL/6、CBA/ca およびNOD）からES細胞を樹立して検討した結果、以下のことを明らかにした。

１）異なったマウス系統由来のES細胞は、サイトカインLIFに対して異なった応答性を示す。血清条件下での自己複製が可能な系統ES細胞（129, B6系統）ではLIF-STAT3標的遺伝子が強く誘導されるが、できない系統ES細胞(CBA/Ca,FVB/N,NOD系統)では弱いことを報告した。

２）転写因子PFCTの過剰発現でNOD-ES細胞は血清条件下で自己複製が可能となる。マイクロアレイを用いた遺伝子発現解析により、短期間の血清条件下では129-ES細胞に高発現しているが、NOD-ES細胞では消失する遺伝子を探索し、LIFの標的遺伝子である転写因子PFCTを同定した。このPFCTの過剰発現により、NOD-ES細胞は血清条件下で自己複製でき、かつLIF標的遺伝子の誘導（LIF応答性）の特徴も129-ES型に転換していた。

３）PFCTはES細胞の自己複製に必須である。129-ES細胞のPFCTノックアウト（KO）ES細胞は、血清条件下で細胞死に陥る（未発表）。

４）PFCTとSTAT3は協調して作用する。129-ES細胞における PFCTとSTAT3のChiP-Seqデータの再検討により、自己複製に必須なOct4, Sox2, Nanog遺伝子などの近傍の領域にPFCTとSTAT3の結合が認められる（未発表）。

上記の結果から、PFCT の機能について、１）ES 細胞の自己複製に必須であること、２）PFCT は

ふさわしく

はっきりと

具体的に

簡潔に

推敲のヒント

レイアウト

図表

アピールする

アドバイス

導入部には一般的な背景と解決すべき課題を書こう

添削例

【①学術的背景と着想に至った経緯】

申請者は、2p培養法を用いてマウス系統（129Sv, C57BL/6、CBA/ca およびNOD）からES細胞を樹立して検討した結果、以下のことを明らかにした。

1）異なったマウス系統由来のES細胞は、サイトカインLIFに対して異なった応答性を示す。 血清条件下での自己複製が可能な系統ES細胞（129、B6系統）ではLIF-STAT3標的遺伝子が強く誘導されるが、できない系統ES細胞(CBA/Ca,FVB/N,NO～～～～

> 申請者の研究内容が唐突．
> まずは一般的な背景を書く

**2）転写因子PFCTの過剰発現でNOD-ES細胞は血～～～～～～～～～～～～クロア
レイを用いた遺伝子発現解析により、短期間の血清条件下で129-ES細胞に誘導されるが、NOD-ES細胞では消失する遺伝子を探索し、LIFの標的遺伝子である転写因子PFCTを同定した。このPFCTの過剰発現により、NOD-ES細胞は血清条件下で自己複製でき、かつLIF標的遺伝子の誘導（LIF応答性）の特徴も129-ES型に転換していた。

3）PFCTはES細胞の自己複製に必須である。 129-ES細胞のPFCTノックアウト（KO）ES細胞は、血清条件下で細胞死に陥る（未発表）。

4）PFCTとSTAT3は協調して作用する。 129-ES細胞における PFCTとSTAT3のChiP-Seqデータの再検討により、自己複製に必須なOct4, Sox2, Nanog遺伝子などの近傍の領域にPFCTとSTAT3の結合が認められる（未発表）。

上記の結果から、PFCT の機能について、1）ES 細胞の自己複製に必須であること、2）PFCT は

なぜよくないのか？

導入部の書き方がよくない．例文では，申請者のこれまでの研究成果から書いているが，まず書くべきことは，この研究に関連した一般的な学術的背景である．

最初に，この研究の学術的な背景（つまり他の研究者が行ってきた研究内容）を簡潔に説明すること．その次に，申請者がこの研究分野でこれまでに行ってきたこと，あげてきた業績を説明する．こうすることで，申請者がどのような研究を行ってきて，どのような貢献をしてきたのかが明確になる．そして，その次に研究で解決すべき課題を説明する．何がわかっていないのか，何を明らかにすべきなのか，解明すべき問題は何かなどを説明する．これにより

審査委員は，申請者が主張する研究の重要性をしっかりと理解できる．

どのように改良すればよいか？

【①研究の学術的背景】では，申請者が行おうと計画している研究において，何が問題なのか，そして解明すべき課題は何かなどをしっかりと書かなければならない．【①研究の学術的背景】は，「一般的な研究の学術的背景」→「申請者がこれまで行ってきた研究の成果・業績」→「解明すべき課題」と書いていくとよい流れになる．そうすると次の【②研究期間内に何をどこまで明らかにしようとするのか】につなげやすい．つまり「解明すべき課題は○○である」→「そのためにこの研究では○○を明らかにする」との流れにもっていけるということだ．なお，『（未解明の問題点）』や『（今後，解明すべきこと）』などと挿入があると，もっとはっきりと解決すべき課題がわかる．

例文では，自己複製できる系統とできない系統の ES 細胞があることをまずは説明し，その違いが不明であるという一般的な背景を書くとよい．

改善例

【①学術的背景と着想に至った経緯】
異なったマウスの系統に由来するES細胞には、血清条件下で自己複製できる系統（129系統など）とできない系統（NOD系統）とがある。このES細胞の自己複製能が、どのような違いによって生じているのかは、まだ明らかではない。

申請者は、2p培養法を用いてマウス系統（129Sv, C57BL/6、CBA/ca およびNOD）からES細胞を樹立して検討した結果、以下のことを明らかにした。

1）異なったマウス系統由来のES細胞は、サイトカインLIFに対して異なった応答性を示す。血清条件下での自己複製が可能な系統ES細胞（129、B6系統）ではLIF-STAT3標的遺伝子が強く誘導されるが、できない系統ES細胞(CBA/Ca,FVB/N,NOD系統)では弱いことを報告した。

2）転写因子PFCTの過剰発現でNOD-ES細胞は血清条件下で自己複製が可能となる。マイクロアレイを用いた遺伝子発現解析により、短期間の血清条件下では129-ES細胞に高発現しているが、NOD-ES細胞では消失する遺伝子を探索し、LIFの標的遺伝子である転写因子PFCTを同定した。このPFCTの過剰発現により、NOD-ES細胞は血清条件下で自己複製でき、かつLIF標的遺伝子の誘導（LIF応答性）の特徴も129-ES型に転換していた。

3）PFCTはES細胞の自己複製に必須である。129-ES細胞のPFCTノックアウト（KO）ES細胞は、血清条件下で細胞死に陥る（未発表）。

4）PFCTとSTAT3は協調して作用する。129-ES細胞における PFCTとSTAT3のChiP-Seqデータの再検討により、自己複製に必須なOct4, Sox2, Nanog遺伝子などの近傍の領域にPFCTとSTAT3の結合が認められる（未発表）。

上記の結果から、PFCT の機能について、1）ES 細胞の自己複製に必須であること、2）PFCT は

参考

　　参考例は【研究目的】冒頭に解決すべき課題がしっかりと書いてあって，非常にわかりやすい．その後に申請者らのこれまでの研究成果や予備実験の結果があり，この研究の重要性がしっかりと伝わってくる．参考のように，【研究目的】本文のなるべく早い段階で解決すべき課題を書く場合には，【研究目的（概略）】で研究目的をしっかりと書いておく必要がある．審査委員が目的を【研究目的（概略）】で十分に理解してからここを読むとなれば，前述したよい流れ（一般的な背景やこれまでの業績）を，枠を超えて【研究目的（概略）】から行っているのと同様である．

参考

① 【研究の学術的背景】

　骨代謝において、骨芽細胞と破骨細胞は中心的な役割を演じている。破骨細胞は末梢血中の単球/マクロファージから分化されることが知られているが、骨芽細胞は骨髄内に存在し、末梢血中に存在するという概念はほとんど知られていない。

　我々は、野生型マウス大腿骨から骨髄単球を採取し、マクロファージコロニー刺激因子 (M-CSF)、炎症性サイトカイン (TNFα・IL-6) 刺激により骨吸収能の有する破骨細胞様細胞を分化誘導することを報告した。そして、ヒト末梢血単核球において、破骨細胞様細胞の分化誘導を試みるために、末梢血単核球を象牙質上で培養し、M-CSF および TNFα, IL-6, RANKL（破骨細胞分化因子）単独刺激したところ、予想外にも TNFα, IL-6 単独刺激では象牙質にカルシウム、リンを含む石灰化組織が電子顕微鏡で観察された。末梢血単核球を同様に培養し、付着細胞の遺伝子プロファイルを確認したところ、TNFα, IL-6 単独刺激ではコントロールと比較して、骨芽細胞の分化には必須である RUNX-2 mRNA の発現が有意に上昇し、骨芽細胞マーカーである ALP の発現が有意に増加していた。これらの予備実験結果は、末梢血中に骨芽細胞様細胞が存在し、炎症性サイトカインにより活性化骨芽細胞系細胞へ誘導することで、石灰化組織を形成していることを示唆している。

ふさわしく
はっきりと
具体的に
簡潔に
推敲のヒント
レイアウト
図表
アピールする

3 研究目的

case 21

「②何をどこまで明らかにするのか」がわかりにくい

理工系　生命科学系　医歯薬系　人文学系　社会科学系　複合領域系

重要度 ★★★　頻度 ★★☆

どこがよくないか

例文1

②研究期間内に何をどこまで明らかにしようとするのか

　まず、炭素骨格の長さによる変化が電子スピン共鳴分光 (ESR) 法のスペクトル上に表れやすい飽和炭化水素類を用いて、さまざまな鎖長のモデルラジカルの測定を行い、特に、側鎖の大きなブロモートリメチルヘキサンなどの成長ラジカルスペクトルの鎖長依存性と、結果としてできる高分子の立体規則性との関連について調べる。また、ラジカル重合中に発生する連鎖移動反応の機構解明に焦点を当て、ブロモブタン類、トリメチルヘキサン類、ブロモプロペン類など水素移動反応で分子内で連鎖移動反応が起こる可能性のあるモノマーを用いて高重合体のモデルラジカル前駆体を合成し、連鎖移動反応の起こりやすさの鎖長依存性を明らかにする。すでにブロモコハク酸イミドの10、20量体で予備的な実験を行い、鎖長が長いほど連鎖移動反応が起こりやすいという結果を得て報告した。側鎖依存性もあることがわかっているので、アルコール、チオール、エーテルとの比較を行う。

例文2

【②研究期間内に何をどこまで明らかにしようとするのか】

（1）上場企業の大株主のデータを収録した内外のデータベースにより、中東や中欧等の企業の投資実績を把握することが可能となる。そのうえで総資産利益率などを投資の指標と回帰分析することで先行文献との比較が可能になり、世界金融危機後の実態を定量的に検証できる。

（2）日本と英国の市場に絞り、企業の投資受け入れ、株主の情報開示制度、議決権行使状況等に絞り比較研究によって日本市場の課題を明らかにする。

例文3

②研究期間内に何をどこまで明らかにしようとするのか

　この研究では主にヒトの不要な抜去歯牙を脱灰し象牙質を採取後、ラット頭蓋骨欠損モデルに移植し、新生骨の形成を期待する。このモデルを用いて以下のことを明らかにしていく。

　1. 異なる脱灰処理および作製法を試み、処理方法によって形成骨や周囲組織に与える影響の有無を明らかにする。

　2. 移植材を入れないコントロール群と比較して、脱灰象牙質を移植した群ではどのくらいの期間で骨が形成されてくるのかをμCTを用いて評価する。

　3. 長期的に経時評価することで移植後の象牙質は生体内でどのように変化するのかを組織学的に明らかにする。

　4. 欠損部および周囲組織を採取し、移植した脱灰象牙質と形成骨との境界面と周囲組織の細胞間ネットワークの3次元関係を明らかにする。

アドバイス

冒頭に「目的」を簡潔に示し，研究の内容をイメージしやすくしよう

添削例

例文1

②研究期間内に何をどこまで明らかにしようとするのか

　まず、炭素骨格の長さによる変化が電子スピン共鳴分光 (ESR) 法のスペクトル上に表れやすい飽和炭化水素類を用いて、さまざまな鎖長のモデルラジカルの測定を行い、特に、側鎖の大きなブロモートリメチルヘキサンなどの成長ラジカルスペクトルの鎖長依存性と、結果としてできる高分子の立体規則性との関連について調べる。また、ラジカル重合中に発生する連鎖移動反応の機構解明に焦点を当て、ブロモブタン類、トリメチルヘキサン類、ブロモプロペン類など水素移動反応で分子内で連鎖移動反応が起こる可能性のあるモノマーを用いて高重合体のモデルラジカル前駆体を合成し、連鎖移動反応の起こりやすさの鎖長依存性を明らかにする。すでにブロモコハク酸イミドの10、20量体で予備的な実験を行い、鎖長が長い　　　　　　　　　　　　　　　　　　　　　　　鎖依存性もあることがわかっている

研究項目を続けて書いているだけ．目的は？

例文2

【②研究期間内に何をどこまで明らかにしようとするのか】

　（1）上場企業の大株主のデータを収録した内外のデータベースにより、中東や中欧等の企業の投資実績を把握することが可能となる。そのうえで総資産利益率などを投資の指標と回帰分析することで先行文献との比較が可能に

　（2）日本と英国の市場に　　　　　　　　　　　　　　　　　　　　状況等に絞り比較研究によって日本市場の課題を明らかにする。

研究内容の前に，研究目的を簡潔に書く

例文3

②研究期間内に何をどこまで明らかにしようとするのか

　この研究では主にヒトの不要な抜去歯牙を脱灰し象牙質を採取後、ラット頭蓋骨欠損モデルに移植し、新生骨の形成を期待する。このモデルを用いて以下のことを明らかにしていく。

　1．異なる脱灰処理および作製法を試み、処理方法によって形成骨や周囲組織に与える影響の有無を明らかにする。

　2．　　　　　　　　　　　　　較して、脱　　　　　　　どのくらいの期間で骨が　　　　　　　　　　　価する。

　3．　　　　　　　　　　　　　象牙質は生体内でどのように変化するのかを組織学的に明らかにする。

　4．欠損部および周囲組織を採取し、移植した脱灰象牙質と形成骨との境界面と周囲組織の細胞間ネットワークの3次元関係を明らかにする。

ここではモデルの作製法を書く必要はない

これが最も重要．

なぜよくないのか？

　例文1は研究項目をひと続きの文章で書いているだけだ．重要な点（研究項目）の説明にあたって要点が書かれておらず，わかりにくい．

　例文2は（1）（2）として研究項目を書いているが，ここだけを読んでも（1）と（2）の関連性がわからないことがある．個々の項目しか書いていないためだ．

　例文3では導入部分にモデルの作製法を書いていて，一見するとこれが「目的」にみえる．だが実はそうではない．全体の目的は，それ以降の4つの項目のいずれかに隠れている．

　もちろんここは研究項目を書く欄なのだが，冒頭に「目的」を端的に言い表わした一文があると研究の全体像を思い浮かべやすくなる．全体の「目的」があってこその，個々の詳しい内容であることがはっきりする．

どのように改良すればよいか？

　【研究目的】は研究内容（研究項目）を書くことが基本だが，少しの配慮でそのわかりやすさを変えることができる．どうすればよいかというと，「目的」を，まず冒頭に簡潔にわかりやすく書く．つまり，

- 最初の2行で「目的」を簡潔に書く
- 次に研究の内容を箇条書きで書く

このように書くだけで，わかりやすさ，理解しやすさが格段に変わる（case02参照）．

　例文1は，研究項目を箇条書きにする．そのうえで，「目的」を冒頭に加える．

　例文2もまず，研究計画全体で何を「目的」にして研究を行うのかを，2行くらいで簡単でよいので書いておこう．そして，その「目的」を明らかにするために，どのように研究を進めるのか（詳しい研究項目，この場合の（1）（2）にあたる）を書くとよい．

　例文3は，4を導入部分に移動して，それを明らかにするために1〜3の研究を行うと変更する．

改善例

例文1

②研究期間内に何をどこまで明らかにしようとするのか

　本研究は、いろいろな電子スピン共鳴分光法を用いることにより、ラジカル重合反応を観測し、連鎖開始ラジカルが重合体に成長していく様子を詳しく解析することが目的である。以下のように研究を進めていく。

　(1)　炭素骨格の長さによる変化が電子スピン共鳴分光（ESR）法のスペクトル上に表れやすい飽和炭化水素類を用いて、さまざまな鎖長のモデルラジカルの測定を行う。

　(2)　特に、側鎖の大きなブロモ-トリメチルヘキサンなどの成長ラジカルスペクトルの鎖長依存性と、結果としてできる高分子の立体規則性との関連について調べる。

　(3)　ラジカル重合中に発生する連鎖移動反応の機構解明に焦点を当て、ブロモブタン類、トリメチルヘキサン類、ブロモプロペン類など水素移動反応で分子内で連鎖移動反応が起こる可能性のあるモノマーを用いて高重合体のモデルラジカル前駆体を合成し、連鎖移動反応の起こりやすさの鎖長依存性を明らかにする。

　(4)　すでにブロモコハク酸イミドの 10、20 量体で予備的な実験を行い、鎖長が長いほど連鎖移動反応が起こりやすいという結果を得て報告した。そこで側鎖依存性もあることがわかっているので、アルコール、チオール、エーテルとの比較を行う。

例文2

【②研究期間内に何をどこまで明らかにしようとするのか】

　本研究では企業による投資実績が各国経済に及ぼす影響を、資金源、投資先（国・資産別）、パフォーマンスについて分析することで解明していく。次のように研究を進める。

　(1)　上場企業の大株主のデータを収録した内外のデータベースにより、中東や中欧等の企業の投資実績を把握することが可能となる。そのうえで総資産利益率などを投資の指標と回帰分析することで先行文献との比較が可能になり、世界金融危機後の実態を定量的に検証できる。

　(2)　日本と英国の市場に絞り、企業の投資受け入れ、株主の情報開示制度、議決権行使状況等に絞り比較研究によって日本市場の課題を明らかにする。

例文3

②研究期間内に何をどこまで明らかにしようとするのか

　この研究では、移植した脱灰象牙質と形成骨について、境界面と周囲組織の細胞間ネットワークの3次元微細構造を明らかにし、より効果的な骨再生療法を確立することが目的である。抜去歯牙を脱灰して得られた象牙質を移植した動物モデルを用いて、以下のことを明らかにしていく。

　1.　異なる脱灰処理および作製法を試み、処理方法によって形成骨や周囲組織に与える影響の有無を明らかにする。

　2.　移植材を入れないコントロール群と比較して、脱灰象牙質を移植した群ではどのくらいの期間で骨が形成されてくるのかをμCTを用いて評価する。

　3.　長期的に経時評価することで移植後の象牙質は生体内でどのように変化するのかを組織学的に明らかにする。

3 研究目的

case 22

「③当該分野における本研究の〜」
がわかりにくい

理工系　生命科学系　医歯薬系　人文学系　社会科学系　複合領域系

重要度 ★★★　頻度 ★★★

どこがよくないか

③当該分野における本研究の学術的な特色・独創的な点及び予想される結果と意義
　本研究によってヒト由来ナイーブ型幹細胞の安定的な樹立維持が可能となり、培養条件の最適化が可能となる。またヒトにおいてマウスES細胞と同等の多能性を持つリセット細胞が樹立され、遺伝子発現やエピゲノムの特徴がマウスES細胞に類似しているヒトES細胞が樹立できる。この細胞の樹立と維持には、LIF依存的の転写因子の発現が必須であることが報告された。このことから、ヒトを含む動物種由来のナイーブ型幹細胞の自己複製も、マウスと同様に、129-ES型の培養細胞においてLIF応答性が重要であることが考えられる。本研究ではマウスおよびラットにおけるLIFシグナルによるナイーブ型幹細胞の自己複製のメカニズムが明らかとなることから、ヒトES細胞の成因の一端が明らかとなり、再生医学分野へ貢献できると考えている。

memo

ふさわしく　はっきりと　具体的に　簡潔に　推敲のヒント　レイアウト　図表　アピールする

アドバイス

見出しを活用して「学術的な特色」「独創的な点」「予想される結果と意義」などに分割し、構成を明示しよう

添削例

③当該分野における本研究の学術的な特色・独創的な点及び予想される結果と意義

本研究によってヒト由来ナイーブ型幹細胞の安定的な樹立維持が可能となり、培養条件の最適化が可能となる。またヒトにおいてマウスES細胞と同等の多能性を持つリセット細胞が樹立され、遺伝子発現やエピゲノムの特徴がマウスES細胞に類似しているヒトES細胞が樹立できる。この細胞の樹立と維持には、LIF依存的の転写因子の発現が必須であることが報告された。このことから、ヒトを含む動物種由来のナイーブ型幹細胞の自己複製も、マウスと同様に、129-ES型の培養細胞においてLIF応答性が重要であることが考えられる。本研究ではマウスおよびラットにおけるLIFシグナルによるナイーブ型幹細胞の自己複製のメカニズムが明らかとなることから、ヒトES細胞の成因の一端が明らかとなり、再生医学分野へ貢献できると考えている。

> ひと続きの文章．見出しを加える

なぜよくないのか？

例文はひと続きの文章で書かれている．

【③当該分野における本研究の学術的な特色・独創的な点及び予想される結果と意義】は書くべき要素が多様である．部分に分けずにそのまま書いていくと，「学術的な特色」や「結果と意義」などが混ざって，わかりにくく，読みにくくなりやすい．

どのように改良すればよいか？

　このようなときには見出しを挿入し，内容を小分けにして書くとよい（case19参照．書くべき内容が違うだけで本質的な問題点は同一だが，このように内容ごとに区切らずわかりにくくなっている申請書は非常に多いのであえて繰り返させてもらった）．

　例文では，『学術的な特色』『独創的な点』『予想される結果と意義』と分けて書くのが一案だ．

改善例

（本研究の学術的な特色）

　本研究によってヒト由来ナイーブ型幹細胞の安定的な樹立維持が可能となり、培養条件の最適化が可能となる。またヒトにおいてマウスES細胞と同等の多能性を持つリセット細胞が樹立され、遺伝子発現やエピゲノムの特徴がマウスES細胞に類似しているヒトES細胞が樹立できる。

（独創的な点）

　ヒトES細胞の樹立と維持には、LIF依存的の転写因子の発現が必須であることが報告された。このことから、ヒトを含む動物種由来のナイーブ型幹細胞の自己複製も、マウスと同様にLIF応答性が重要であることが考えられる。ヒトES細胞の樹立と維持にLIF応答性が必須なことを示した本研究は重要である。

（予想される結果と意義）

　本研究ではマウスおよびラットにおけるLIFシグナルによるナイーブ型幹細胞の自己複製のメカニズムが明らかとなることから、ヒトES細胞の成因の一端が明らかとなり、再生医学分野へ貢献できると考えている。

申請者のギモン6　リバイス中, in press

【研究目的】本文中に，研究内容に関連した申請者の論文を引用するのはよいとのことだが，リバイス中，投稿準備中のものも含めるのはよいのだろうか？
またすでにアクセプトされたin pressの論文，審査結果待ちの投稿中の論文はどうすればよいのか？

これまでに発表した重要な論文を引用することは当然よい．まだ論文として発表していないが，研究計画には重要な研究成果も，【研究目的】などに示しておきたい．申請している計画に関連しているが未発表の論文については，in pressの場合は本文中に論文のタイトルや雑誌名をあげて『(in press)』と書く．また投稿済みの論文の場合は『(投稿中)』あるいは『(リバイス中)』や『(In revision)』と書いておく．

ただし，投稿準備中の場合は，その投稿予定の論文はまだ出来上がってもいないので，『(投稿準備中)』とは書かないで，論文にする予定の研究内容だけを説明する方がよい．投稿論文や学会発表などは，レビュアーが投稿論文を読んだとか，学会発表を済ませたもののみを示す方がよいと感じるのだ．まあこれは私の個人的な印象であるが．

③ 研究目的

case 23

研究能力がアピールされていない

理工系　生命科学系　医歯薬系　人文学系　社会科学系　複合領域系

重要度 ★★★　頻度 ★★★

どこがよくないか

例文1

学校における食育は栄養教諭を中心に、家庭科教員や養護教員の協力により進められているが[1,2]、全教職員で取り組むべきとされている。

例文2

　本邦では、心理社会的治療を行ったうえで、効果が不十分な場合に薬物治療を行うアルゴリズムを推奨している（佐藤ら、2000）。また介入後に子供の問題行動の改善が認められることが指摘されている（佐藤ら、2000）。

memo

ふさわしく　はっきりと　具体的に　簡潔に　推敲のヒント　レイアウト　図表　アピールする

アドバイス

過去の業績（発表論文，学会発表，科研費獲得など）を目立つ形で記載しよう

添削例

例文1

学校における食育は栄養教諭を中心に，家庭科教員や養護教員の協力により進められている[1), 2)]が，全教職員で取り組むべきとされている。

上付き文字は小さくてわかりにくい．もっとアピールを

例文2

　本邦では、心理社会的治療を行ったうえで、効果が不十分な場合に薬物治療を行うアルゴリズムを推奨している（佐藤ら、2000）。また介入後に子供の問題行動の改善が認められることが指摘されている（佐藤ら、2000）。

本文と同じフォントなので目立たない．もっとアピールを

なぜよくないのか？

　例文1は，自身の業績を論文を引用することで示しているのはよいのだが，上付きの小さな数字で書かれているのでアピールが弱い．科研費申請書は論文とは異なる．科研費の場合，【研究目的】本文中の文献番号と【研究目的】末の文献リストを対比させるような論文引用スタイル（文献番号方式）はふさわしくない（【研究業績】と対応させるのはよい；参考）．

　例文2の場合，本文と文献部分のフォントがともに同じなので，これも申請者の文献が目立たない．

　【研究目的】において申請者自身のこれまでの研究成果や業績があげられていると，申請された研究計画が実現可能なものである，という印象を審査委員も強くもつ．つまり，これまでにどのような研究を行ってきたのかを客観的に示すことのできる発表論文や学会発表の記録は，申請者が研究計画を実行できるかどうかの有力な判断材料の1つになるので，しっかりと記載する必要がある．

せっかくなので目立たせよう．しかしなかには他の研究者の文献は引用しているのだが，自分の文献は全く引用していない例も多い．なぜ業績の引用を含めるのか，その意義をもう一度考えよう．

どのように改良すればよいか？

　申請者にこれまで行ってきた研究成果がある場合には，必ず【研究目的】本文中に引用すること．具体的に記載することで自分の研究業績をアピールするべき．申請者自身の論文引用ならば，筆者名として自分の名前を入れて自分の業績をアピールする（第2筆者以下ならば，筆頭著者と申請者の名前を書いて，申請者の筆者順位を入れる）．自分の業績をアピールするためにはいくつかのテクニックがある．1つ目は，文献番号方式ではなく，本文中に論文の概略を直接書く．そのとき名前を太字にするとより目立つ．2つ目はフォントを変える．本文を明朝体で書いているならば，文献部分をゴシック太字にするとより目立つ．

　例文1は1つ目のテクニックを用いて論文の概略を直接書く．

　例文2は2つ目のテクニックを用いて目立たせる．

改善例

例文1

学校における食育は栄養教諭を中心に、家庭科教員や養護教員の協力により進められているが（**児島、小学校における食育の実態と課題、日本教科教育学会誌第20巻第1号(2001)**）、全教職員で取り組むべきとされている。

例文2

　本邦では、心理社会的治療を行ったうえで、効果が不十分な場合に薬物治療を行うアルゴリズムを推奨している（**佐藤**ら、2000）。また介入後に子供の問題行動の改善が認められることが指摘されている（**佐藤**ら、2000）。

参考

　　【研究業績】に書けない申請者の業績（投稿中の論文や学会発表など）を記載したいときには，やはり【研究目的】本文中にそのことを記載してアピールするとよい．例えば，学会発表は招待講演などの大きなものしか【研究業績】には書けないが，【研究目的】には年会や地方の支部会での発表についても書くことができる．あとの【研究業績】の発表論文の番号と対応させられるのならば，論文番号を入れて示すのももちろんよい．

　他にもこれまでに獲得した科研費によってあげてきた成果を，【研究目的】中でも示すのもよい．

参考1

　さらに、高いSTAT3活性では、MAPキナーゼの活性が抑制されることを見いだした（第16回実験動物学会にて発表）。

参考2

これまでに申請者は、現職教員の食育に関する指導力を高めることに努めてきた。食育の重要性を説き、指導モデルを提案した（平成17年度〜19年度科研費）。ついで新しい食育教育のプログラムを提案した（平成20年度〜23年度科研費）。

参考3

2）遺伝子多様性の解明
　外来魚の生息場の解明を進める中、申請者らは生物多様性の概念を取り入れて、生息場（環境）や種類だけでなく、遺伝子多様性の解明にも着手した。その結果、日本国内のブラックバスは3つの遺伝的グループに分かれ（**業績10, 14, 16**）、これらの分析に利用するDNAマーカーを短期間で開発できる手法を考案した（**業績2, 3, 6−9**）。

3 研究目的

case 24

「検証する」「開発する」だけでは目的としては不十分

理工系 | 生命科学系 | 医歯薬系 | 人文学系 | 社会科学系 | 複合領域系

重要度 ★★★ | 頻度 ★★★

ふさわしく

はっきりと

具体的に

簡潔に

推敲のヒント

レイアウト

図表

アピールする

どこがよくないか

例文1

本装置および画像解析の手法を用いて、その超微形態をDynamic に観察することが可能になり、骨形成に関与する細胞および組織の規則性について詳細に検証できる。

例文2

この内容をもとに、PCFTによる血清条件での自己複製能をラットES細胞において検証する。

例文3

この研究は高齢者が参加し共に介護予防教育プログラムを開発すること、そして従来の運動プログラムと比較し、効果を検証することを目的とする。

例文4

本研究は、これまでに申請者が行動経済学の知見を取り入れた社会科における消費者の金融教育の研究成果を基に、中学生〜高校生までを見据えた新しい金融を中心とした消費者教育の教材を開発するものである。

アドバイス

何が研究の本体であるかを整理し,「目的」と「展開」を区別しよう. 検証ならば, 実験・調査によって何を明らかにするかを加える. 開発ならば, 調査を加えその後に開発する(展開)と話を進める

添削例

例文1 「検証」してその先どうするのか,まで書く

　本装置および画像解析の手法を用いて、その超微形態をDynamic に観察することが可能になり、骨形成に関与する細胞および組織の規則性について詳細に<u>検証できる</u>。

違和感あり

例文2

　この内容をもとに、PCFTによる血清条件での自己複製能をラットES細胞において<u>検証する</u>。

例文3

この研究は高齢者が参加し共に介護予防教育<u>プログラムを開発</u>すること、そして従来の運動プログラムと比較し、<u>効果を検証</u>することを目的とする。

「プログラム開発」,「効果を検証」は本当に目的になるか?「展開」と捉えるべき.

例文4

　本研究は、これまでに申請者が行動経済学の知見を取り入れた社会科における消費者の金融教育の研究成果を基に、中学生〜高校生までを見据えた新しい金融を中心とした消費者教育の<u>教材を開発</u>するものである。

「教材の開発」が本当に「目的」?「展開」と捉える

なぜよくないのか?

　　　　例文1, 2は検証してどうするのか? そして, 何を明らかにするのかが書かれていない.

　　　　例文3は,「目的」を『プログラムの開発と, その効果の検証』としている

が本当に目的になるのか？

　例文4は、「目的」を『教材の開発』としている．『教材の開発』を目的にするのは、特に文系の人の申請書に多い．『カリキュラムの開発』などもよくみられる．

　『検証する』『開発する』の他にも『検討する』『調べる』『測定する』『同定する』『解析する』など簡単に書いて、そこで【研究目的】が終わっている申請書は多い．『検証する』は書き手の意図と審査委員の受けとり方とでミスマッチを起こしやすい要注意語句の1つだ．それだけでは審査委員には抽象的な印象で終わってしまう．その先まで、すなわちそれによって「何を明らかにするのか」「どう結論づけるのか」に結びつくまで書かなくては書き手の意図は伝わらないと思おう．【①研究の学術的背景】に書いた内容を、次の【②研究期間内に何を明らかにするのか】にどうつなげるのかが重要だ．

　また、『プログラムを開発』と書いてもまだ終わりではない．『開発』を「目的」としている申請書の問題点は、開発のための調査・研究が一番大切である（と審査委員は考える）のに、『プログラムの開発』を力説しすぎて、そのために必要な、資料集め、データ収集、データ解析の手法や計画がきちんと書かれておらず内容が薄い、現実感のない申請書になりがちなことだ．また『効果の検証』や『実践と改良』に重きを置いていても申請の段階で、具体的な教材やカリキュラムの試案を出しているものはきわめて稀である．「開発するもの」があってこそ、具体的な中身があってこそ、その『実践と改良』が科研費に見合うものなのか判断を開始できる．

どのように改良すればよいか？

　『プログラム/教材の開発』を研究「目的」ではなく、「展開」と捉え直してみよう．通常（試案や概略の提示がない場合）は『プログラムの開発』のための調査・研究が研究の本体であって、その結果として『プログラムの開発』が可能となり、そしてプログラムが具体的にできあがって、はじめてその『効果の検証』ができる．

　例文1は、何につながっていくのかという内容を一言加えたい．【研究目的】本文から「展開」にあたる部分を抜き出せばよい．

　例文2も同様に、検証によって何が明らかになるのかを加える．【研究目的】本文の他の部分から「展開」にあたる部分を抜粋してくればよいだろう．

　　例文3の場合，研究目的は『介護予防の教育や運動を行って介護の問題点を明らかにすること』とする．

　　例文4も「（教材開発のための）基礎資料（データ）を集めて分析すること」を中心にして，研究目的は『中高生が日常の消費生活や金融活動に関して，将来，より賢い経済行動を選択できるようになるためには，どのようなカリキュラム内容が必要なのかを調べること』とする．そうやって得られたデータや分析結果から，研究の展開（予想される結果と意義）として「教材の開発」ができあがる．

改善例

例文1

　本装置および画像解析の手法を用いて、その超微形態を3次元レベルで観察することが可能になり、骨形成に関与する細胞および組織の規則性について詳細に検証できる。これによってより効果的な骨再生療法につながると考える。

　　なお，例文の『Dynamicに』はここだけ英語で違和感があるので，日本語に置き換えた．

例文2

　この内容をもとに、転写因子PCFTの過剰発現によってES細胞が血清条件で自己複製可能になることを検証し、なぜES細胞が自己複製能を獲得し維持できるのかを明らかにする。

例文3

　この研究は、高齢者が実際に介護予防の教育・運動プログラムに参加し、介護予防の教育や運動を行って、介護の問題点を明らかにすることが目的である。これによって、高齢者の意見を取り入れた介護予防教育プログラムを協同で開発することができ、従来の運動プログラムと比較して、その効果を検証することができる。

例文4

　本研究の目的は、中高生が日常の消費生活や金融活動に関して、将来、より賢い経済行動を選択できるようになるためには、どのようなカリキュラム内容が必要なのかを調べることである。その成果は、これまでに申請者が行ってきた、行動経済学の知見を取り入れた社会科における消費者の金融教育の研究成果を基にして、中学生～高校生までを見据えた新しい金融を中心とした消費者教育の教材の開発につながる。

case 25

具体的に何を指しているか がわからない

理工系　生命科学系　医歯薬系　人文学系　社会科学系　複合領域系

重要度 ★★☆　頻度 ★★★

どこがよくないか

例文1

　申請者らの結果は、末梢血中の骨芽細胞系細胞が炎症性サイトカインにより活性化されることで、象牙質上に石灰化組織が形成されたことが予想されるが、末梢血中の骨芽細胞系細胞が他の因子により活性化され、石灰化組織の形成がさらに増大するなどという機能について調べた報告はない。

例文2

　そのため痛み、異常感を呈するそれぞれの症例に対する薬物療法の解析を行うことで、処方を行う際の指標となる因子の同定を試みる。

例文3

　仮想立体モデル化は、効率化や経費削減だけでなく人の心を豊かにする製品作りに大きく貢献し重要である。

memo

ふさわしく　はっきりと　具体的に　簡潔に　推敲のヒント　レイアウト　図表　アピールする

アドバイス
具体的な例を挙げて詳細に書く

添削例

例文1　具体的にどのような因子なのか？

　申請者らの結果は、末梢血中の骨芽細胞系細胞が炎症性サイトカインにより活性化されることで、象牙質上に石灰化組織が形成されたことが予想されるが、末梢血中の骨芽細胞系細胞が他の因子により活性化され、石灰化組織の形成がさらに増大するなどという機能について調べた報告はない。

主語はどれ？

例文2

　そのため痛み、異常感を呈するそれぞれの症例に対する薬物療法の解析を行うことで、処方を行う際の指標となる因子の同定を試みる。

例文3

　仮想立体モデル化は、効率化や経費削減だけでなく人の心を豊かにする製品作りに大きく貢献し重要である。

抽象的！ 具体的な研究の意義は？

なぜよくないのか？

　　例文1の『他の因子』や例文2の『指標となる因子』とは何か，審査委員にはわからない．

　　例文3は，『人の心を豊かにする』という部分が抽象的．研究は具体的なものである．『人の心を豊かにする』ことは，あまりに広い概念で，審査委員によってその意味は異なるだろう．

　　『〜の基礎研究を行う』と書いている申請書はしばしばあるが，単に『基礎研究』といってもたいへんに研究範囲が広く，このままでは抽象的なイメージしかもつことができない．もっと具体的に書くこと．申請しようとしている研究ならいくつかの例をあげられるはずだ．申請書を書いている申請者にはわかっていても，審査委員にとっては『他の因子』や『指標となる因子』から想

像する対象はバラバラである．審査委員によって受けとり方が異なる．

どのように改良すればよいか？

『他の因子』や『指標となる因子』について，これが何を指すのか具体的な例をあげて示す．例えば『炎症性サイトカインなどの因子』『炎症性サイトカイン』『痛みの頻度』『しびれの強さ』など．そうすると因子がある程度限定されて，読む側にも対象がはっきりとする．また具体的な研究の応用や展開，例えば何に役立つのかをしっかりと書く．

　例文3の場合，『人の心を豊かにする』の言い換えとして，それぞれの人に応じたさまざまなオーダーメイドの製品，という説明もあるだろうし，誰もが使いやすいユニバーサルデザインの製品，という説明もあるだろう．こうした具体化の方向性の違いによって申請書のオリジナリティができていく．

改善例

例文1

　申請者らの結果は、末梢血中の骨芽細胞系細胞が炎症性サイトカインにより活性化されることで、象牙質上に石灰化組織が形成されたことが予想される。しかし末梢血中の骨芽細胞系細胞が炎症性サイトカインなどの因子により活性化され、石灰化組織の形成がさらに増大するという現象について調べた報告はない。

　なお，『調べた報告はない』の主語は『骨芽細胞系細胞』なのか，『石灰化組織の形成』なのかわからない，という問題もあった．並列した文章で主語が変わるのは文章の流れを妨げ，文章をわかりにくくする．並列した文章では主語が同じになるように注意するか，あるいは文章を2つに分ける．

例文2

　そのため痛み、異常感を呈するそれぞれの症例に対する薬物療法の解析を行うことで、処方を行う際の指標となる因子（痛みの頻度やしびれの強さなど）の同定を試みる。

例文 - 3 a

　仮想立体モデル化は、製造の効率化や経費削減だけでなく、多種多様な製品作りに大きく貢献し重要である。

例文 - 3 b

　仮想立体モデル化は、製造の効率化や経費削減だけでなく、だれでもが使いやすい製品作りに大きく貢献し重要である。

3 研究目的

case 26

指示代名詞が何を指しているのか わかりにくい

理工系　　生命科学系　　医歯薬系　　人文学系　　社会科学系　　複合領域系

重要度 ★★☆　　頻度 ★★☆

どこがよくないか

例文1

　心臓の筋肉量とミトコンドリアDNA数が相関すること、また、細胞のゲノムにコードされる心筋由来の転写因子の発現量とミトコンドリアDNA数が相関することから、これらの動態の関連が示唆されているが、その詳細はあまり解析されていない。

例文2

　ΔQが閾値を超える加速を行うと、流れが再層流化することが知られており、その時間が長ければ長いほど、流体抵抗の低減効果も高くなる傾向が確認できる。しかし、もっとも高い低減効果を確認した条件では、何故かその期間がそれほどまで長くない。さらに、最も高い低減効果はその他の条件における低減率を大幅に上回っているが、その原因は明らかではなく、圧力勾配ΔQのみで再層流化の条件が決定されるわけではないことが分かる。

memo

ふさわしく

はっきりと

具体的に

簡潔に

推敲のヒント

レイアウト

図表

アピールする

アドバイス

指示代名詞を使いすぎず，くどくても元の名詞にすることも検討しよう．どうしても使う場合はどこにかかるか明確に

添削例

例文1

とは？　　とは？

　心臓の筋肉量とミトコンドリアDNA数が相関すること、また、細胞のゲノムにコードされる心筋由来の転写因子の発現量とミトコンドリアDNA数が相関することから、これらの動態の関連が示唆されているが、その詳細はあまり解析されていない。

どちらにかかる？

例文2

「その」が多すぎる！

　ΔQが閾値を越えると再層流化することが知られており、その時間が長ければ長いほど、流体抵抗の低減効果も高くなる傾向が確認できる。しかし、もっとも高い低減効果を確認した条件では、何故かその期間がそれほどまで長くない。さらに、最も高い低減効果はその他の条件における低減率を大幅に上回っているが、その原因は明らかではなく、圧力勾配ΔQのみで再層流化の条件が決定されるわけではないことが分かる。

なぜよくないのか？

　　例文1の『これらの動態』の『これら』とは？『心臓の筋肉量とミトコンドリアDNA数』なのか，『心筋由来の転写因子の発現量とミトコンドリアDNA数』なのか？あるいは両方か？さらに『その詳細』の『その』は何か？『細胞のゲノムにコードされる』のは『心筋由来の転写因子』なのか『心筋由来の転写因子の発現量』なのか『心筋転写因子の発現量とミトコンドリアDNA数』なのか？（おそらくは『心筋由来の転写因子』だろう）．

　　例文2も同じく指示代名詞が多い．読んでわかるように，『その』が多すぎる！このようになると，『その』がいったい何を指しているのか，わかりにくい．

　　いずれも前後の文脈から判断するしかないが，審査委員など読む側にとってはストレスがかかる文章といえる．指示代名詞が多いと，文章が明確にならないし，はっきりしない．

どのように改良すればよいか？

　　　　指示代名詞は何を指すのか，語句がどこにかかるのか，あいまいにとられないように文章を工夫する．特に指示代名詞を使うときには，それが何を指しているのか明確にわかるようにしなければ審査委員に意図が正しくは伝わらない．細部をおろそかにしない！

　　　　例文1の『これら』は「心臓の筋肉量・ミトコンドリアDNA・心筋由来の転写因子の3つの動態」であり，『その』は「どのように関連しているのか」である．この2箇所は指示代名詞を使わない方がよい．

　　　　例文2の指示代名詞は，くどいようでも元の名詞を書いておく方がよい．

改善例

例文1

　心臓の筋肉量とミトコンドリアDNA数が相関すること、また、心筋由来の転写因子（これは細胞のゲノムにコードされている）の発現量とミトコンドリアDNA数が相関することから、心臓の筋肉量・ミトコンドリアDNA・心筋由来の転写因子の3つの動態の関連が示唆されているが、どのように関連しているのかの詳細はあまり解析されていない。

例文2

　ΔQ が閾値を超える加速を行うと、流れが再層流化することが知られており、加速時間が長ければ長いほど、流体抵抗の低減効果も高くなる傾向が確認できる。しかし、もっとも高い低減効果を確認した条件では、何故か加速時間がそれほどまで長くない。さらに、最も高い低減効果はその他の条件における低減率を大幅に上回っているが、原因は明らかではなく、圧力勾配 ΔQ のみで再層流化の条件が決定されるわけではないことが分かる。

申請者のギモン7　図の配置　その1

> 図は何ページ目に入れるのがよいのですか？

左は【研究目的】の1ページ目には図はなく文章だけ．右は1ページ目に図を入れている．2つを見比べて，どのような印象をもつだろうか？

図がなく，文字だけの例（左）は，あっさりしているというか，印象が薄い．図がある例（右）の方が印象に残る．

結論を言えば，図は【研究目的】の1ページ目に入れるのがよい．【研究目的】の1ページ目は文章だけで，2ページ目に図を入れている申請書もあるが，できれば1ページ目に図を入れる方がよい．特に研究の流れや研究の概念などを示す図であるなら，ぜひとも1ページ目に置くことだ．審査委員になったつもりで申請書を見てほしい．1ページ目に図があれば，それをまず見ることだろう．図に示された内容が審査委員の興味を引いたのならしめたものである．

case 27

強調したい部分が目立たない

| 理工系 | 生命科学系 | 医歯薬系 | 人文学系 | 社会科学系 | 複合領域系 |

重要度 ★★☆　頻度 ★★★

ふさわしく

はっきりと

具体的に

簡潔に

推敲のヒント

レイアウト

図表

アピールする

どこがよくないか

①研究の学術的背景：脊椎は体幹を支持する重要な臓器であり、脊椎アライメントの不整と運動機能低下の関連について、今までに多くの検討が行われている。一部の研究では脊椎アライメントと運動機能に相互に作用する中間因子としてサルコペニアの重要性が示唆されているものの、これら要因間での因果関係が証明されるまでにはいたっていない。これは、**解析対象となる集団の偏りから結果を一般化できないこと、相互に関連することが予想される脊椎アライメント・サルコペニアが包括的かつ体系的に評価されていないこと、評価の客観性・再現性に問題があること、評価基準が明確化されていないこと、が原因**であると考えられ、上記問題点を解決し、サルコペニアと脊椎アライメント・運動機能の因果関係を明らかにするために、申請者は以下の手法を考案している。

1)サルコペニア・脊椎アライメント・運動機能を評価するコホート調査の実施とデータベース化：住民票よりランダムに抽出した住民検診を母体として、サルコペニア・脊椎アライメント・運動機能をターゲットにしたコホート調査へと拡大させることで、対象集団の選択バイアスを排除する。コホート調査における医用画像評価は、**X線画像（全脊椎その他）、腰椎単純MRI、DEXAを用いた骨密度（腰椎・股関節）**であり、スパイナルマウスによる**脊椎アライメント評価**に加え、**筋力・筋量評価は、握力、下肢筋力、体組成計による筋量の測定**を行う。また腰痛関連指標、QOL関連指標、ADLなどの聞き取り調査、歩行速度、立ちしゃがみ時間、片脚起立時間など運動機能テストも併せて行い、サルコペニア・脊椎アライメント・運動機能の因果関係が検討可能な包括的かつ体系的な調査を実施し、効率的データ利用のためにデータベース化を行う。

本当に重要な1〜2箇所だけを太字にしよう

添削例

①**研究の学術的背景**：脊椎は体幹を支持する重要な臓器であり、脊椎アライメントの不整と運動機能低下の関連について、今までに多くの検討が行われている。一部の研究では脊椎アライメントと運動機能に相互に作用する中間因子としてサルコペニアの重要性が示唆されているものの、これら要因間での因果関係が証明されるまでにはいたっていない。これは、**解析対象となる集団の偏りから結果を一般化できないこと、相互に関連することが予想される脊椎アライメント・サルコペニアが包括的かつ体系的に評価されていないこと、評価の客観性・再現性に問題があること、評価基準が明確化されていないこと、が原因**であると考えられ、上記問題点を解決し、サルコペニアと脊椎アライメント・運動機能の因果関係を明らかにするために、申請者は以下の手法を考案している。

1)**サルコペニア・脊椎アライメント・運動機能を評価するコホート調査の実施とデータベース化**：住民票よりランダムに抽出した住民検診を母体として、サルコペニア・脊椎アライメント・運動機能をターゲットにしたコホート調査へと拡大させることで、対象集団の選択バイアスを排除する。コホート調査における医用画像評価は、**X線画像（全脊椎その他）、腰椎単純MRI、DEXAを用いた骨密度（腰椎・股関節）であり、スパイナルマウスによる脊椎アライメント評価に加え、筋力・筋量評価は、握力、下肢筋力、体組成計による筋量の測定を行う**。また腰痛関連指標、QOL関連指標、ADLなどの聞き取り調査、歩行速度、立ちしゃがみ時間、片脚起立時間など運動機能テストも併せて行い、サルコペニア・脊椎アライメント・運動機能の因果関係が検討可能な包括的かつ体系的な調査を実施し、効率的データ利用のためにデータベース化を行う。

太字が多すぎる．1〜2箇所のみを太字に

なぜよくないのか？

　　　　強調部分が多すぎる．

　　　太字にするのはどのような意味があるのか？ それをもう一度よく考えて欲しい．強調するのは，その部分が重要であるからだと思う．そのため審査委員に絶対に見逃して欲しくない，ぜひ注意して読んでもらいたいと思って太字にしたことだろう．それが，太字の部分が多すぎると，いったいどこが重要な部分なのかわからなくなり本来の意図が薄れてしまう．

どのように改良すればよいか？

　　本当に強調する必要があるのか，もう一度考える．それでもなお，その部分を強調したいのなら，その部分は非常に重要であるはず．そのような箇所は太字としよう．なお，一般的には見出しは何が書かれているかという構成の目安となるため強調されやすい．

　　例文では見出しと，重要部分を太字にした（下線も同じような強調手段．こちらも使うときには注意が必要．申請者のギモン26参照）．

改善例

①**研究の学術的背景**：脊椎は体幹を支持する重要な臓器であり，脊椎アライメントの不整と運動機能低下の関連について，今までに多くの検討が行われている．一部の研究では脊椎アライメントと運動機能に相互に作用する中間因子としてサルコペニアの重要性が示唆されているものの，これら要因間での因果関係が証明されるまでにはいたっていない．これは，解析対象となる集団の偏りから結果を一般化できないこと，相互に関連することが予想される脊椎アライメント・サルコペニアが包括的かつ体系的に評価されていないこと，評価の客観性・再現性に問題があること，評価基準が明確化されていないこと，が原因であると考えられ，上記問題点を解決し，**サルコペニアと脊椎アライメント・運動機能の因果関係を明らかにする**ために，申請者は以下の手法を考案している．

1)サルコペニア・脊椎アライメント・運動機能を評価するコホート調査の実施とデータベース化：住民票よりランダムに抽出した住民検診を母体として，サルコペニア・脊椎アライメント・運動機能をターゲットにしたコホート調査へと拡大させることで，対象集団の選択バイアスを排除する．コホート調査における医用画像評価は，X線画像（全脊椎その他），腰椎単純MRI，DEXAを用いた骨密度（腰椎・股関節）であり，スパイナルマウスによる脊椎アライメント評価に加え，筋力・筋量評価は，握力，下肢筋力，体組成計による筋量の測定を行う．また腰痛関連指標，QOL関連指標，ADLなどの聞き取り調査，歩行速度，立ちしゃがみ時間，片脚起立時間など運動機能テストも併せて行い，サルコペニア・脊椎アライメント・運動機能の因果関係が検討可能な包括的かつ体系的な調査を実施し，効率的データ利用のためにデータベース化を行う．

申請者のギモン8　図の配置　その2

見た目の印象がよくなりそうなので図を左に配置してもよいですか？

研究計画の流れの図を文章の左側に置いているが，【研究の学術的背景】を読むときの妨げになる．図はあくまでも補助手段であって，本文で説明するのが基本．申請書の右側に置く．

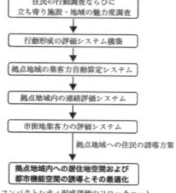

3 研究目的

case 28

「目的」「背景」が分断されて
わかりにくい(2)

理工系　生命科学系　医歯薬系　人文学系　社会科学系　複合領域系

重要度 ★★☆　頻度 ★★☆

ふさわしく　はっきりと　具体的に　簡潔に　推敲のヒント　レイアウト　図表　アピールする

どこがよくないか

①研究の学術的背景

　鳥マラリア原虫を含む、節足動物が媒介する感染症について、野外における流行地や流行時期を明らかにすることは媒介昆虫の発生消長や病原体保有状況がわかり、有益な情報が得られる。本研究では鳥マラリア原虫の媒介昆虫である蚊群集の菌保有状況と吸血源動物種を調べることで、その調査地において、どの鳥マラリア原虫種が、どの鳥類宿主と、媒介蚊の間で流行しているかを明らかにする。

　蚊は、鳥類宿主に比べ世代交代サイクルが速く、行動範囲も狭いので、蚊群集における鳥マラリア原虫の菌保有状況は、現在進行中の鳥マラリアの流行状況を反映すると考えられる。また、吸血蚊からは、病原体、ベクター、宿主鳥類の三者が接触したという直接的証拠が得られる。これまでの分析結果で、日本では夏鳥であるイワツバメや冬鳥であるシメ、シロハラなど、渡り鳥を吸血していた蚊サンプルからも鳥マラリア原虫が検出されている。これらの鳥マラリア原虫は、ヨーロッパやアメリカ、日本以外のアジア地域の野生鳥類血液から検出された原虫遺伝子配列と一致したが、日本の野鳥からの検出報告がない。このことは、日本以外に感染環をもつ鳥マラリア原虫が、渡り鳥である宿主鳥類によって日本に運ばれ、飛来地で日本産蚊に吸血されることで一時的に取り込まれたと考えられる。

　本研究での調査地として、2007年より調査を継続している福岡県内の森林公園に加え、ラムサール条約登録地である新潟県佐潟湿地において、ドライアイストラップ、ヒト囮法、捕虫網によるスウィーピング法を用いて蚊サンプルを集める。捕獲蚊については、顕微鏡による形態学的観察、必要に応じDNA解析により、蚊の種同定を行った後、遺伝子解析法により鳥マラリア原虫の検出・分類を行う。吸血蚊については、DNA解析による吸血源動物の同定も併せて行う。また、調査地で観察される鳥類の種類構成、出現頻度などのデータを収集し、複数の調査地で得られたサンプルの地域差について比較検討を行う。

　これまでの研究結果で日本産蚊から検出された鳥マラリア原虫10系統のうち、4系統についてはGenBankデータベース上に一致する配列が無い。この理由のひとつとして、日本産鳥類における鳥マラリア原虫の情報量自体が少ないことが挙げられる。

　そこで、傷病鳥として持ち込まれた野生個体からの血液試料の採取を指定動物病院に依頼し、鳥類血液検体から鳥マラリア原虫を検出し、蚊から検出されている菌種との比較を行うことで、日本産蚊と鳥類群集の間に感染環を持つ鳥マラリア原虫種を明らかにする。吸血蚊および鳥類サンプルの分析結果を、媒介蚊種、吸血源動物種、病原体をセットとして記録し、これらの情報を逐次蓄積することによって、野生鳥類の昆虫媒介性の感染症の基礎的データベースを構築する。

アドバイス

「目的」「背景」はそれぞれ1つにまとめて ロジックを明確にしよう

添削例

目的① 　　　　　　　　　　　　　背景①

①研究の学術的背景

　鳥マラリア原虫を含む、節足動物が媒介する感染症について、野外における流行地や流行時期を明らかにすることは媒介昆虫の発生消長や病原体保有状況がわかり、有益な情報が得られる。本研究では鳥マラリア原虫の媒介昆虫である蚊群集の菌保有状況と吸血源動物種を調べることで、その調査地において、どの鳥マラリア原虫種が、どの鳥類宿主と、媒介蚊の間で流行しているかを明らかにする。

　蚊は、鳥類宿主に比べ世代交代サイクルが速く、行動範囲も狭いので、蚊群集における鳥マラリア原虫の菌保有状況は、現在進行中の鳥マラリアの流行状況を反映すると考えられる。また、吸血蚊からは、病原体、ベクター、宿主鳥類の三者が接触したという直接的証拠が得られる。これまでの分析結果で、日本では夏鳥であるイワツバメや冬鳥であるシメ、シロハラなど、渡り鳥を吸血していた蚊サンプルからも鳥マラリア原虫が検出されている。これらの鳥マラリア原虫は、ヨーロッパやアメリカ、日本以外のアジア地域の野生鳥類血液から検出された原虫遺伝子配列と一致したが、日本の野鳥からの検出報告がない。このことは、日本以外に感染環をもつ鳥マラリア原虫が、渡り鳥である宿主鳥類によって日本に運ばれ、飛来地で日本産蚊に吸血されることで一時的に取り込まれたと考えられる。

　本研究での調査地として、2007年より調査を継続している福岡県内の森林公園に加え、ラムサール条約登録地である新潟県佐潟湿地において、ドライアイストラップ、ヒト囮法、捕虫網によるスウィーピング法を用いて蚊サンプルを集める。捕獲蚊については、顕微鏡による形態学的観察、必要に応じDNA解析により、蚊の種同定を行った後、遺伝子解析法により鳥マラリア原虫の検出・分類を行う。吸血蚊については、DNA解析による吸血源動物の同定も併せて行う。また、調査地で観察される鳥類の種類構成、出現頻度などのデータを収集し、複数の調査地で得られたサンプルの地域差について比較検討を行う。

　これまでの研究結果で日本産蚊から検出された鳥マラリア原虫10系統のうち、4系統についてはGenBankデータベース上に一致する配列が無い。この理由のひとつとして、日本産鳥類における鳥マラリア原虫の情報量自体が少ないことが挙げられる。

　そこで、傷病鳥として持ち込まれた野生個体からの血液試料の採取を指定動物病院に依頼し、鳥類血液検体から鳥マラリア原虫を検出し、蚊から検出されている菌種との比較を行うことで、日本産蚊と鳥類群集の間に感染環を持つ鳥マラリア原虫種を明らかにする。吸血蚊および鳥類サンプルの分析結果を、媒介蚊種、吸血源動物種、病原体をセットとして記録し、これらの情報を逐次蓄積することによって、野生鳥類の昆虫媒介性の感染症の基礎的データベースを構築する。

目的② 　　　これまでの成果 　　　目的③
　　　　　　（背景②）

目的がバラバラ.
1つにまとめる

なぜよくないのか？

　　例文では，「目的」を書いている部分が3つに分断されていて，論旨がすっきりとしない．

　　章の内容と構成をよく考えて書かないといけない．

どのように改良すればよいか？

　　「背景」や「目的」が分断されていると，文章の流れが悪く，読みにくい．分断は避けて，できるだけ1つにまとめる（case11参照）．

　　例文では，目的をまとめ，次に背景をまとめる．そのときひと続きの文章として書いていてわかりにくいので，いくつかのパラグラフに分けて，小見出しを加えるとよい（ここでは2つに分けた）．

改善例

【①研究の学術的背景】
（鳥マラリア研究の背景）

　鳥マラリア原虫を含む、節足動物が媒介する感染症について、野外における流行地や流行時期を明らかにすることは媒介昆虫の発生消長や病原体保有状況がわかり、有益な情報が得られる。蚊は、鳥類宿主に比べ世代交代サイクルが速く、行動範囲も狭いので、蚊群集における鳥マラリア原虫の保有状況は、現在進行中の鳥マラリアの流行状況を反映すると考えられる。また、吸血蚊からは、病原体、ベクター、宿主鳥類の三者が接触したという直接的証拠が得られる。これまでの分析結果で、日本では夏鳥であるイワツバメや冬鳥であるシメ、シロハラなど、渡り鳥を吸血していた蚊サンプルからも鳥マラリア原虫が検出されている。これらの鳥マラリア原虫は、ヨーロッパやアメリカ、日本以外のアジア地域の野生鳥類血液から検出された原虫遺伝子配列と一致したが、日本の野鳥からの検出報告がない。このことは、日本以外に感染環をもつ鳥マラリア原虫種が、渡り鳥である宿主鳥類によって日本に運ばれ、飛来地で日本産蚊に吸血されることで一時的に取り込まれたと考えられる。

　また、申請者のこれまでの研究結果で日本産蚊から検出された鳥マラリア原虫10系統のうち、4系統についてはGenBankデータベース上に一致する配列が無いことがわかった。この理由のひとつとして、日本産鳥類における鳥マラリア原虫の情報量自体が少ないことが挙げられる。

（研究の目的と、それを明らかにするための方法）

　そこで本研究では鳥マラリア原虫の媒介昆虫である蚊群集の原虫保有状況と吸血源動物種を調べることで、調査地において、どの鳥マラリア原虫種が、どの鳥類宿主と、媒介蚊の間で流行しているかを明らかにする。

　さらに傷病鳥として持ち込まれた野生個体からの血液試料の採取を指定動物病院に依頼し、鳥類血液検体から鳥マラリア原虫を検出し、蚊から検出されている菌種との比較を行うことで、日本産蚊と鳥類群集の間に感染環を持つ鳥マラリア原虫種を明らかにする。吸血蚊および鳥類サンプルの分析結果を、媒介蚊種、吸血源動物種、病原体をセットとして記録し、これらの情報を逐次蓄積することによって、野生鳥類の昆虫媒介性の感染症の基礎的データベースを構築する。

　本研究での調査地として、2007年より調査を継続している福岡県内の森林公園に加え、ラムサール条約登録地である新潟県佐潟湿地において、ドライアイストラップ、ヒト囮法、捕虫網によるスウィーピング法を用いて蚊サンプルを集める。捕獲蚊については、顕微鏡による形態学的観察、必要に応じDNA解析により、蚊の種同定を行った後、遺伝子解析法により鳥マラリア原虫の検出・分類を行う。吸血蚊については、DNA解析による吸血源動物の同定も併せて行う。また、調査地で観察される鳥類の種類構成、出現頻度などのデータを収集し、複数の調査地で得られたサンプルの地域差について比較検討を行う。

3 研究目的

case 29

簡潔に書かれすぎて内容がわかりにくい

理工系　生命科学系　医歯薬系　人文学系　社会科学系　複合領域系

重要度 ★★☆　頻度 ★★☆

どこがよくないか

例文1

本研究では中・高生の数学の授業において、暗示的なフィードバックによる生徒の誤り修正への効果を解明する。

例文2

本研究では転写因子PCFTの機能を解析し、ES細胞の血清条件下での自己複製の獲得と維持機構を明らかにする。

例文3

　しかし実態調査によると、新人を採用した訪問介護ステーションはわずか1.4%と非常に少なく、採用できない理由として教育プログラムの不存在があげられていた。

　新人訪問介護師を受け入れた6機関の教育体制は経験知からの教育プログラムであり、エビデンスに基づいた内容ではなかった。

例文4

そのような分析についてはほぼ未着手の状態であり、また管見の限り、目立つ先行研究もない状況である。

例文5

　また、うつ病、社交不安障害、、強迫性障害、神経性大食症に対するTMSの効果について共通のプロトコールで行った研究がないため、TMSの効果予測についての疾患横断的な検討もされていない。

ふさわしく

はっきりと

具体的に

簡潔に

推敲のヒント

レイアウト

図表

アピールする

アドバイス

文章が長くなってもよいので丁寧に書こう．専門家でない人に説明するくらいの気持ちで

添削例

例文1

本研究では中・高生の数学の授業において、暗示的なフィードバックによる生徒の誤り修正への効果を解明する。

短く書こうとして却ってわかりにくい

例文2

本研究では転写因子PCFTの機能を解析し、ES細胞の血清条件下での自己複製の獲得と維持機構を明らかにする。

文章が少々長くなっても丁寧に書く

例文3

　しかし実態調査によると、新人を採用した訪問介護ステーションはわずか1.4%と非常に少なく、採用できない理由として教育プログラムの不存在があげられていた。
　新人訪問介護師を受け入れた6機関の教育体制は経験知からの教育プログラムであり、エビデンスに基づいた内容ではなかった。

意味はわかるがここにふさわしい？

例文4

そのような分析についてはほぼ未着手の状態であり、また管見の限り、目立つ先行研究もない状況である。

難しい言い回し

例文5

　また、うつ病、社交不安障害、、強迫性障害、神経性大食症に対するTMSの効果について共通のプロトコールで行った研究がないため、TMSの効果予測についての疾患横断的な検討もされていない。

よく使われるのか？

なぜよくないのか？

例文1の『生徒の誤り修正への効果を解明』，例文2の『ES細胞の血清条件下での自己複製の獲得と維持機構』，例文3の『不存在』などなんとなく想像はつくが正確なところはよくわからない．文章は簡潔だが堅い．普段書かないような堅い文章は，内容が難しそう，簡単には理解できなさそうという，たいていは誤った先入観につながる．

例文4の『菅見の限り』は難しい言い回しである．初見でその意味がわかっただろうか（私には難しかった）．

例文5は『疾患横断的』が登場するが，この単語は一般によく使われているものだろうか．

申請書は，プレッシャーからか堅い文章になりがちで，添削してみたら自分で書いたものを読んでもわかりにくい，どう直してよいのかわからない，という場合もあるだろう．また，短く説明しようとして理解に必要な内容まで削ってしまうことがある．こういったときに，わかりやすく書くためには？

どのように改良すればよいか？

申請書では，かっこうよく書く必要も，また名文を書く必要もない．専門用語以外の，難しそうにみえる単語は使わない．文章が難しいとき，わかりにくいと感じるときは，その分野でごく普通に使われる専門用語を使って，ポスドクはもとより大学院生でもわかるように説明するように書くとよい．また短い文章で言い切るように書くことは多くの場合有効だが，実は堅い文章になりやすい．やわらかい印象にしたい場合には，一文が少々長くなっても，わかりやすく丁寧に説明することを心がけたい．難しい単語や語句はできるだけ簡単なものに置き換える．思い込みで判断するのではなく，例えばある単語が一般によく使われているかどうかは，Googleなどの検索エンジンで調べてみて，そのヒット数や内容から判断したい．

例文1は『誤り修正』を「誤り」と「修正」に分けて書く．

例文2は「自己複製の獲得」と「維持機構」を別々に，もう少し詳しく説明する．

例文3の場合，『不存在』ではなく，単に『プログラムがないことがあげら

れていた』で，『経験知』も『経験をもとにした』で十分．

例文4の場合，『管見の限り』は『申請者の知る限り』でよい．

例文5の『疾患横断的』をGoogleで検索すると約20万件ヒットする．その
なかでは『疾患』と『横断的』と分かれた内容でヒットしている例も多いが，
『疾患横断的』もたくさん使われている．したがってこの場合『疾患横断的』
と使っても問題はないと判断できる．

改善例

例文1

本研究では中・高生の数学の授業において、解答につながる暗示的なフィードバックを与えることに
よって、生徒が自ら誤りに気付いて、自分で修正できる能力を高めることを目指す。

例文2

本研究では転写因子PCFTの機能を解析し、ES細胞が血清条件下でどのようにして自己複製できる能力
を獲得するのか、そして獲得した自己複製能をどのようにして維持していくのか、その機構を明らか
にする。

例文3

　しかし実態調査によると、新人を採用した訪問介護ステーションはわずか1.4%と非常に少なく、採
用できない理由として教育プログラムがないことがあげられていた。
　新人訪問介護師を受け入れた6機関の教育体制は経験をもとにした教育プログラムであり、エビデ
ンスに基づいた内容ではなかった。

例文4

そのような分析についてはほぼ未着手の状態であり、また申請者の知る限り、目立つ先行研究もない
状況である。

❸ 研究目的

case 30

研究項目が多すぎて
何をしたいかが散漫に見える

理工系　生命科学系　医歯薬系　人文学系　社会科学系　複合領域系

重要度 ★★☆　頻度 ★☆☆

どこがよくないか

● 基盤研究（C）の例．基盤研究（C）の最低研究期間は3年である．

【②研究期間内に何をどこまで明らかにしようとするのか】
　本研究では、**ES細胞の自己複製の獲得と維持におけるPFCTの機能を明らかにする。**一連の研究から、マウスおよびラット由来ES細胞における、PFCTを介したES細胞の自己複製のメカニズムが明らかとなる。計画している研究項目は以下の5項目である。

計画①：ES細胞の自己複製に必須な遺伝子のPFCTによる発現制御を明らかにする。 NOD-ES細胞では、血清条件下においてPFCTを含む自己複製に必須な遺伝子の発現が消失するが、PFCTの過剰発現で維持できる。本項目では、PFCTの過剰発現により、血清条件下でNOD-ES細胞が自己複製できる理由を明らかにする。

計画②：STAT3の共役因子としてのPFCTの機能を明らかにする。 NOD-ES細胞においてPFCTの過剰発現により、LIF応答性が129-ES型への変換できた理由、STAT3の共役因子としてのPFCTの機能を明らかにする。

計画③：エピゲノム修飾によるPFCTの転写活性化能および結合能への影響を明らかにする。 ヒト由来ナイーブ様幹細胞ではヒストン脱アセチル化酵素阻害剤とLIFの共存により自己複製することが示されている。すなわち、ヒストンアセチル化によりPFCTのDNA結合能の亢進が予想される。本項目では、PFCTのDNA結合能に対するエピゲノム修飾による影響を明らかにする。

計画④：ES細胞の自己複製能の獲得におけるPFCT依存性を明らかにする。 NOD-ES細胞において、PFCTの過剰発現により血清条件下で自己複製が可能となる。本項目では、血清条件下においてES細胞が樹立できないマウス系統由来初期胚において、PFCTを発現させES細胞の樹立が可能かどうか明らかにする。

計画⑤：PFCT の発現によりラット由来 ES 細胞における血清条件での自己複製が可能か明らかにする。 ラット ES 細胞も血清条件下では、NOD-ES 細胞と同様に自己複製できない。本項目では、マウスで得られた PFCT を介した自己複製機構をラット ES 細胞系で明らかにする。

アドバイス
関連した項目をまとめシンプルにしよう. 応募項目に合った研究項目数でよい

添削例

【②研究期間内に何をどこまで明らかにしようとするのか】
　本研究では、**ES細胞の自己複製の獲得と維持におけるPFCTの機能を明らかにする。**一連の研究から、マウスおよびラット由来ES細胞における、PFCTを介したES細胞の自己複製のメカニズムが明らかとなる。計画している研究項目は以下の5項目である。

計画①: ES細胞の自己複製に必須な遺伝子のPFCTによる発現制御を明らかにする。 NOD-ES細胞では、血清条件下においてPFCTを含む自己複製に必須な遺伝子の発現が消失するが、PFCTの過剰発現で維持できる。本項目では、PFCTの過剰発現により、血清条件下でNOD-[　]由を明らかにする。

計画②: STAT3の共役因子としてのPFCTの機能を明らかにする。 NOD-E[　]発現により、LIF応答性が129-ES型への変換できた理由、STAT3の共役因[　]らかにする。

計画③: エピゲノム修飾によるPFCTの転写活性化能および結合能への影響を明らかにする。 ヒト由来ナイーブ様幹細胞ではヒストン脱アセチル化酵素阻害剤とLIFの共存により自己複製することが示されている。すなわち、ヒストンアセチル化によりPFCTのDNA結合能の亢進が予想される。本項目では、PFCTのDNA結合能に対するエピゲノム修飾による影響を明らかにする。

計画④: ES細胞の自己複製能の獲得におけるPFCT依存性を明らかにする。 NOD-ES細胞において、PFCTの過剰発現により血清条件下で自己複製が可能となる。本項目では、血清条件下においてES細胞が樹立できないマウス系統由来初期胚において、PFCTを発現させES細胞の樹立が可能かどうか明らかにする。

計画⑤: PFCT の発現によりラット由来 ES 細胞における血清条件での自己複製が可能か明らかにする。 ラット ES 細胞も血清条件下では、NOD-ES 細胞と同様に自己複製できない。本項目では、マウスで得られた PFCT を介した自己複製機構をラット ES 細胞系で明らかにする。

> 研究計画が5つもあり基盤（C）には多すぎる，3つに減らす

> ラットとマウスで似通った内容の計画なのでわかりにくい

なぜよくないのか？

　基盤研究（C）にしては，研究項目が5点は多すぎる（基盤S，A，Bならば多くはない）．

　科研費の種目にもよるが，基盤研究（C）では行う予定の研究項目としては，できれば3点くらいにまとめた方がよい．3点というのは，研究期間が3年（基盤研究（C）の最短研究期間）の場合に1年に1点の割合である．

どのように改良すればよいか？

　基盤研究（C）や若手研究（B）では，研究項目を3点くらいに絞り込むのがよい．研究項目が多すぎると，目標が散漫になって何をやるのかが審査委員にはわかりにくくなる．また単純に覚えることが多くなれば【研究計画・方法】との対応など注意する点も増える．多すぎる研究項目を3点くらいに収めるには，関連した内容のもの同士を1点にまとめればよい．

　例文の場合，計画①と②と③（対象とする因子の機能解明），計画④（マウスES細胞での役割），計画⑤（マウス以外の動物のES細胞での役割）とまとめることができるだろう．

改善例

【②研究期間内に何をどこまで明らかにするか】

　本研究では、転写因子PFCTが、どのようにして血清条件下でのES細胞の自己複製を可能としているのかを明らかにする。一連の研究から、マウスおよびラット由来のES細胞における、PFCTを介した自己複製のメカニズムが明らかとなる。計画している研究項目は、以下の３項目である。

(1) PFCTがどのようにしてES細胞の129-ES型のLIF応答性を支持するか？

　NOD-ES細胞においてPFCTの過剰発現により自己複製が可能となり、かつLIF応答性が129-ES型へ変換されていた。本項目では、NOD-ES細胞において、PFCTの過剰発現により、どのようにLIF応答性が129-ES型への変換されるのか、そのメカニズムを解析する。これにより、ES細胞において129-ES型のLIF応答性を支持するPFCTの役割を明らかにする。

(2) PFCTがどのようにしてES細胞の自己複製に必須な遺伝子の発現を制御しているか？

　NOD-ES細胞を血清条件下で培養すると、PFCTを含む自己複製に必須な遺伝子の発現が速やかに消失する。一方でこのPFCTを過剰発現させると、NOD-ES細胞は血清条件下で自己複製できるようになる。本項目では、ES細胞において、PFCTにより、どのように自己複製に必須な遺伝子の発現を制御しているか、そのメカニズムを明らかにする。また、ラットES細胞もマウスNOD-ES細胞と同様に血清条件下で自己複製できない。このラットES細胞においてPFCTを過剰発現させ、血清条件下で自己複製できるかどうか検討する。これによりラットES細胞の安定な維持が容易になれば、遺伝子改変ラット作成を通じて様々な研究分野へ貢献できる。

(3) PFCTを過剰発現させたNOD系統マウスの初期胚からES細胞の樹立が可能となるか？

　NOD-ES 細胞においで、血清条件下において ES 細胞の樹立と維持はできなかった。申請者は、予備的検証から、PFCT の過剰発現により NOD-ES 細胞が血清条件下で自己複製が可能となることを明らかにした。本項目では、血清条件下で初期胚から ES 細胞が樹立できないマウス系統(NOD,FVB/N,CBA/Ca 系統)の初期胚を用いて、PFCT の過剰発現により ES 細胞の樹立が可能かどうかを明らかにする。

case 31

この研究ならではの特色がわかりにくい(1)

理工系　生命科学系　医歯薬系　人文学系　社会科学系　複合領域系

重要度 ★★☆　　頻度 ★☆☆

ふさわしく

はっきりと

具体的に

簡潔に

推敲のヒント

レイアウト

図表

アピールする

どこがよくないか

３．本研究の学術的な特色・独創的な点及び予想される結果と意義

　①従来の歯科治療では難渋する患者の治療法を確立することで、痛みに悩まされる歯科心身症患者の苦痛を軽減できる。

　②口腔内の異常感に対する治療法を確立することで、症状に対する患者の不安や苦悩、歯科医師に対する不信感を払拭し、QOLの向上に貢献できる。

　③歯科心身症の治療成績に係わる因子の解析によって、薬物療法の確立に貢献できる。

　④歯科心身症の発症・増悪に関わる因子を見つけることで、歯科治療時生じるトラブルを軽減することが期待できる。

memo

アドバイス

申請する研究の特色やオリジナルな点をしっかり認識して書こう

添削例

3．本研究の学術的な特色・独創的な点及び予想される結果と意義

　①従来の歯科治療では難渋する患者の治療法を確立することで、痛みに悩まされる歯科心身症患者の苦痛を軽減できる。

　②口腔内の異常感に対する治療法を確立することで、症状に対する患者の不安や苦悩、歯科医師に対する不信感を払拭し、QOLの向上に貢献できる。

　③歯科心身症の治療成績に係わる因子の解析によって、薬物療法の確立に貢献できる。

　④歯科心身症の発症・増悪に関わる因子を見つけることで、歯科治療時生じるトラブルを軽減することが期待できる。

普通すぎる！この研究のオリジナルの点を書く

なぜよくないのか？

　【③本研究の学術的な特色・独創的な点および予想される結果と意義】で，4点が箇条書きで書かれているが，4点の特色とも普通すぎる．誰もが書くような内容で，申請者の個性，オリジナルな点が出ていない．

　普通すぎるかどうかの判定は，試しに「歯科」を「内科」に変えてみればよい．違和感がないようなら普通すぎると考えよう．審査委員の立場からするとオリジナリティがみえにくい研究には高い評価をつけにくい．当然，採択の可能性も低くなる．

どのように改良すればよいか？

　まずは研究の特色やオリジナルな点をしっかり認識しよう．どこがユニークな点なのか？ どこが申請者の考えたオリジナルな点なのか？ そこをまずしっかりと書き，その結果として，①〜④の展開が期待される，とするだけで印象はだいぶ変わる．もし特色やオリジナルな点がすぐにでてこない場合にはどうするか？ 対象，研究技術，解析方法，目的，進め方といったものに，自分の

　　強みや独自の発想がないか，それらの組合わせ方に，先例との違いはないか，立ち返って考えるとヒントがあるかもしれない．

　　　例文は『歯科心身症患者への着目』『痛みや異常感の分類』『カテゴリーに応じて有効な薬物療法の検討』などに特色がある．これを冒頭に明示する．

改善例

3．本研究の学術的な特色・独創的な点及び予想される結果と意義

　　従来、歯科心身症の診断や治療法は積極的に行われていなかった。本研究では、歯科心身症患者を痛みや異常感の症状ごとに分類し、それぞれのカテゴリーの症状に対してどのような薬物療法がより有効であるかを検討する。これによって、

　　①従来の歯科治療では難渋する患者の治療法を確立することで、痛みに悩まされる歯科心身症患者の苦痛を軽減できる。

　　②口腔内の異常感に対する治療法を確立することで、症状に対する患者の不安や苦悩、歯科医師に対する不信感を払拭し、QOLの向上に貢献できる。

　　③歯科心身症の治療成績に係わる因子の解析によって、薬物療法の確立に貢献できる。

　　④歯科心身症の発症・増悪に関わる因子を見つけることで、歯科治療時生じるトラブルを軽減することが期待できる。

申請者のギモン9　行間

行間はどのくらいに設定すればよいですか？

> **1．研究の学術的背景**
> 　申請者らは1999年に摂食亢進・成長ホルモン分泌促進作用を有するペプチド・ホルモンのグレリンを発見し（Kojima et al. Nature 1999）、現在グレリン受容体の結晶構造解明を行っている。
> 　近年の研究手法の開発によって膜タンパク質の結晶構造解析が可能な時代になった。生体の情報伝達に重要な役割をするGタンパク質共役型受容体(GPCR: G-protein coupled receptor)に関しても、現在20種類近くの結晶構造が解明されている。
> 　しかし、結晶構造が解明された論文に発表されているGPCRのほとんどが阻害剤やインバースアゴニストが結合した不活性型受容体であり、アゴニストが結合した活性型受容体は、ロドプシン、β1とβ2アドレナリン受容体、A2Aアデノシン受容体の4種類にすぎない。これは活性型受容体として存在する時間は短く、動きが大きく構造が不安定で結晶化が難しいからである。
> 　これまでの活性型受容体の結晶構造解析においては、スーパーアゴニストを結合した受容体（A2Aアデノシン受容体）や、ラクダの抗体 nanobody を利用して受容体を活性型に固定する（β2アドレナリン受容体）ことによって行われており、これらは一般的に応用できる手法ではない。
> 　本研究では、GPCR に作用して、これを活性化できるモノクローナル抗体の作製を試みる。このモノクローナル抗体を使って GPCR の親水性表面を大きくし、熱安定性を高めることで、活性型 GPCR の結晶化に応用しその構造を解明する。対象とする GPCR はグレリン受容体（別名：GHS-R, growth hormone secretagogue receptor）を使う。これは申請者らがグレリン受容体のリガンドであるグレリンを発見したからで、そのためにグレリンに関する様々な実験試料が整っているからである。

> この例は行間が狭すぎる（12ポイント）．行間が狭いと文章がぎっしり書かれているように感じて，読みはじめるのに勇気と気力が必要．

行間を今度はしっかり開けました．どうですか？

> **1．研究の学術的背景**
>
> 　申請者らは1999年に摂食亢進・成長ホルモン分泌促進作用を有するペプチド・ホルモンのグレリンを発見し（Kojima et al. Nature 1999）、現在グレリン受容体の結晶構造解明を行っている。
>
> 　近年の研究手法の開発によって膜タンパク質の結晶構造解析が可能な時代になった。生体の情報伝達に重要な役割をするGタンパク質共役型受容体(GPCR: G-protein coupled receptor)に関しても、現在20種類近くの結晶構造が解明されている。
>
> 　しかし、結晶構造が解明された論文に発表されているGPCRのほとんどが阻害剤やインバースアゴニストが結合した不活性型受容体であり、アゴニストが結合した活性型受容体は、ロドプシン、β1とβ2アドレナリン受容体、A2Aアデノシン受容体の4種類にすぎない。これは活性型受容体として存在する時間は短く、動きが大きく構造が不安定で結晶化が難しいからである。
>
> 　これまでの活性受容体の結晶構造解析においては、スーパーアゴニストを結合した受容体（A2Aアデノシン受容体）や、ラクダの抗体 nanobody を利用して受容体を活性型に固定する（β2アドレナリン受容体）ことによって行われており、これらは一般的に応用できる手法ではない。
>
> 　本研究では、GPCR に作用して、これを活性化できるモノクローナル抗体の作製を試みる。このモノクローナル抗体を使って GPCR の親水性表面を大きくし、熱安定性を高めることで、活性型 GPCR の結晶化に応用しその構造を解明する。対象とする GPCR はグレリン受容体（別名：GHS-R, growth hormone secretagogue receptor）を使う。これは申請者らがグレリン受容体のリガンドであるグレリンを発見したからで、そのためにグレリンに関する様々な実験試料が整っているからである。

> この例は行間が広すぎる（18ポイント）．行間が広すぎると間延びして，内容が薄く感じる．

申請者のギモン10へ続く→

3 研究目的

case 32

「独創的」 という表現を安直に使っている

理工系　生命科学系　医歯薬系　人文学系　社会科学系　複合領域系

重要度 ★☆☆　頻度 ★★★

どこがよくないか

例文1

　破骨細胞の分化とに関する報告は未だなされておらず、JMDシグナルによる破骨細胞形成機構を解明することは世界的に例がなく、極めて新規性の高い独創的な研究である。

例文2

　包括的で精度が高くかつ簡便な、スクリーニングから支援計画の作成までのアセスメントを一体化した包括的システムの構築を目指す点において独創的であると言える。

例文3

　生体の重要な大きさである数十nm から数mmのスケールで力学・光学物性評価を同時に行う点に独創性がある。また、医学的な対象に対して物性物理学的アプローチを行う点も独創的である。

memo

はっきりと　具体的に　簡潔に　推敲のヒント　レイアウト　図表　アピールする

アドバイス

「独創的」という表現を避けつつ，申請した研究の特色・意義をしっかり書こう

添削例

例文1

　破骨細胞の分化とに関する報告は未だなされておらず、JMDシグナルによる破骨細胞形成機構を解明することは世界的に例がなく、極めて新規性の高い独創的な研究である。

例文2

　包括的で精度が高くかつ簡便な、スクリーニングから支援計画の作成までのアセスメントを一体化した包括的システムの構築を目指す点において独創的であると言える。

例文3

　生体の重要な大きさである数十nm から数mmのスケールで力学・光学物性評価を同時に行う点に独創性がある。また、医学的な対象に対して物性物理学的アプローチを行う点も独創的である。

「独創的である」を使わないで表現しよう

なぜよくないのか？

　　申請書では【③学術的な特色・独創的な点および予想される結果と意義】を書けとあるためか『独創的な点は』と書きはじめている例は多い．しかし，自分から『独創的である』とは書かない方がよい．審査委員からみると申請者が自ら『独創的である』と宣言していると「どうかな？」と思ってしまう．

　　個人的な意見かもしれないが，「独創的」には，全くゼロからのスタート，全く新しいこと，他の誰にも考えつかない素晴らしいこと，とても大きな研究などのニュアンスを感じる．

　　果たして科研費による研究で「独創的」にふさわしい研究はどのくらいあるだろうか？

どのように改良すればよいか？

　「独創的」は，安直に言葉で示すのではなく，内容としてめざすものと捉えたい．具体的には，自分から『独創的』と書かずに，他の先行研究との違いや申請者にしかできないこと，申請者による着眼点，あるいはそれらの組合わせを『オリジナルな点』『重要』『研究の大切なポイント』くらいの言い回しで表現する．『独創的な』は大げさな表現でもあるが，『オリジナルな』『重要な』ならば心理的なハードルが下がり書きやすいと思う．

　例文1は『オリジナル研究』とする．

　例文2は『重要な研究』とする．

　例文3は『大切なポイント』『重要』とする．

改善例

例文 1

　破骨細胞の分化とに関する報告は未だなされておらず、JMDシグナルによる破骨細胞形成機構を解明することは新規性の高いオリジナルな研究である。

例文 2

　包括的で精度が高くかつ簡便な、スクリーニングから支援計画の作成までのアセスメントを一体化した包括的システムの構築を目指す点において重要な研究である。

例文 3

　生体の重要な大きさである数十nm から数mmのスケールで力学・光学物性評価を同時に行う点が研究の大切なポイントである。また、医学的な対象に対して物性物理学的アプローチを行う点が重要である。

参考

　『独創的』と同じく，『世界初』『例がない』『誰も行っていない』というのも大げさな表現である．本来，科研費の研究はどの研究でも『世界初』で『例がない』ものだから，それによってアピールになるとはいえず，使わない方がよい．

申請者のギモン 10 （続）行間

つまり，行間はすべての欄で一定にすべきですか？ 調整はどのくらいしてもいいのですか？

まず大前提として，行間は申請書のどの部分でも，ほぼ一定にするのがよい．行間がまちまちだと不自然な感じがして読みにくい．

文字のフォントサイズが 10.5〜11 ポイントのとき，本文の行間は 15 ポイントがよい．文章が入りきらないで，少々調節するときには ± 1，つまり 14〜16 ポイントに変更する．このくらいならば読みやすい．

また余白行は文章の行間と同じポイント数にするとやや間延びするので，少し行間を狭めて 8 ポイントくらいにするのがよい．つまり文章の行間の半分くらいだ．

また【研究目的（概要）】は，行間をやや狭く，14 ポイントくらいでもよい．

行間は固定で 15 ポイント，余白行は 8 ポイントが基本．

1．研究の学術的背景

　申請者らは1999年に摂食亢進・成長ホルモン分泌促進作用を有するペプチド・ホルモンのグレリンを発見し（Kojima et al. Nature 1999），現在グレリン受容体の結晶構造解析を行っている。

　近年の研究手法の開発によって膜タンパク質の結晶構造解明が可能な時代になった。生体の情報伝達に重要な役割をするGタンパク質共役型受容体（GPCR: G-protein coupled receptor）に関しても，現在20種類近くの結晶構造が解明されている。

　しかし，結晶構造が解明された論文に発表されているGPCRのほとんどが阻害剤やインバースアゴニストが結合した不活性型受容体であり，アゴニストが結合した活性型受容体は，ロドプシン，β1とβ2アドレナリン受容体，A$_{2A}$アデノシン受容体の4種類にすぎない。これは活性型受容体として存在する時間は短く，動きが大きく構造が不安定で結晶化が難しいからである。

　これまでの活性型受容体の結晶構造解析においては，スーパーアゴニストを結合した受容体（A$_{2A}$アデノシン受容体）や，ラクダの抗体 nanobody を利用して受容体を活性型に固定する（β2アドレナリン受容体）ことによって行われており，これらは一般的に応用できる手法ではない。

　本研究では，GPCR に作用して，これを活性化できるモノクローナル抗体の作製を試みる。このモノクローナル抗体を使って GPCR の親水性表面を大きくし，熱安定性を高めることで，活性型 GPCR の結晶化に応用しその構造を解明する。対象とする GPCR はグレリン受容体（別名：GHS-R, growth hormone secretagogue receptor）を使う。これは申請者らがグレリン受容体のリガンドであるグレリンを発見したからで，そのためにグレリンに関する様々な実験試料が整っているからである。

case 33

表現が控えめすぎて実現できるのか不安

理工系　生命科学系　医歯薬系　人文学系　社会科学系　複合領域系

重要度 ★☆☆　　頻度 ★☆☆

ふさわしく　はっきりと　具体的に　簡潔に　推敲のヒント　レイアウト　図表　アピールする

どこがよくないか

例文1

　本研究によって記憶システムの新しいモデルを提唱できる可能性がある。さらに、より上層に位置する他の欲求処理との比較によって、欲求の階層構造に対応する記憶モデルを提案することができる。

例文2

　なるべく直接訪問による聞き取り調査を実施するが、訪問による調査が難しい場合には、同様の内容による郵送アンケート調査も並行して実施したい。

例文3

　こうした対象に対して、本研究で用いる調査・研究手法は、インタビュー調査、質問紙調査、文献調査であり、一見総花的な調査方法になっているように見えるかもしれないが、むしろ、量的・質的な調査方法を併用することによって、4者による協働の場の全体像が明らかになると思われる。

memo

弱気な表現は極力避け強気な表現でアピールしよう．自分の研究に自信を持って

添削例

例文1

　本研究によって記憶システムの新しいモデルを提唱できる<u>可能性がある</u>．さらに，より上層に位置する他の欲求処理との比較によって，欲求の階層構造に対応する記憶モデルを<u>提案することができる．</u>

弱い表現

こちらは断定してる

例文2

　<u>なるべく</u>直接訪問による聞き取り調査を実施するが，訪問による調査が難しい場合には，同様の内容による郵送アンケート調査も並行して実施したい．

必要か？

例文3

　こうした対象に対して，本研究で用いる調査・研究手法は，インタビュー調査，質問紙調査，文献調査であり，<u>一見総花的な調査方法になっているように見えるかもしれないが</u>，むしろ，量的・質的な調査方法を併用することによって，4者による協働の場の全体像が明らかになると思われる．

必要か？

なぜよくないのか？

　例文1の最初の文章では『提唱できる可能性がある』と控えめに書いている．弱気に見えるうえに，次の文章では『提案することができる』と断定していてアンバランスである．

　例文2も弱気な表現例である．

　例文3は弱点をわざわざ記述している．

　申請書で『可能性がある』『かもしれない』の弱気の表現のオンパレードならば，本当にこの研究計画はうまくいくのだろうかと疑問をもつ審査委員も出てくる．

どのように改良すればよいか？

　　申請書の場合にはある程度，強く自信をもって言い切ってよいと思う．もちろん，研究はうまくいかないことの方が多い（特に理系の研究）．だから書き手としては，研究を進めてみて，ときにはうまくいかないこともあるだろうから『可能性がある』や『かもしれない』と予防線を張りたくなる心情は理解できる．しかし，申請書は審査委員に向けて実施前の研究計画をアピールするものである．だから，『できる』と胸を張って（たとえ虚勢でも）書く．申請書の場合には弱気の表現よりも，ある程度自信をもって書く方がよい（ただし刺激するような表現ではないことは確認したい；case70参照）．特に若手研究者の場合には，『できる』と書いても大目に見てくれると思う．

　　例文1は『と考える』と足すことでバランスを整える．『可能性がある』よりも，全体としてもう少し強い表現にできる．

　　例文2では，『なるべく』は必要ない．

　　例文3では，『一見総花的な調査方法になっているように見えるかもしれないが』という記述は不要．限られた字数のなかにあえて弱点をさらす必要はない．余計なことは書かない．

改善例

例文1

　本研究によって記憶システムの新しいモデルを提唱できる。さらに、より上層に位置する他の欲求処理との比較によって、欲求の階層構造に対応する記憶モデルを提案することができると考える。

例文2

　直接訪問による聞き取り調査を実施するが、訪問による調査が難しい場合には、同様の内容による郵送アンケート調査も並行して実施する。

例文3

　こうした対象に対して、本研究で用いる調査・研究手法は、インタビュー調査、質問紙調査、文献調査であり、量的・質的な調査方法を併用することによって、4者による協働の場の全体像が明らかになると思われる。

申請者のギモン11　図の解像度

図の解像度が低いと言われました．どのくらいの解像度にすればよいですか

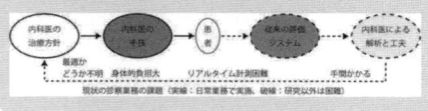

申請書に図を載せるならば解像度を高くしてクリアな図にすること．せっかく研究の流れを図にしているのに，図の解像度が低いと，研究内容まではっきりしないぼやけた印象をもたれる．アップロードする際のファイルの容量制限にかからない範囲で最大限に解像度を上げること．300 dpi 以上の解像度ならば問題はない．

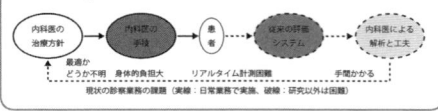

❸ 研究目的

case 34

科研費の目的としてふさわしいか(2)

理工系　生命科学系　医歯薬系　人文学系　社会科学系　複合領域系

重要度 ★☆☆　頻度 ★★☆

どこがよくないか

例文1

さらに、医療経済的にも負担が大きくなることから、当疾患に対する安全で、かつ有効な治療法を確立することが急務である。

例文2

本研究によって、1) メタボリックシンドロームの予防・改善、2) 神経変性疾患の予防・改善が期待され、3) 医薬剤を用いない治療法の提唱により、医療費削減などの経済的問題の減少に繋がる。また、4) 小児を対象とした先駆的研究により、将来の生産年齢人口増加、国力増強に寄与する。

例文3

従来の歯科治療では難渋する症例の治療法および診断の確立は、歯科医師への不信の払拭にもつながり、医療従事者にとっても有益であり、患者のQOLを向上させ、本研究を行うことで歯科心身症に悩まされる多くの人々の問題を解決させることが大いに期待できる。

例文4

本研究では、公共ホールが媒介となって「新しい共生社会」を創り出すという仮説の下で研究を進めており、そこに本研究の学術的な特色・独創的な点がある。

例文5

それが達成・実証できた暁には、物質特許だけでなく用法特許の申請も可能であり、欧米諸国に開発研究や特許件数で遅れをとっている創薬研究に一石を投じることができる。結果的に欧米諸国に支払われる多額の特許使用料の流れを食い止め、国民の財産を守るとともに健康増進に還元でき、その波及効果は高い。

ふさわしく／はっきりと／具体的に／簡潔に／推敲のヒント／レイアウト／図表／アピールする

アドバイス

「仮説」や「政策提言」を使うときは慎重に. ふさわしくない例に「仮説」という用語を用いたり,目的を研究の最終目標と混同したりしない

添削例

例文1

政策的なことは書かなくてよい

　さらに、医療経済的にも負担が大きくなることから、当疾患に対する安全で、かつ有効な治療法を確立することが急務である。

例文2

　本研究によって、1）メタボリックシンドロームの予防・改善、2）神経変性疾患の予防・改善が期待され、3）医薬剤を用いない治療法の提唱により、医療費削減などの経済的問題の減少に繋がる。また、4）小児を対象とした先駆的研究により、将来の生産年齢人口増加、国力増強に寄与する。

例文3

　従来の歯科治療では難渋する症例の治療法および診断の確立は、歯科医師への不信の払拭にもつながり、医療従事者にとっても有益であり、患者のQOLを向上させ、本研究を行うことで歯科心身症に悩まされる多くの人々の問題を解決させることが大いに期待できる。

必要か？

例文4

　本研究では、公共ホールが媒介となって「新しい共生社会」を創り出すという仮説の下で研究を進めており、そこに本研究の学術的な特色・独創的な点がある。

仮説は正しいのか？検証する価値があるのか？
別の表現にする

例文5

　それが達成・実証できた暁には、物質特許だけでなく用法特許の申請も可能であり、欧米諸国に開発研究や特許件数で遅れをとっている創薬研究に一石を投じることができる。結果的に欧米諸国に支払われる多額の特許使用料の流れを食い止め、国民の財産を守るとともに健康増進に還元でき、その波及効果は高い。

大げさ！

なぜよくないのか？

　　例文1，2では『医療経済的にも負担が大きくなることから』『医療費削減などの経済的問題の減少に繋がる』『将来の生産年齢人口増加，国力増強に寄与する』とはりきって書かれている．しかし，個人で行う科研費の研究課題から，『医療費削減』や『生産年齢人口増加，国力増強』にダイレクトにつながるとはとても思えない．

　　例文3の『歯科医師への不信の払拭』は，不信にかかわるのは申請している研究内容だけではなく，難渋する症例についての歯科医師による治療に対してであって，研究内容との関連は少ない．

　　例文4は，実証実験で証明するようなものではないので『仮説』はふさわしくない．

　　例文5も成果が結果的に創薬や特許につながるとしても，『多額の特許使用料の流れを食い止め』や『国民の財産を守る』などまでも，この研究の成果によるもの（貢献）といえるかと考えると，大げさすぎる．

　　他の分野の申請書にも，『教育改革につながる』『経済政策に寄与する』『政策の提言』などが登場したりするが，これらも審査委員からみると大げさでは？と疑問符がつく場合がある．

どのように改良すればよいか？

　　こうしたことよりも，どの部分にこの研究ならではの意義があるのか，申請者が自信をもって「これだ」と言える研究の意義は何かを，飾らない言葉で書くべきである（case18参照）．

　　例文1は『医療経済的にも負担が大きくなることから』をカットする．

　　例文2は『医療費削減などの経済的問題の減少につながる』『将来の生産年齢人口増加，国力増強に寄与する』をカットする．

　　例文3は『歯科医師への不信の払拭』，さらに『医療従事者にとっても有益』もカットするとよい．

　　例文4は『仮説』という書き方を避け『考え』とする．

　　例文5のような記載は必要ないので，全文カットしてよい．

改善例

例文 1

　当疾患に対する安全で、かつ有効な治療法を確立することが急務である。

例文 2

　本研究によって、1）メタボリックシンドロームの予防・改善、2）神経変性疾患の予防・改善が期待される。

例文 3

　従来の歯科治療では難渋する症例の治療法および診断の確立は、患者のQOLを向上させ、歯科心身症に悩まされる多くの人々の問題を解決させることが大いに期待できる。

例文 4

　本研究では、公共ホールが媒介となって「新しい共生社会」を創り出すという考えに基づいて研究を進めており、そこに本研究の学術的な特色・独創的な点がある。

3 研究目的

case 35

科研費の目的としてふさわしいか(3)

理工系　生命科学系　医歯薬系　人文学系　社会科学系　複合領域系

重要度 ★☆☆　頻度 ★☆☆

どこがよくないか

例文1

　本研究の目的は、歯科心身症に対する薬物療法が有効かどうかの評価を行う。また、発症の原因や患者の分類を行うことによって、適切な診断を行えるようにする。

例文2

　○○大学と○○医療センターの2施設で医師主導の共同臨床試験を実施し、DOS装置を用いた術前化学療法の早期治療効果モニターリングを行い、病理学的治療効果との相関についてFDG-PETとMRIの結果と比較する。

例文3

　本研究の具体的な目的として、
3)　密接な産学連携を構築し、乳房計測に最適な計測システムを考案する。

memo

ふさわしく

はっきりと

具体的に

簡潔に

推敲のヒント

レイアウト

図表

アピールする

アドバイス

科研費でしかできない個人の研究者でできる範疇をまとめる. 臨床試験や産学連携は「目的」にはしない

添削例

例文1

　本研究の目的は、歯科心身症に対する<u>薬物療法が有効かどうかの評価</u>を行う。また、発症の原因や患者の分類を行うことによって、適切な診断を行えるようにする。

　　　　　　　　　　　　　　　　科研費にふさわしい研究課題か？

例文2

　〇〇大学と〇〇医療センターの2施設で<u>医師主導の共同臨床試験を実施</u>し、DOS装置を用いた術前化学療法の早期治療効果モニターリングを行い、病理学的治療効果との相関についてFDG-PETとMRIの結果と比較する。

例文3

　本研究の具体的な目的として、
3)　<u>密接な産学連携を構築</u>し、乳房計測に最適な計測システムを考案する。

　　　　　　科研費には必要ない

なぜよくないのか？

　　例文1では研究目的が『薬物療法が有効かどうかの評価』となっている. また例文2には『医師主導の共同臨床試験』とある. 薬物療法の有効性が前面になると, あるいは臨床試験が登場すると, 科研費で本当に行うべき研究なのだろうか, 他にもっと適した研究費申請先（例えば厚生労働科学研究費）があるのではないだろうか, と思う審査委員も出てくる. この研究が科研費でなければならない点の説明が足りない.

　　例文3の産学連携も科研費の主旨とは異なり, ふさわしくない. 科研費は, あくまでも研究者の提案する研究のためにあり, 企業との共同研究で機器開発することが目的ではない. 例文の書き方では,「企業との共同研究」のように

読め，審査委員は違和感を感じる（企業からの研究費で研究を行えばよいではないか）．

どのように改良すればよいか？

　　研究内容が臨床試験に近いものであっても，研究目的が臨床試験にならないように注意して書くこと．また，たとえ将来的に産学連携につながるような研究であっても，科研費の提案段階では大学などに所属する個人研究者が中心となる研究であると書く．

　　例文1では，評価ではなく原因の解明に焦点を当てる．こうすると臨床試験的なニュアンスが少しは抑えられる．

　　例文2では『医師主導の共同臨床試験』という言葉は使わないで，あくまで治療効果を高めるための研究を行うことに主眼を置いた記述とする．同じ内容でも，書き方の問題．

　　例文3の場合『密接な産学連携を構築し』をカットすればよい．なお，産学連携をどうしても生かしたい場合，別項目，例えば【社会・国民に発信する方法】などで，社会へのアピール方法として書くことは1つの手かもしれない．

改善例

例文1

　本研究の目的は、歯科心身症の発症の原因を解明したり、患者を分類し適切な診断を行えるようにするとともに、薬物療法の有効性を調べる。

例文2

　○○大学と○○医療センターの2施設で共同研究を実施し、DOS装置を用いた術前化学療法の早期治療効果モニターリングを行い、病理学的治療効果との相関についてFDG-PETとMRIの結果と比較する。

例文3

　本研究の具体的な目的として、
3)　これまでにない乳房計測に最適な計測システムを考案する。

4 研究計画・方法（概要）

case 36

必要な内容が十分に書かれておらず わかりにくい（2）

理工系　生命科学系　医歯薬系　人文学系　社会科学系　複合領域系

重要度 ★★★　頻度 ★★★

どこがよくないか

研究計画・方法（概要） ※ 研究目的を達成するための研究計画・方法について、簡潔にまとめて記述してください。

（1）基礎調査の資料を作成、（2）類例作品の調査、（3）放射性炭素年代測定法による制作年の測定、（4）類例作品の調査と年代測定の結果を踏まえた考察

　以上の手順で研究を進める。膨大な作品調査をスムーズに行なうために、システマティックに構築した調査方法を遂行する。それらのデータを集積して調査作品の制作年代と制作地を明確にすることで、調査を行なったコレクションの歴史的な位置づけが可能となる。これらのデータは今後、美術史や歴史学、経済史などの分野で基礎資料として活用されることが期待される。

memo

ふさわしく

はっきりと

具体的に

簡潔に

推敲のヒント

レイアウト

図表

アピールする

アドバイス

概要部分には「研究項目」だけでなく「目的」も書こう. 研究項目は取り組む順や流れが見えるように書く

添削例

いきなり調査項目を書かない！
改めて，目的は？

研究　　　　　　　　　　　　　　　　　　研究計画・方法について、簡潔にまとめて記述してください。

（1）基礎調査の資料を作成、（2）類例作品の調査、（3）放射性炭素年代測定法による制作年の測定、（4）類例作品の調査と年代測定の結果を踏まえた考察
　以上の手順で研究を進める。膨大な作品調査をスムーズに行なうために、システマティックに構築した調査方法を遂行する。それらのデータを集積して調査作品の制作年代と制作地を明確にすることで、調査を行なったコレクションの歴史的な位置づけが可能となる。これらのデータは今後、美術史や歴史学、経済史などの分野で基礎資料として活用されることが期待される。

抽象的．具体的には？

なぜよくないのか？

　　例文のポイントは2つある．まず1つ目は【研究計画・方法（概要）】でいきなり調査項目（研究項目）を書いている．2つ目は『膨大な作品調査をスムーズに行うために，システマティックに構築した調査方法を遂行する』の部分は進め方の注意点を述べたものであり，具体的な研究方法（手法）を書いているものではない．【研究計画・方法（概要）】はスペースが限られているので，必要なことのみを書く．

　　重要なことは審査委員の記憶を当てにしないこと．審査委員がこの申請書を読むのは今日のこのときがはじめてであるから，ここまで読んでくると研究目的は少しぼやけている．そこでもう一度，研究目的を復唱して審査委員に印象づける．

どのように改良すればよいか？

　【研究計画・方法（概要）】に書くべきことは，「目的」と「計画・方法（手法）」である．まずは研究目的を簡単に（2〜3行以内で！）書いて，研究目的を復唱しておいてほしい．研究目的があって，それを実現するための手段が研究計画・方法である．次に具体的な方法論を書く．これら以外はカットすること．なおスペースに余裕があれば「展開」も最後に書いておいてもよい．

　例文では，『古代中国の染織品』が研究対象であることを各調査項目に示す．

改善例

研究計画・方法（概要）　※ 研究目的を達成するための研究計画・方法について、簡潔にまとめて記述してください。

　本研究では古代中国の染織品について、科学分析によって制作年代と制作地を明確にすることで、文様の変遷や技法の他地域への伝播について明らかにする。以下の手順で研究を進める。
（1）基礎調査の資料作成：殷・周の更紗の文様と技法を調査する
（2）類例作品の調査：国内外の美術館・博物館での類例作品を調査する
（3）放射性炭素年代測定による制作年の測定：河南省鄭州市で発掘された殷・周の更紗の年代を特定
（4）類例作品の調査と年代測定の結果を踏まえた考察
　本研究によって得られたデータは今後、美術史や歴史学、経済史などの分野で基礎資料として活用されることが期待される。

　なお，例文は書かれた内容が申請者の研究ならではのものでなく，あまりに一般的だ．この部分を他の申請書にそのまま移すこともできるくらいで，それではいけない．もっと個性を発揮しなければいけない（case31参照）．

申請者のギモン12　タイトル風

研究項目の見出しを，タイトル風に書く
『1．転写因子PCFTの発現制御の解明
2．PCFT結合パートナーの探索と同定
3．PCFTタンパクの生化学的解析
4．PCFTのLIFおよびFGFシグナル応答性への影響』
のと，文章で書く
『1．転写因子PCFTがLIFシグナルによってどのような発現制御を受けているかを解明する
2．転写因子PCFTが結合するタンパク質の探索と同定を行う
3．PCFTタンパクの生化学的性質を解析する
4．PCFTがLIFおよびFGFシグナルの応答性へ与える影響を調べる』
のと，どちらがよい？

タイトル風に書くと，すべてとまではいえないかもしれないが，実際にはかなり抽象的で内容が不明なことが多い．研究項目の見出しなのでこれでもよいが，できれば文章で書く方がわかりやすく，研究内容がイメージしやすい．

4 研究計画・方法（概要）

case 37

方法論は具体的なのにわかりにくい

理工系　生命科学系　医歯薬系　人文学系　社会科学系　複合領域系

重要度 ★★☆　　頻度 ★☆☆

ふさわしく

はっきりと

具体的に

簡潔に

推敲のヒント

レイアウト

図表

アピールする

どこがよくないか

研究計画・方法（概要）※ 研究目的を達成するための研究計画・方法について、簡潔にまとめて記述してください。

　申請者らの予備実験では、既にヒト末梢血単核球から TNF, IL-6 刺激により象牙質上で石灰化組織を形成することが確認されている。この石灰化組織を誘導した細胞は、末梢血中の骨芽細胞系細胞であると予想されることから、骨芽細胞系細胞の分離・同定、機能、分化・活性化のメカニズム、生体内での役割の解明を進める。具体的には、フローサイトメトリーを用いて末梢血単核球から骨芽細胞系細胞を集団を分離・同定する。この骨芽細胞様細胞を象牙質上で培養し、TNF, IL-6 刺激し、無刺激と比較して石灰化組織の形成が顕著であるか、電子顕微鏡で確認する。そして、骨芽細胞分化に必須な転写因子 (Runx2, SP7) の mRNA、タンパクの発現レベルを比較検討する。また、生体内で誘導できるか確認するために、マウス腹腔内に TNF, IL-6 刺激された骨芽細胞系細胞を移入し、8 週間後に石灰化組織が形成されるか、レントゲン撮影により解析する。

memo

アドバイス

研究項目に番号をふろう. スペースがあれば箇条書きにする

添削例

研究目的を達成するための研究計画・方法について, 簡潔にまとめて記述してください.

> 実験項目がわかりにくい.
> 番号をふる

末梢血単核球から TNF, IL-6 刺激により象牙質上で石灰化組織石灰化組織を誘導した細胞は, 末梢血中の骨芽細胞系細胞であると予想されることから, 骨芽細胞系細胞の分離・同定, 機能, 分化・活性化のメカニズム, 生体内での役割の解明を進める. 具体的には, フローサイトメトリーを用いて末梢血単核球から骨芽細胞系細胞を集団を分離・同定する. この骨芽細胞様細胞を象牙質上で培養し, TNF, 激と比較して石灰化組織の形成が顕著であるか, 電子顕微鏡で確認する. そして須な転写因子 (Runx2, SP7) の mRNA, タンパクの発現レベルを比較検討する. また, 生体内で誘導

> 申請者のこれまでの
> 研究だが少々長い

なぜよくないのか？

　具体的な実験項目（研究項目）をひとつづきの文章で書いているので審査委員は申請者はいくつ計画しているのか把握しにくい. また冒頭の 4 行は, 申請者らがこれまでに行ってきた研究の概要や予備的な実験結果だが, 少々長すぎる.

どのように改良すればよいか？

　具体的な実験項目はひとつづきの文章で書くよりも, 1), 2), 3) と番号をふると, 審査委員も把握しやすい. また予備的な実験結果は,【研究計画・方法】冒頭に移すのがよい. こうすると【研究計画・方法（概要）】は研究計画のよい導入となって, 以下の実験項目を行う理由や必然性がイメージしやすい.

改善例

研究計画・方法（概要）※ 研究目的を達成するための研究計画・方法について, 簡潔にまとめて記述してください.

　本研究の目的は, 末梢血中に存在する骨芽細胞様細胞が, 炎症性サイトカインにより活性型細胞に誘導され, 血管壁などの石灰化組織の形成に関与していることを明らかにすることである. 具体的には, 次のように研究を進める.

　1) フローサイトメトリーを用いて末梢血単核球から骨芽細胞系細胞を集団を分離・同定する.　2) この骨芽細胞様細胞を象牙質上で培養し, TNF, IL-6 刺激し, 無刺激と比較して石灰化組織の形成が顕著であるか, 電子顕微鏡で確認する.　3) 骨芽細胞分化に必須な転写因子 (Runx2, SP7) の mRNA, タンパクの発現レベルを比較検討する.　4) 生体内でも骨芽細胞系細胞による石灰化を確認するために, マウス腹腔内に TNF, IL-6 刺激された骨芽細胞系細胞を移入し, 8 週間後に石灰化組織が形成されるかレントゲン撮影により解析する.

case 38

概要とはいえ中身に乏しく具体的でない（2）

理工系　生命科学系　医歯薬系　人文学系　社会科学系　複合領域系

重要度 ★★☆　　頻度 ★☆☆

どこがよくないか

研 究 計 画 ・ 方 法 （概 要） ※ 研究目的を達成するための研究計画・方法について、簡潔にまとめて記述してください。

　本応募研究では、摂食亢進ホルモンのグレリンの活性型受容体の結晶構造解析を最終目的とし、以下の通りに研究を進めていく。

平成25年度：グレリン受容体発現細胞を使ってグレリン受容体活性化のアッセイ系を作る。

平成26年度：受容体を活性化できるモノクローナル抗体を探索する。

平成27年度：この抗体を使ってグレリン受容体を活性化状態に固定し結晶構造を解明する。

---

memo

ふさわしく

はっきりと

具体的に

簡潔に

推敲のヒント

レイアウト

図表

アピールする

アドバイス

概要は8行くらい書こう.「目的」と「研究項目」を具体的に

添削例

研究計画・方法（概要）※ 研究目的を達成するための研究
　本応募研究では、摂食亢進ホルモンのグレリンの活性〔少なすぎる. 7〜9行は書く〕以下の通りに研究を進めていく。
平成25年度：グレリン受容体発現細胞を使ってグレリン受容体活性化のアッセイ系を作る。
平成26年度：受容体を活性化できるモノクローナル抗体を探索する。
平成27年度：この抗体を使ってグレリン受容体を活性化状態に固定し結晶構造を解明する。

なぜよくないのか？

　　　　【研究計画・方法（概要）】が5行しかなく，これでは少なすぎる．審査委員は見通し（計画性）に不安を抱く．

どのように改良すればよいか？

　　　　申請書のWordファイルをダウンロードしてくると，【研究計画・方法（概要）】の枠には8行くらいが入る．そのため8±1行くらいに概要をまとめるのがよい．概要はこの長さで十分である（case08参照）．内容としては，最初の1〜3行くらいで研究目的を簡潔にまとめて，残りの6行くらいで研究計画を具体的に書く．研究計画を具体的にするには年度ごとの研究項目の内容（達成すべき内容，ポイントになりそうな事項など）順番に書いていけばよい．

改善例

研究計画・方法（概要）※ 研究目的を達成するための研究計画・方法について、簡潔にまとめて記述してください。
　本応募研究では、グレリン受容体を活性化するモノクローナル抗体を作製し、グレリン受容体を活性型に固定して結晶化するツールとして応用し、活性型グレリン受容体の結晶構造を解明する。以下の通りに研究を進めていく。
平成25年度：グレリン受容体を大腸菌あるいは無細胞タンパク質合成系で大量発現させて精製する。
平成26年度：精製したグレリン受容体を人工リポソームに組み込み、アゴニストを反応させた状態の人工リポソームを抗原としてモノクローナル抗体を作製する。
平成27年度：作製したモノクローナル抗体をグレリン受容体発現細胞に加え、細胞内カルシウム濃度の上昇活性を指標に、受容体活性化抗体を選び出す。
　以上の計画で、活性型グレリン受容体を認識する抗体を得て、受容体の結晶化に応用する。

case 39

概要を概要として書けておらず読みにくい（3）

理工系　生命科学系　医歯薬系　人文学系　社会科学系　複合領域系

重要度 ★☆☆　頻度 ★★☆

ふさわしく　はっきりと　具体的に　簡潔に　推敲のヒント　レイアウト　図表　アピールする

どこがよくないか

例文1

研究計画・方法（概要） ※ 研究目的を達成するための研究計画・方法について、簡潔にまとめて記述してください。
【本研究を達成するための計画と方法】
以下のとおりに進めていく。
1．高等学校の中途退学経験者に面接調査協力を依頼する（30名）
2．各地の協力者に面接調査を実施し、データ収集と分析を行う。
3．親と子双方の行動変化の評価基準を作成する。
4．プログラムに参加するモデルグループを募集する。
5．プログラムの実践、および行動的変化の評価基準や量的・客観的指標を用いて総合的に評価する。

例文2

　本研究は先行研究もほとんどなく複合的な課題を扱う研究であるため、様々な立場の研究対象からの反構造化面接を基本とする面接調査を行う。

例文3

　これまでの研究成果をふまえた上で、本研究課題では結核菌感染時のNK細胞の活性化メカニズムと肺胞に浸潤する好酸球の動態に着目して解析することにより、Th2非依存性の結核菌排除機構を解明する。具体的には以下の通りに研究を進める。

例文4

　研究計画のうち検出システムの構築は、久留米大学の児島が主体で行う。

アドバイス

概要部分は論文のサマリーとみなそう.見出し,先行研究との関連,研究体制への言及はここになくてよい

添削例

例文1

研究計画・方法（概要）※ 研究目的を達成するための研究計画・方法について、簡潔にまとめて記述してください。

【本研究を達成するための計画と方法】　書く必要はない
以下のとおりに進めていく。
1．高等学校の中途退学経験者に面接調査協力を依頼する（30名）
2．各地の協力者に面接調査を実施し、データ収集と分析を行う。
3．親と子双方の行動変化の評価基準を作成する。
4．プログラムに参加するモデルグループを募集する。
5．プログラムの実践、および行動的変化の評価基準や量的・客観的指標を用いて総合的に評価する。

例文2

　本研究は先行研究もほとんどなく複合的な課題を扱う研究であるため、様々な立場の研究対象からの反構造化面接を基本とする面接調査を行う。

必要ない

例文3

不要

　これまでの研究成果をふまえた上で、本研究課題では結核菌感染時のNK細胞の活性化メカニズムと肺胞に浸潤する好酸球の動態に着目して解析することにより、Th2非依存性の結核菌排除機構を解明する。具体的には以下の通りに研究を進める。

例文4

概要部分に研究体制のことは不要

　研究計画のうち検出システムの構築は、久留米大学の児島が主体で行う。

なぜよくないのか？

　　例文1の見出し【本研究を達成するための計画と方法】は必要ない．

　　例文2の『先行研究もほとんどなく』という記述は不要．科研費で行う研究は（少なくとも）「先行研究」のないもののはず．

　　例文3は，『これまでの研究成果をふまえたうえで』という前置きが【研究計画・方法（概要）】では不要．『本研究課題では〜』以下で十分．

　　例文4は研究体制が書かれている．しかし【研究計画・方法（概要）】には研究体制や研究分担の説明は書く必要がない．【研究計画・方法】本文中にきちんと書く．

　　【研究計画・方法（概要）】はスペースが限られているので，不要な記載はカットする．

どのように改良すればよいか？

　　【研究計画・方法（概要）】に書くべきことは，「目的」と「計画・方法」の2つである（case36参照）．不要な文章はカットする．

　　例文1では，【本研究を達成するための計画と方法】という見出しをカットし，その分のスペースで研究項目の記述を充実させるか研究目的を復唱する．

　　例文2では，『先行研究もほとんど〜あるため』はカットする．

　　例文3は，『これまでの研究成果をふまえたうえで』はカットする．

　　例文4は，この一文はまるまるカットする．

改善例

例文1

研究計画・方法（概要） ※ 研究目的を達成するための研究計画・方法について、簡潔にまとめて記述してください。

　本研究は、申請者が提案した高等学校の中途退学経験者の「親の会支援プログラム」を実践し、その効果をエビデンスベースで積み重ね、高校中退者が高卒認定試験に合格できるために、より実行可能性と一般化可能性が高いプログラムを提示することを目的とする。研究計画は、以下のとおりに進めていく。

　　1）　高等学校の中途退学経験者に面接調査協力を依頼する（30名）
　　2）　各地の協力者に面接調査を実施し、データ収集と分析を行う。
　　3）　親と子双方の行動変化の評価基準を作成する。
　　4）　プログラムに参加するモデルグループを募集する。
　　5）　プログラムを実践し行動的変化の評価基準や量的・客観的指標を用いて総合的に評価する。

例文2

　本研究は、様々な立場の研究対象からの反構造化面接を基本とする面接調査を行う。

例文3

　本研究課題では結核菌感染時のNK細胞の活性化メカニズムと肺胞に浸潤する好酸球の動態に着目して解析することにより、Th2非依存性の結核菌排除機構を解明する。具体的には以下の通りに研究を進める。

case 40

概要なのに内容が多すぎる

理工系　生命科学系　医歯薬系　人文学系　社会科学系　複合領域系

重要度 ★☆☆　頻度 ★☆☆

どこがよくないか

ふさわしく　はっきりと　具体的に　**簡潔に**　推敲のヒント　レイアウト　図表　アピールする

研究計画・方法（概要） ※ 研究目的を達成するための研究計画・方法について、簡潔にまとめて記述してください。

　この研究計画では、非アルコール性脂肪性肝炎(NASH)に対するビタミン B1 摂取の抑制効果を調べるため、モデル動物を用いての実験的研究と、生検組織診で確認された NASH 症例を用いての臨床的・病理学的研究を行う。具体的には、以下の4つのサブテーマを設定する。

1．NASH モデルマウスに低・中・高用量のビタミン B1 を投与し、各群における壊死炎症反応の活動性、線維化の程度を対照群と比較検討する。

2．生検で確認された NASH 症例を用いて、ビタミン B1 摂取の有無や程度によって NASH の臨床的・病理学的所見に差が見られるかを検討する。

3．NASH モデルマウスにビタミン B 群（ビタミン B1, B2, ナイアシン、葉酸など）をそれぞれ餌に混ぜて投与し、各群における壊死炎症反応の活動性、線維化の程度を対照群と比較検討する。

4．生検で確認された NASH 症例を用いて、ビタミン B1 の摂取量や種類によって NASH の臨床的・病理学的所見に差が見られるかを検討する。

memo

アドバイス

概要は8行くらいにしよう.不要な単語はカットし,箇条書きはうまく配置する

添削例

研究計画・方法（概要） ※ 研究目的を達成するための研究計画・方法について、簡潔にまとめて記述してください。

　この研究計画では、非アルコール性脂肪性肝炎(NASH)に対するビタミン B1 摂取の抑制効果を調べるため、モデル動物を用いての実験的研究と、生検組織診で確認された NASH 症例を用いての臨床的・病理学的研究を行う。具体的には、以下の 4 つのサブテーマを設定する。

1．NASH モデルマウスに低・中・高用量のビタミン B1 を投与し、各群における壊死炎症反応の活動性、線維化の程度を対照群と比較検討する。

2．生検で確認された NASH 症例を用いて、ビタミン B1 摂取の有無や程度によって NASH の臨床的・病理学的所見に差が見られるかを検討する。

3．NASH モデルマウスにビタミン B 群（ビタミン B1, B2, ナイアシン、葉酸など）をそれぞれ餌に混ぜて投与し、各群における壊死炎症反応の活動性、線維化の程度を対照群と比較検討する。

4．生検で確認された NASH 症例を用いて、ビタミン B1 の摂取量や種類によって NASH の臨床的・病理学的所見に差が見られるかを検討する。

> 11行もあって長すぎる.
> 7～9行に

なぜよくないのか？

　例文は内容としてはよいのだが,【研究計画・方法(概要)】としては長すぎる.全部で11行ある.

　研究項目を箇条書きにするのはよいアイデアでそれぞれ改行があるのは読みやすい.しかしそのために【研究計画・方法 (概要)】が長くなりすぎるのは本末転倒である.うまく配置して,できるだけコンパクトにまとめたい.

どのように改良すればよいか？

　　【研究計画・方法（概要）】は7～9行くらいがよい（case38参照）.

　　例文では研究項目を改行せず（1）〜（4）としても研究項目のわかりやすさはかわらない．また不要な単語，なくても意味が通じる単語などをカットして，全体を短くコンパクトにする．ここでは『対照群と』などをカットするとよい．

改善例

研究計画・方法（概要） ※ 研究目的を達成するための研究計画・方法について、簡潔にまとめて記述してください。

　この研究計画では、非アルコール性脂肪性肝炎(NASH)に対するビタミンB群（ビタミンB1, B2, ナイアシン、葉酸など）摂取の抑制効果を調べるため、以下の4つのサブテーマを設定して研究を行う。

(1) NASH モデルマウスに低・中・高用量のビタミン B 群を投与し、各用量における壊死炎症反応の活動性、線維化の程度を比較検討する。**(2)** 生検で確認された NASH 症例を用いて、ビタミン B 群摂取の有無や程度によって NASH の臨床的・病理学的所見に差が見られるかを検討する。**(3)** NASH モデルマウスにビタミン B 群を投与し、各群における壊死炎症反応の活動性、線維化の程度を比較検討する。**(4)** 生検で確認された NASH 症例を用いて、ビタミン B 群の摂取量や種類によって NASH の臨床的・病理学的所見に差が見られるかを検討する。

申請者のギモン13　フォントの大きさ

申請書で使用するフォントの大きさはどのくらいいのか？

研究計画書調書作成・記入要領には「11ポイント以上の文字等を使用して記入してください」とある．つまりフォントの大きさの標準は11ポイントである．ダウンロードしてきた申請書のワードファイル（これが事実上の標準）の説明欄に使われているフォントはMS明朝とMSゴシックである．つまりこの11ポイントはMS明朝とMSゴシックを想定していると考えられる．しかし，フォントは同じポイント数ならば，大きさが同じというわけではない．

申請者のギモン14に続く→

4 研究計画・方法（概要）

case 41

概要なのに余分なスペースがある

理工系　生命科学系　医歯薬系　人文学系　社会科学系　複合領域系

重要度 ★☆☆　頻度 ★☆☆

どこがよくないか

研究計画・方法（概要） ※ 研究目的を達成するための研究計画・方法について、簡潔にまとめて記述してください。

本研究では国内の鳥類および蚊から検出される複数の鳥マラリア原虫のうち、国内で流行している在来性の原虫系統を明らかにするため、媒介蚊の特定方法を確立する。研究計画では、以下の手順で進める。

1）国内の野鳥生息地において蚊を採集し、鳥マラリア原虫の保有状況を調べる。
2）腹部に血液を保持している蚊（吸血蚊）については、DNA分析による吸血源動物種の同定、および鳥マラリア原虫遺伝子の検出を並行して行う。
3）採集した蚊の一部（数百匹）は解剖して、原虫がスポロゾイト（感染仔虫）の段階まで発育しているかどうかを顕微鏡下で観察する。スポロゾイトが確認された場合、DNA分析により原虫系統を同定する。
4）媒介蚊の種類・原虫系統・宿主鳥類をセットで記録したデータベースを作成する。

memo

ふさわしく

はっきりと

具体的に

簡潔に

推敲のヒント

レイアウト

図表

アピールする

概要は余白行よりも解説の充実を優先しよう. 1〜2文字だけの行を詰めて研究項目の解説にスペースを活用する

添削例

研究計画・方法（概要）※ 研究目的を達成するための研究計画・方法について、簡潔にまとめて記述してください。

本研究では国内の鳥類および蚊から検出される複数の鳥マラリア原虫のうち、国内で流行している在来性の原虫系統を明らかにするため、媒介蚊の特定方法を確立する。研究計画では、以下の手順で進める。

1) 国内の野鳥生息地において蚊を採集し、鳥マラリア原虫の保有状況を調べる。
2) 腹部に血液を保持している蚊（吸血蚊）については、DNA分析による吸血源動物種の同定、および鳥マラリア原虫の[...]

> 1〜2字分詰めて，もう1行分説明を増やせないか？

3) 採集した蚊の[...]（[...]虫）の段階まで発育しているかどうかを顕[...]A分析により原虫系統を同定する。
4) 媒介蚊の種類・原虫系統・宿主鳥類をセットで記録したデータベースを作成する。

なぜよくないのか？

　　　概要部分には本文と違って余白行などの余分なスペースは必要ない．例文の場合『る。』だけの行がある．

　　　1文字だけの行があるときには，できるだけ前の行にまとめる（送る）こと．そうしないと見かけが悪いし，スペースももったいない！ 特に【研究計画・方法（概要）】はスペースが限られているので，1，2文字だけの行があるときはできるだけ工夫して，このような部分をなくす．同じく3) には『する。』だけの行があるので，工夫して2行にまとめるとよい．

どのように改良すればよいか？

　　　スペースを無駄なくするために，文章を縮めるにはいろいろな方法がある．例文ならば

- 文字間隔をほんの少し狭くする
- 「、」（読点）をカットする
- 「鳥類および蚊」→「鳥類や蚊」
- 「明らかにするため」→「明らかにし」
- 「解剖して」をカットする

などである．文字間隔は，Wordの場合，［書式］→［フォント］→［詳細設定］→［文字間隔］で調節する．

改善例

研究計画・方法（概要） ※ 研究目的を達成するための研究計画・方法について、簡潔にまとめて記述してください。

　本研究では国内の鳥類や蚊から検出される複数の鳥マラリア原虫のうち、国内で流行している在来性の原虫系統を明らかにし、媒介蚊の特定方法を確立する。研究計画では、以下の手順で進める。

1) 国内の野鳥生息地において蚊を採集し、鳥マラリア原虫の保有状況を調べる。
2) 腹部に血液を保持している蚊（吸血蚊）については、DNA分析による吸血源動物種の同定、および鳥マラリア原虫遺伝子の検出を並行して行う。
3) 採集した蚊の一部（数百匹）は、原虫がスポロゾイト（感染仔虫）の段階まで発育しているかどうかを顕微鏡下で観察する。スポロゾイトが確認された場合、DNA分析により原虫系統を同定する。
4) 媒介蚊の種類・原虫系統・宿主鳥類をセットで記録したデータベースを作成する。

申請者のギモン14 （続）フォントの大きさ

つまり，フォントは11ポイントにすればよいのですね？

MS 明朝

ヒラギノ明朝 Pro

ヒラギノ角ゴシック Pro

メイリオ

游明朝体

図にあるように同じポイント数でも，フォントによって微妙に大きさが違うことがわかるだろう．MSフォントは明朝体もゴシック体も大きさは同じだが，他のフォントとは微妙に違う．MSフォント以外の他のフォントは，多くはやや大きめである．

したがって申請書のフォントは11ポイントと決めてしまわずに，フォントの特徴をみて大きさを決めた方がよい．

例えばよく使われるMS明朝やMSゴシックはやや小さめのフォントなので，科研費応募要項に指定されている「11ポイント以上」の11ポイントが適した大きさである．しかし，他のフォントはMSフォントよりもやや大きめであることが多く，調整が必要．例えばヒラギノ明朝やヒラギノ角ゴシックProでは，10.5ポイントがMSフォントの11ポイントと同じくらいの大きさになる．メイリオや游明朝体も10.5ポイントくらいがちょうどいい大きさになる．

case 42

内容が少なすぎる

理工系　生命科学系　医歯薬系　人文学系　社会科学系　複合領域系

重要度 ★★☆　頻度 ★★☆

どこがよくないか

【年次計画】
□1年目（平成25年度）
　文献収集・事例整理
　国内調査および研究協力者との打ち合わせ：東京
　海外調査：英国・ロンドン、ノルウェー・オスロ
　出張報告書の作成
□2年目（平成26年度）
　統計データ分析
　海外調査：クウェート、アラブ首長国
　出張報告書の作成
　学会報告
　ノルウェー、中東、中国等の企業ファンドの比較研究についての学術論文の作成
□3年目（平成27年度）
　出張報告書の作成
　学会報告、研究会報告
　日本と英国等企業ファンド受入国の制度に関する比較研究についての学術論文の作成

memo

ふさわしく

はっきりと

具体的に

簡潔に

推敲のヒント

レイアウト

図表

アピールする

研究項目ごと「目的」「具体的なメソッド・手法」「予想される結果と意義」を書こう

添削例

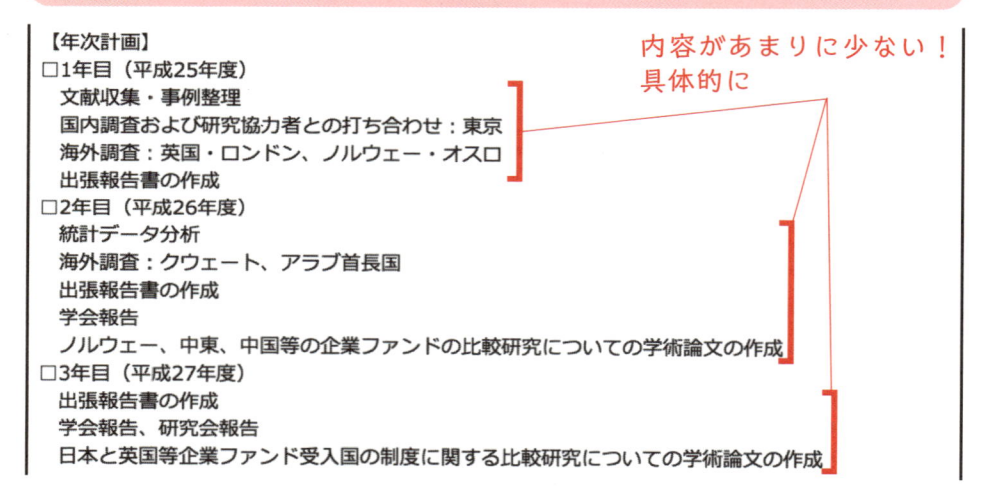

【年次計画】
□1年目（平成25年度）
　文献収集・事例整理
　国内調査および研究協力者との打ち合わせ：東京
　海外調査：英国・ロンドン、ノルウェー・オスロ
　出張報告書の作成
□2年目（平成26年度）
　統計データ分析
　海外調査：クウェート、アラブ首長国
　出張報告書の作成
　学会報告
　ノルウェー、中東、中国等の企業ファンドの比較研究についての学術論文の作成
□3年目（平成27年度）
　出張報告書の作成
　学会報告、研究会報告
　日本と英国等企業ファンド受入国の制度に関する比較研究についての学術論文の作成

内容があまりに少ない！
具体的に

なぜよくないのか？

　　年次計画（研究計画）の内容があまりに少なくそれぞれに具体性も何もない．本当はそんなことはないのに，申請書からこの研究は数日から数週間あればできてしまうのではという印象すら抱く．これでは研究計画とは言えない．

どのように改良すればよいか？

　研究の年次計画（研究計画）は【研究計画・方法】で最も大切．しっかりと書かないといけない．書き慣れないうちは次の構成を意識しよう．まずその年度に「何を目的に研究を行うのか」を1～2行でまとめて書く．次にその目的を明らかにするために行う「研究手段・手法」について，3つくらいを目安に解説する．そして最後に，そうやって「どのような結果が得られると予想されるか，またその意義」を書けばよい．

　「年次計画の目的」→「具体的な手段・手法」→「予想される結果と意義」

　例文のような一見少ない内容をどのように膨らませればよいかステップを踏んでみていこう．『文献収集』は，どのような文献なのか？ またどこで文献を収集するのか？ という視点から，まずその文献を調べる目的を書いて，文献の例（があれば）を2～3例あげる．そしてもちろん文献を収集するだけではだめ．収集した文献の調査をどのように進めるかも膨らませる．どのようにまとめるのか？ どのように分類して，解析するのか？ どのくらいの量の文献を調査するのか？ という視点からできるだけ詳しく書く．さらに文献をどのように調べるのかも膨らませる．文献をどの程度まで読みこむのか？ どのようにメモするのか？ その際に，どのような記述に注目するのか？ 抜き出した資料はどのように整理するのか？ どのように分析するのか？

　このような問いかけの視点をもって，実際のことを思い浮かべながら書くとよい．

改善例

【年次計画】

□**1年目（平成25年度）**

1年目は政府系企業ファンドの資金源、投資先、運用実績について英国の事例を調べ、現地調査を行う。英国は国際投資の拠点であり、政府系企業ファンドの研究が活発なこと、政府系企業ファンドについての情報開示度が高いことなどが理由である。

データ収集：英国の政府系企業ファンドに関して資金源、投資先、運用実績などのデータを収集する。そのための資料としては、政府系企業ファンドに関する書籍、論文、新聞・雑誌、データベース等を使用する。

書籍：○○らや、BeAuxらによる「政府系企業ファンド」に関する書籍などに英国の政府系企業ファンドのデータが多数収集されている。資金源や投資先などの記載を中心に資料収集を行う。

論文：Pressler, Cohen, Greenhouse らによる論文など多数あり、特に資金源の拠出方法や運用実績についての詳細な分析などを中心に調べる。

新聞・雑誌：Financial Times や Economics などの新聞には有益な情報やデータが多い。またかなり古い時代のデータから最新のものまで、電子化されており、検索機能によって膨大な情報を調べることができる。とくに運用実績などのデータを中心に調べる。

さらに英国のEconomics や British Economic Journal などの雑誌にも運用実績のデータなどの資料が多い。これらも電子版によって容易に検索を行うことができる。

データベース：上場企業の大株主のデータを収録した国内外のデータベースにより、英国の政府系企業ファンドの運用実績のデータを得る。投資先企業については、開示された企業データベースから情報を得る。とくに資金の拠出先、資金の流れ、運用方法、情報開示制度などについて調べる。

海外調査：国内で得ることのできる情報以外の詳細な資料や開示されていない情報に関して、現地の研究者の協力を得て調査を進める。特に政府系企業への融資やその企業の実績、投資先が公にならない企業等の情報収集を行う。英国ロンドンは国際投資の拠点であり、政府系企業ファンドについての研究実績が多いシティ経済研究センターやロンドン経済大学の研究者へのヒアリングを予定し、内諾を得ている。

【ヒアリングの内容】

ヒアリング対象者：シティ経済研究センターやロンドン経済大学の研究者を約12名（○○教授、○○専任研究員など打ち合わせ済み）

ヒアリングの項目：英国政府の政府系企業ファンドの資金源、融資先企業の情報（とくに政府系企業や私企業への非公表の融資の実態）、運用実績の詳細、その他の開示されない情報について。

ヒアリング結果の分析：国内において事前に調査した以外の情報を中心に分析を行う。

以上の1年目の調査・研究から、次年度以降の日本、中国、中東諸国の政府系企業ファンドとの比較分析のためのデータを得ることができる。

5 研究計画・方法

case 43

年度ごとに
計画の詳細しか書かれていない

理工系　生命科学系　医歯薬系　人文学系　社会科学系　複合領域系

重要度 ★★★　　頻度 ★★★

どこがよくないか

　　これらの結果を、項目④⑤で、異なった遺伝的背景のもとで再検証し、研究結果の一般化を目指す。

【平成25年度】

①βカテニンによるPCFTの発現制御：

　　Smith らの報告によればPCFTの転写はLIF依存性である。その詳細を検証するために、申請者が作製したSTAT cKO-ES細胞で、内在性のSTAT3を除去した後、PCFTの発現はNanog, Esrrbなどの多能性関連転写因子群が消失する時期と同時に消失が認められ、これはβカテニンの阻害

memo

アドバイス

年度予定の詳細の前に，年度の要約や「目的」を書こう

添削例

　これらの結果を、項目④⑤で、異なった遺伝的背景のもとで再検証し、研究結果の一般化を目指す。

【平成25年度】
①βカテニンによるPCFTの発現制御：
　Smith らの報告によればPCFTの転写はLIF依存性である。その詳細を検証するために、申請者が作製したSTAT cKO-ES細胞で、内在性のSTAT3を除去した後、PCFTの発現はNanog, Esrrbなどの多能性関連転写因子群が消失する時期と同時に消失が認められ、これはβカテニンの阻害

いきなり実験項目の詳細を書いている．まずは計画の要約を書く

なぜよくないのか？

　例文では【研究計画・方法】本文の冒頭で，『【平成25年度】』と書いて，すぐに実験項目（研究項目）ごとに研究の詳細を書いている．【研究計画・方法（概要）】から【研究計画・方法】本文に移って，ただ実験項目だけを順番に書いているだけである．その年度には何を行うのかという全体像がつかみにくい．

　これは科研費申請書によくある書き方のパターンであるが，審査委員はそのまま読み流してしまい，印象に残りにくい．

どのように改良すればよいか？

　　　その年度の実験計画（研究計画）の要約を冒頭に書いておくのがよい．いわゆるパラグラフライティングのように，まず要約を書いておいて，その内容を詳しく説明していく．そうするとその年度に行う実験の全体像が把握できて，個々の実験項目を理解しやすい．

改善例

　これらの結果を、項目④⑤で、異なった遺伝的背景のもとで再検証し、研究結果の一般化を目指す。

【平成 25 年度】
　平成 25 年度には転写因子 PCFT 遺伝子の発現制御の仕組みを解明し、PCFT による標的遺伝子を明らかにする。

①βカテニンによる PCFT の発現制御：
　Smith らの報告によれば PCFT の転写は LIF 依存性である。その詳細を検証するために、申請者が作製した STAT cKO-ES 細胞で、内在性の STAT3 を除去した後、PCFT の発現は Nanog, Esrrb などの多能性関連転写因子群が消失する時期と同時に消失が認められ、これはβカテニンの阻害

申請者のギモン15　見出しの工夫

記載事項の説明欄には「研究計画の着目ポイント」を記述，とは書かれていない．この例のように『研究計画2年目の着目ポイント』として書くのはよいのだろうか？

●**研究計画2年目：　与格交替構文態動態の採取および受動態構文との比較・分析**
　構文文法では，構文同士はネットワークを成し，互いに相互作用しあうとされる．REC 受動の発達を考える際には，その関連構文として DOCやPDCの能動態文にも注意を払うのが望ましい．与格交替構文の能動態例と受動態例を比較することは，後者の特徴を探る上でも有益である．そこで研究計画2年目は，能動態与格交替構文のコーパス例採取・集計に充てる．着目する動詞類は研究計画1年目と同様である．ただし，能動態文は受動態文に比べ，膨大な例数に上ることが予測されるため，採取により一層の工夫が必要である．そこで，CLMETやCOHAの下位レジスター(register)，総語数，テキストの年代等のバランスに注意を払いながら，例採取対象とするファイルを絞り込む．例採取終了後，下記破線ボックス内に記載の点に着目しながら分析を行う．

> 研究計画2年目の着目ポイント
> **(d)** コーパスにおける二重目的語構文 (DOC) 例と前置詞句構文 (PDC) 例の比率について，能動態文と受動態文で通時的変化は見られるのか？
> **(e)** 一般に，DOC の Recipient は代名詞が多い (Wolk et al. 2013) とされるが，REC 受動の Recipient にも同じ傾向が見られるのか？

問題ない．例については，それ以外に，重要な点を破線で囲んでまとめてあるのはよい工夫だ．また【研究計画・方法】には，「研究上の工夫」「研究協力者」「本研究応募者の異動・退職予定」などきちんと書いてあって，細やかな対応が感じられて非常によい印象をもつ．

研究計画を緻密にしっかりと書くことが前提だが，わかりやすいように，読みやすいように，各人でいろいろと工夫するのはよい．見出しも募集要項や申請書の説明欄に書いていないものは使っていけないということはなくて，読んでわかりやすい，理解しやすい工夫であれば，審査委員もよい印象をもつ．その他の例を示す．

【1．研究の学術的背景】
1)　外来魚の生息場の解明
　申請者らは2001年の土地改良法の改正をきっかけに，水路におけんできた。久留米市郊外における生息分布の特徴、水路構造に対応にし、適性な生息場の予測モデルを開発した (Ohishi et al. 2008)量推定に向けたモデルの改良や農業農村整備事業での日本固有の淡されている（業績17, 22）。

2)　遺伝子多様性の解明
　外来魚の生息場の解明を進める中、申請者らは生物多様性の概念種だけでなく、淡水魚の遺伝子多様性の解明にも着手した。日本国内つの遺伝子グループに分かれ、ホトケドジョウは水路系によって遺ドジョウはドジョウと明確に判別され、これらの分析に利用するDN手法を考案した（業績2, 3, 6）。以上の成果は学術的にも高い評価依頼や2010年度の学会奨励賞の受賞にも繋がっている。

3)　研究を着想した経緯
　本研究は、DNA分析技術を導入し、外来魚の生息調査について、譜が必要だった捕獲調査に代わる　簡便かつ精度の高い手法を開

5 研究計画・方法

case 44

研究項目ごとに
計画の詳細しか書かれていない

理工系　生命科学系　医歯薬系　人文学系　社会科学系　複合領域系

重要度 ★★★　頻度 ★★★

どこがよくないか

（平成 25 年度）

1. マルチメディアの語学習得における役割と効果、実践的授業への効果的利用への提言

リアルタイムの発表後、学習者が修正を行わなかった場合、誤りに気づかなかったのか、あるいは気づいていたのに修正しなかった（できなかった）のはなぜかを、録画された会話を見ながら各学習者にインタビューして解明していく。

memo

ふさわしく

はっきりと

具体的に

簡潔に

推敲のヒント

レイアウト

図表

アピールする

アドバイス

研究項目の詳細の前に,年度の要約や「目的」を書こう

添削例

（平成 25 年度）
1. マルチメディアの語学習得における役割と効果、実践的授業への効果的利用への提言
　リアルタイムの発表後、学習者が修正を行わなかった
気づいていたのに修正しなかった（できなかった）の
者にインタビューして解明していく。

> この研究項目の目的が書かれていない. 目的を簡単に書く

なぜよくないのか？

　　例文は調査項目（研究項目）の内容を具体的に述べているが，その目的が語られておらず審査委員には読みとりにくい. 目的あってこその実験や調査である. それぞれの研究項目の目的は何か，なぜ行う必要があるのか，その研究項目によって何が明らかになるのかを書いておかなければならない.

どのように改良すればよいか？

　　論文を書くときには，次のように書く訓練を受けているはずだ.
　　「何を明らかにするためにこの実験・調査を行うのか？」→「どのような手法で実験・調査を行うのか？」→「得られた結果は？」→「それによって，何が明らかになったのか？」
　　申請書もこれと同じ流れで書くとよい. つまり「何を明らかにするためにこの実験・調査を行うのか？」→「どのような手法で実験・調査を行うのか？」→「得られる結果とその意義の予想は？」. ただし申請書の内容は未来のことなので，結果とその意義は予想を書く.
　　例文では，個々の調査項目の目的を加える. 詳しく書く必要はなく，簡単でよい. 目的あってこその実験や調査であることをしっかりと意識しよう.

改善例

　実践授業の実施段階になったときに、生じた問題点を修正し改良していく必要がある。そのために、リアルタイムの発表後、学習者が修正を行わなかった場合、なぜ誤りに気づかなかったのか、あるいは気づいていたのに修正しなかった（できなかった）のはなぜか、録画された会話を見ながら各学習者にインタビューして解明していく。これによって実践授業の問題点を修正していくためのヒントが得られる。

参考

　　　実験の目的や具体的な手法，その展開まで書かれたよい例をあげる．

2．平成25年度以降

2）対象種のDNA検出法（平成25年度）

　PCR増幅により、抽出した環境DNAからブラックバスやブルーギルなどの外来魚のDNAを検出する方法を開発する。ここでの主な内容は、(1) 種固有のプライマー配列の設計と (2) 増幅温度条件の設定となる。なおプライマー（約20塩基の人工DNA）は、PCR増幅によって特定のDNA配列を大量にコピーし、いわば検出器の働きをする。これにより、もとのDNAがわずかでも電気泳動で対象種のDNAを検出できる。また、このコピーは後述のDNA定量にも用いる。

(1) 種固有のプライマー配列の設計

　これまで種判別に他用されているミトコンドリアDNAの使途クロームb遺伝子の配列を対象とする。DNAデータベースを利用して、外来魚のそれぞれについて、他生物種に共通しない種固有の配列を設計する。

(2) 増幅温度条件の設定

　PCR増幅の成否はプライマーがDNAに結合する温度に依存する。ここでは予め両種のDNAを準備し、設計したプライマーによってDNAが増幅するか、電気泳動によって確認しながら、最適な温度条件を決定する。

　以上の実験によって環境DNAから外来魚のDNAを検出する方法が開発でき、次の生息調査の現場からのサンプルに応用する。

3）現地水路における有効性の確認（平成25年度後半〜26年度前半）

　実際の生息調査における環境 DNA の有効性を確認するため、(1) 現地水路において採水と個体の捕獲を実施する。(2) 環境 DNA 中における対象種の DNA を定量し、捕獲量との相関関係を明らかにする。

申請者のギモン 16　図の情報の向き

図の情報の流れに決まりはありますか

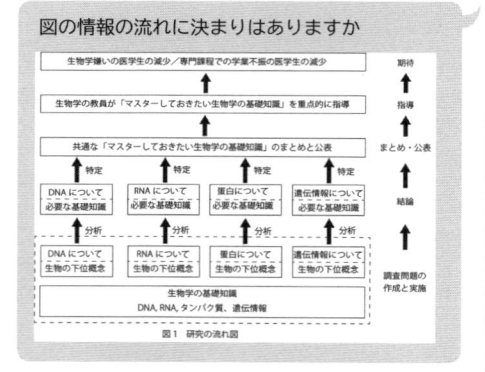

図1　研究の流れ図

図の流れは基本的に「上から下」にすべきである．読む流れとしては，「上から下」の方が自然．また同じく読む流れからは「左から右」にする方が自然．もっとも「右から左」への流れで書いた図は見たことがないが…．

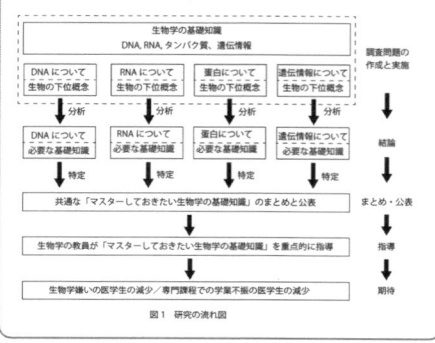

図1　研究の流れ図

5 研究計画・方法

case 45

回りくどい表現，
なくてもよい表現がある（1）

理工系　生命科学系　医歯薬系　人文学系　社会科学系　複合領域系

重要度 ★★★　頻度 ★★★

ふさわしく

はっきりと

具体的に

簡潔に

推敲のヒント

レイアウト

図表

アピールする

どこがよくないか

[a]　試行データに基づきながら改良案を提示するとともに理論的枠組みを明確にする。
　実践の記録と分析から得られた知見を、歴史的に、あるいは国際的な視野から評価するために、関連する文献を精査して本研究を位置づけるとともに、研究の理論的枠組みを明確にする。

memo

具体性のない言葉や記述はカットして説得力を高めよう

添削例

> とは？具体的に書く

~~案を提示するとともに~~理論的枠組みを明確にする。
実践の記録と分析から得られた知見を、歴史的に、あるいは国際的な視野から評価するために、関連する文献を精査して本研究を位置づけるとともに、研究の理論的枠組みを明確にする。

なぜよくないのか？

　　例文の『本研究を位置づける』とはいったい何を行うのだろうか？ もし研究に「位置づけ」が必要ならば，その理由をきちんと書いておかなければならない．また『理論的枠組み』を明らかにするとは何を行うのだろうか？ はっきり言えば『位置づける』や『理論的枠組み』を明らかにするなどの記述は，具体性と必要性がなく，【研究計画・方法】に書く必要はない．

　　いったい何を行うのか，審査委員にもイメージがわく記述になっているだろうか．それには具体性が必要である．

どのように改良すればよいか？

　　具体性のない言葉はカットすべきだ．文系の申請書では，初年度〜2年目にプログラムやカリキュラムを作成して，3年目にその実践と改良という流れが非常に多い．ここにあげた例文もその1つである．

　　例文では『本研究を位置づける』の部分を「関連文献と比較して本研究の意義を明らかにする」と変更し，『理論的枠組み』を「従来の理論との関係を明らかにする」と，わかりやすくもう少し具体的な手法に言い換えた．

改善例

[a]　試行データに基づいて改良案を提示する。
　実践の記録と分析から得られた知見を、歴史的に、あるいは国際的な視野から評価するために、関連する文献を精査して、その内容と比較することで、本研究の意義を明らかにする。それとともに、この研究で明らかになった結果が、従来の理論と照らし合わせてどのような関係があるかを明確にする。

case 46

具体的に何を指しているか
がわからない（理系の例）

理工系　生命科学系　医歯薬系　人文学系　社会科学系　複合領域系

重要度 ★★★　頻度 ★★★

どこがよくないか

例文1

・炎症反応については、炎症マーカーによる免疫染色等を行い、組織学的に解析する。
・移植後に新生骨を形成した骨については、骨密度のデータを定量解析する。

例文2

　その細胞集団において、real-time PCRで骨芽細胞マーカーであるosteocalcin, ALP mRNAの発現が増加しているか解析することで骨芽細胞系細胞であるかどうか検証する。また、ALP染色、ALP活性を測定する。

例文3

　本研究で明らかになった結果を基にデータベースを作成する。また、これらの情報は国際的な鳥類の血液原虫データベースに登録し、公表する。これによって、海外からの鳥マラリア原虫の侵入監視と流行予測のための基盤を整備する。

memo

ふさわしく　はっきりと　具体的に　簡潔に　推敲のヒント　レイアウト　図表　アピールする

アドバイス

まずは細部を緻密に書き，具体性とオリジナリティのある内容を目指そう

添削例

例文 1

- 炎症反応については、<u>炎症マーカー</u>による免疫染色等を行い、<u>組織学的に解析する。</u>
- 移植後に新生骨を形成した骨については、骨密度のデータを<u>定量解析する。</u>

とは？具体例をあげる

とはどのような解析か？
解析法の詳細を書く

染色測定してどうするのか．
そしてどうするのかまで書く

例文 2

　その細胞集団において、real-time PCRで骨芽細胞マーカーであるosteocalcin, ALP mRNAの発現が増加しているか解析することで骨芽細胞系細胞であるかどうか検証する。また、<u>ALP染色、ALP活性を測定する。</u>

例文 3

データベースの具体的な中身（の案）がない

　本研究で明らかになった結果を基に<u>データベースを作成する。</u>また、これらの情報は国際的な鳥類の血液原虫データベースに登録し、公表する。これによって、海外からの鳥マラリア原虫の侵入監視と流行予測のための基盤を整備する。

なぜよくないのか？

　例文1では『炎症マーカー』とは具体的に何か？『定量解析する』とあるなら，どのような解析方法で定量解析するのか？ その方法まで書くのがよい．

　例文2も同じで，簡単に書きすぎている．申請者にはわかっていても，審査委員にはわからないことが多い．いったい何について『ALP染色，ALP活性を測定する』のか？ そして測定して，どうするのか？ また『検証する』からは，検証してその後どうするのか？ という疑問が生じる．

　例文3は『データベースを作成する』で終わっている．具体的な中身は？ データベースに記録する項目は？ 実際に申請者はどのようなソフトを使って，どのような内容や機能のデータベースをつくるのか？ それを示さないと，リ

アリティが出ず，現実感がない．

　研究計画の内容はできるだけ詳しく書くこと．細部をおろそかにせず，細部にこだわり，緻密に書く．その積み重ねがわかりやすい，理解しやすい内容につながる．もちろんこの場合の「詳しく」は細かな実験条件（例えばPCRの条件，酵素反応の条件など）ではなく，詳しい研究計画（例えば，AとBを対象にPCRで比べるなど）である．

どのように改良すればよいか？

　申請者自身は，自分の研究計画の内容については詳しく知っているため，つい簡単に書いてしまいがちだ．しかし『炎症マーカー』と書かれてある場合，審査委員は自分の知っている範囲のさまざまなマーカーを思い浮かべるだろう．研究計画は読み手によらず意図が伝わるものとしたい．できるだけ具体例をあげたり，解析方法ならばその詳細を書くようにするとよい．また『データベースの作成』を計画した場合，その中身を詳しく書く必要がある．例えば，科研費の申請書の見本ではないが，国立環境研究所の侵入生物データベースの

- 高次分類群
- 和名（学名）
- 法的扱い
- 由来
- 国内侵入分布

のような記述がほしい．研究計画こそ最も具体的に書き表したい箇所である．そのため，まず最初は細かいところまで注意して詳しく書く．それから何度も見直して，不必要であるなら削ればよい．

　例文1は炎症マーカーの例として『α1アンチトリプシン』『CRP』『各種サイトカイン』などをあげておく．

　例文2も細部まで緻密に書く．末梢血中から分離された細胞集団について『ALP染色，ALP活性を測定する』ことを記載して省略を減らす．

改善例

例文 1

・炎症反応については、α1アンチトリプシン、CRP、各種サイトカインなどの炎症マーカーによる免疫染色等を行い、どこの部位に炎症が起こっているのかを組織学的に解析する。
・移植後に新生骨を形成した骨については、骨密度のデータを動物研究用のpQCT (peripheral Quantitative Computed Tomography) を用いて定量解析する。

例文 2

骨芽細胞マーカーであるosteocalcin, ALP mRNAの発現が増加しているかをreal-time PCRによって解析することで、末梢血中から分離された細胞集団が骨芽細胞系細胞であるかどうかを検証する。さらにALP染色を行ったり、ALP活性を測定することによって、得られた細胞集団が骨芽細胞系細胞であることを確認する。

例文 3

本研究で明らかになった結果を基に日本国内における鳥マラリアのデータベースを構築する。データベースに記録される項目は、

①国内で流行している原虫系統、②その媒介蚊、③宿主鳥類、④原虫系統の塩基配列

である。これらの情報は国際的な鳥類の血液原虫データベースに登録し、公表する。これによって、海外からの鳥マラリア原虫の侵入監視と流行予測のための基盤を整備する。

5 研究計画・方法

case 47

具体的に何を指しているか
がわからない（文系の例）

理工系　生命科学系　医歯薬系　人文学系　社会科学系　複合領域系

重要度 ★★★　頻度 ★★★

どこがよくないか

例文1

平成25年度：気候変動政策の政治過程に関する分析枠組みの構築
（1）　先行研究の整理および論点・課題の明確化
　日本で入手可能な比較環境政治に関する先行研究を整理して論点と課題を明確にする。その後に、比較分析の枠組みを構築する。さらに現地調査の事前準備として気候変動締約国会議の交渉過程とラテンアメリカ諸国の対応について研究動向をまとめる。
（2）　現地調査
　研究調査の事前準備をもとに、政治過程をめぐる事実関係（政治過程での争点、政策推進の阻害要因、環境NGOの抗議の方法・経路・増減など）を確認するために現地調査を行う。

例文2

　コリント様式の陶器と同じ地域で発掘された陶器の年代を特定するために、炭素年代測定法を行う。すでに分析を行い年代が特定しているコレクションの陶器11点と文様の比較分析を行う。

例文3

　各世界遺産の事務局において、運営体制とその所在地域の把握を行う。審査時の資料や報告書を閲覧するとともに、その後の変化を聞き取り等により明らかにする。

例文4

　介入前後で、身体・心理的アセスメント項目の変化量を比較する。

ふさわしく　はっきりと　具体的に　簡潔に　推敲のヒント　レイアウト　図表　アピールする

アドバイス

具体例を幾つか盛り込みイメージの共有ができる内容を目指そう

添削例

例文1

平成25年度：気候変動政策の政治過程に関する分析枠組みの構築
（1）　先行研究の整理および論点・課題の明確化
　日本で入手可能な比較環境政治に関する先行研究を整理して論点と課題を明確にする。その後に、比較分析の枠組みを構築する。さらに現地調査の事前準備として気候変動締約国会議の交渉過程とラテンアメリカ諸国の対応について研究動向をまとめる。

とは具体的に何か？

（2）　現地調査
　研究調査の事前準備をもとに、政治過程をめぐる事実関係（政治過程での争点、政策推進の阻害要因、環境NGOの抗議の方法・経路・増減など）を確認するために現地調査を行う。

具体例をあげていてよい

例文2

　コリント様式の陶器と同じ地域で発掘された陶器の年代を特定するために、炭素年代測定法を行う。すでに分析を行い年代が特定しているコレクションの陶器11点と文様の比較分析を行う。

具体的にはどのように行うのか？

例文3

とは？

　各世界遺産の事務局において、運営体制とその所在地域の把握を行う。審査時の資料や報告書を閲覧するとともに、その後の変化を聞き取り等により明らかにする。

どのような変化？　例をあげる

例文4

　介入前後で、身体・心理的アセスメント項目の変化量を比較する。

具体的な内容は？

なぜよくないのか？

　　例文１の『先行研究』とは何か？『論点と課題』の詳しい内容は何か？ など具体性に乏しい．例文は研究計画の初年度の，しかも冒頭である．そのため申請の段階であっても『先行研究』は誰のどのようなものかを書いておくべきだし，『論点と課題』も具体的にある程度書いておくべきだ．

　　例文２では，炭素年代測定法が重要な研究手法であることはわかるが，申請書にはどこの施設で，どのような機器・方法によって年代測定を行うのか書かれていない．

　　例文３も例文１と同じく，さらっと書いていて審査委員にはわかりにくい．『運営体制とその所在地の把握』や『その後の変化』とはなんなのか？ 例をあげて説明しないとわからない．

　　例文４では『身体・心理的アセスメント項目』の内容が記載されていない．審査委員によってアセスメント項目の認識は異なるかもしれない．

　　文系の申請書でも研究計画の内容はできるだけ詳しく書くこと．細部にこだわり，緻密に書く．その積み重ねがわかりやすい，理解しやすい内容につながる．

どのように改良すればよいか？

　　計画と方法は，例をあげて具体的に書くこと．重要な研究手法（方法論，メソッド），特に機器を使った測定法を書くときには，その機器を保有しているのか，あるいは保有していない場合はどこで行うのか，その情報が必要．そこまで詳しく書いてはじめて研究計画にリアリティや実現可能性を示すことができる．ただ単に，『〜の機器を使って明らかにする』ではだめ．なお，研究計画が全くのゼロからスタートすると主張する研究は，審査委員の立場からすると評価に困る．これまでの申請者の研究の流れと関連した研究内容がないかもう一度検討しよう．もしどうしても全くのゼロからスタートする研究なのだという場合，せめて準備していることは書いておくべきだ．特に初年度の研究については，すでに準備も整っていて，科研費が採択されたらすぐに研究計画を実行できることを示されると，審査委員は実現可能性があると判断しやすい．

　　例文１の『(2) 現地調査』では『政治過程をめぐる事実関係（政治過程での

争点，政策推進の阻害要因，環境NGOの抗議の方法・経路・増減など）』と具体例があげられており，審査委員にもわかりやすい．（1）もこのように具体的に書く．他との重複を恐れずに「背景」と「目的」を加えイメージが共有できるように直す．

　　例文2では機器の保有はしていないが共同研究先でAMS法を使ってなど，できるだけ具体的な内容を書く．

改善例

例文1

平成25年度：気候変動政策の政治過程に関する分析枠組みを構築する
（1）　先行研究を整理して論点と課題を明確にする
　ラテンアメリカ諸国では経済成長と環境保護の両立に迫られてきた。申請者はこれまで気候変動政策を中心とした比較環境政治に関する先行研究を整理してきて、ラテンアメリカ諸国における政策について、次のような論点と課題を明確にする必要があることを示した。

・気候変動政策を実施する制度改革がどのように進展してきたか
・その政治過程での争点はどのようなものだったのか
・政策推進を阻害する要因にはどのようなものがあったのか
・環境NGOが国家の政策選好に対して行った行動はどのようなものか

　そこで、まず日本で入手可能な比較環境政治に関する先行研究を整理して論点と課題を明確にする。先行研究の例としては○○たちや○○による気候変動政策に関する研究を検討する。その後に、比較分析を行う具体的な項目をいくつか選択する。さらに現地調査の事前準備として気候変動締約国会議の交渉過程とラテンアメリカ諸国の対応について研究動向をまとめる。

（2）　現地調査
　研究調査の事前準備をもとに、政治過程をめぐる事実関係（政治過程での争点、政策推進の阻害要因、環境NGOの抗議の方法・経路・増減など）を確認するために現地調査を行う。

　　　　　例文1は，欲を言えば『分析枠組みを構築』『論点と課題を明確にする』とはどのようなことか，まで書きたい．そこまで書ければ具体性は十分だ．

例文2

　コリント様式の陶器と同じ地域で発掘された陶器の年代を特定するために、炭素年代測定法を行う。すでに分析を行い年代が特定しているコレクションの陶器11点と文様の比較分析を行う。炭素年代測定は、○○大学原子力研究総合センターのタンデム加速器を用いた加速器質量分析法（AMS法）で行う。

case 48

アンケート調査やプログラム作成の内容がないのでイメージできない

理工系　生命科学系　医歯薬系　人文学系　社会科学系　複合領域系

重要度 ★★★　頻度 ★★★

どこがよくないか

例文 1

　・複数の教員養成大学の教育実習を経験した学生を対象に、実習中の食育に関する指導の有無と、有りの場合の指導内容をアンケート調査する。

例文 2

　教材の開発：経験の浅い教員が、実践の授業研究を通して自ら欠点に気付くことができるような問い（査定項目）を含んだ教員用教材のプロトタイプを作成する。

例文 3

◎事例研究により高齢者の「参加型アクション・リサーチ」の可能性を明らかにする
　参加型アクション・リサーチによるモデルケースとして「健康長寿のまちづくり」の実践場面を観察し、プログラム内容を描き出すとともに、主催者と参加者の両者へのインタビュー調査を実施する。それによって参加型アクション・リサーチの効果と意義について明らかにしようとするものである。

例文 4

（平成24年度の研究計画）
　平成23年度の調査により得られた高齢対象者の社会的背景や身体機能、心理的側面および介護予防に関する興味や希望について分類する。同時に、聞き取り調査から得られた参加者の特徴や傾向、介護予防に関する学習ニーズを検討する。また、性別や年齢などの属性による興味や学習ニーズの違いや、自信がない日常生活動作および現在の対処の方法などを整理、分類し、介護予防の教育プログラムの検討項目とする。そして、従来の介護予防の運動プログラムに、介護予防の教育プログラムを組み合わせた介護予防「運動＋教育プログラム」を作成する。

アドバイス

現段階の構想でかまわないので,アンケート調査の中身を具体的に書こう.「インタビュー」「質問紙調査」「プログラム作成」「カリキュラム作成」は中身がないと審査委員には伝わらない

添削例

例文1

　・複数の教員養成大学の教育実習を経験した学生を対象に、実習中の食育に関する指導の有無と、有りの場合の指導内容をアンケート調査する。

　　　　　　　　　　　具体的な質問項目は？

例文2

　教材の開発：経験の浅い教員が、実践の授業研究を通して自ら欠点に気付くことができるような問い（査定項目）を含んだ教員用教材のプロトタイプを作成する。

　　　　とは具体的にどのようなものか？
　　　　具体的に査定項目をいくつかあげる

例文3

◎事例研究により高齢者の「参加型アクション・リサーチ」の可能性を明らかにする
　参加型アクション・リサーチによるモデルケースとして「健康長寿のまちづくり」の実践場面を観察し、プログラム内容を描き出すとともに、主催者と参加者の両者へのインタビュー調査を実施する。それによって参加型アクション・リサーチの効果と意義について明らかにしようとするものである。

　　　どのような内容でインタビューを試みるのか？
　　　いくつかあげる

例文4

（平成24年度の研究計画）
　平成23年度の調査により得られた高齢対象者の社会的背景や身体機能、心理的側面および介護予防に関する興味や希望について分類する。同時に、聞き取り調査から得られた参加者の特徴や傾向、介護予防に関する学習ニーズを検討する。また、性別や年齢などの属性による興味や学習ニーズの違いや、自信がない日常生活動作および現在の対処の方法などを整理、分類し、介護予防の教育プログラムの検討項目とする。そして、従来の介護予防の運動プログラムに、介護予防の教育プログラムを組み合わせた介護予防「運動＋教育プログラム」を作成する。

　　　プログラムの中身がわからない

なぜよくないのか？

　この例文1のように，アンケート項目の候補を1つもあげていない申請書が，審査委員に具体的な研究であると思わせることができるだろうか？

　例文2には『教材のプロトタイプ』とあるが，その中身が具体的でない．特に初年度中にある程度の教材のプロトタイプをつくる計画ならば，その構想も示しておきたい．そうでないと準備不足と判断される．また『教材のプロトタイプ』の具体的なイメージがないと，審査委員には次年度以降の改良点がわからない．

　例文3は『インタビュー調査を実施する』だけでは不十分．インタビューの中身はどのようなものなのか書かないといけない．「申請書を出す段階ではまだインタビューの中身がわからない」というのでは，審査委員に準備が不十分と思われてもしかたがない．研究計画の段階で，インタビューの概略くらいは考えておくべき．

　例文4のプログラムの具体的な内容としてどのようなものを考えているのか？それが申請書では全くわからない．しかも次の年度の研究計画では『プログラムの実施・検証』に進んでおり，プログラムの実態は最後まで不明なままである．

　これまでの添削経験から，文系の申請書では方法論のところが不十分なものが多いと感じる．『インタビュー』『質問紙調査（＝アンケート調査）』『プログラム作成（開発）』『カリキュラム作成』などは文系の申請書の定番の内容である．しかし，残念ながら多くの申請書では，【研究計画・方法】に，これらの詳しい内容は書かれていない．また，これらのための，十分な材料集め，資料集め，データ収集がきちんと書かれていないばかりか，むしろ『効果の検討』に重きを置いているものが多い．そうではなく例えば『開発されたプログラム』があってこそ『効果の検討』『他との比較』ができるはずだ．実態のないもので効果を検討したり，他との比較をしたりなどできない．

どのように改良すればよいか？

『プログラム』『カリキュラム』『教材』『マニュアル』の開発・実施・検証で重要なことは，開発のための基本調査の内容をしっかりと計画し，次に得られた（得られるであろう）データをもとにした試案を提案し，そのうえで検証方法を書くことである．

例文1のような質問紙調査（＝アンケート調査）は，具体的な内容まで書く．構想段階での質問項目でよいから，いくつかの項目をあげる．そうしてはじめて調査内容に具体性が生まれる．質問項目の例を書くのが難しい場合はせめて，アンケートの対象者は？ 何人くらいにアンケートを行う？ 調査内容をどのように分析する？ などでもよいので審査委員でもイメージできる情報を足そう．

例文2は『教材のプロトタイプ』を具体的な内容まで書く．それは文章で書かれたマニュアルのようなものなのか，あるいは図を使ったチャートのようなものなのか，あるいは項目とチェックポイントの○と×を記入する表のようなものなのか？

例文3はインタビューの内容（質問項目，対象人数，解析方法など）を必ず書く．実際に行う内容でなくてもよい．あくまでも計画段階のインタビュー調査でよい．どのような質問をするのか，その候補項目をいくつかあげておく．そうやって詳しく書いていくことで，研究計画の具体性が生まれる．

例文4はプログラムの概略を想像ができるように示す．その一部でもよいから，予備的な研究成果のなかで，試案としてプログラムを示したい．そうすると研究計画にリアリティが出る．どのようなプログラムなのか？ 例えば運動プログラムであれば，どのような運動の組合わせか？ 学習プログラムでは，その学習内容は？ 少しでも具体的な中身を示す．例文4の場合，前年度の研究計画でかなり具体的な調査計画を提案しているので，そこを活かすべきだ．

改善例

例文 1

　複数の教員養成大学の、教育実習を経験した学生を対象に、実習中の食育に関する指導の有無と、有りの場合の指導内容をアンケート調査する。
以下に現時点でのアンケートの試案をあげておく。

対象とする教員養成大学：福岡教育大学、兵庫教育大学、大阪教育大学、奈良教育大学
アンケートを行う学生の人数：約50名
　以下、いくつかの質問項目の案：
　①実習中の食育に関する指導の有無
　②（①がなしの場合）：昼食時間について、昼食時（給食を含む）の生徒とのコミュニケーションについて、生徒の昼食のメニューについて（弁当、パン、家庭での手作りなのか、その他）
　③（①が有りの場合）：どのような食育の指導があったのか、その内容、場所、回数、など。
　④食育を受けて（or 受けないで）の感想

例文 2

　教材の開発：経験の浅い教員が、実際に行った授業をかえりみて、よくなかった点や改良すべき点に自ら気付くことができるような問い（査定項目）を網羅した教員用教材のプロトタイプを作成する。
査定項目としては、例えば
　・授業の計画は適切だったか？
　・授業の進め方はうまくいったか？
　・授業の開始前と終了後に、どのような変化が自身にみられたか？
　・説明しにくい箇所があったとき、なぜ説明しにくかったのか？
等がある。

例文 3

◎事例研究により高齢者の「参加型アクション・リサーチ」の可能性を明らかにする
　参加型アクション・リサーチによるモデルケースとして「健康長寿のまちづくり」の実践場面を観察し、プログラム内容を描き出すとともに、主催者と参加者の両者へのインタビュー調査を実施する。
インタビュー調査を行う項目は次のものを予定している。
　・地区集会所を活用した地域密着型の活動について
　・運動指導や介護予防のための高齢ボランティア活動について
　・運動習慣の定着に向けての体操開発について

対象人数は約50名。行った調査については、それぞれの内容からキーワードを抽出して解析を進める。
　このインタビュー調査によって参加型アクション・リサーチの効果と意義について明らかにしようとするものである。

例文4

（平成24年度の研究計画）

　平成23年度の調査により得られた高齢対象者の社会的背景や身体機能、心理的側面および介護予防に関する興味や希望について分類する。同時に、聞き取り調査から得られた参加者の特徴や傾向、介護予防に関する学習ニーズを検討する。また、性別や年齢などの属性による興味や学習ニーズの違いや、自信がない日常生活動作および現在の対処の方法などを整理、分類し、介護予防の教育プログラムの検討項目とする。そして、従来の介護予防の運動プログラムに、介護予防の教育プログラムを組み合わせた介護予防「運動＋教育プログラム」を作成する。

　次のようなプログラムの試案を考えている。

1、介護予防の教育プログラムの試案：

　教育プログラムの内容は、高齢者が身体機能や健康関連QOLを長期間保てるようにするための知識や情報を学べるものにする。前年度の調査結果に基づいて作成したテキストおよび研修を通して、身体機能を保つための運動方法、栄養のとりかた、日常生活の工夫、精神的な安定性、などについて学ぶことができる。内容は高齢者の年齢別、性別に対応できるように構成する。

2、介護予防の運動プログラムの試案：

　運動プログラムの内容は、高齢者が要介護とならないように身体機能や筋力を向上・維持するものにする。前年度の調査結果に基づいて、実際に高齢者が困難を覚える動きを改善できるような運動プログラムにする。多くの高齢者に応用できるようなトレーニングの流れを示したものを基本的なプログラムとする。そのうえで、個々の高齢者に応じて、筋力の弱い部分を鍛えるための方法を記載したものにする。同時にけがなどで全身の運動のできないときに、部分的なトレーニングができる内容も含ませる。

参考

　　よい例を挙げる．参考1は，手引き書の内容を具体的に記述し実際の内容にまで踏み込んで書いているので，理解しやすい．現実感，リアリティがある．参考2は，アンケートおよびその後の面接調査（インタビュー）の書き方がとてもよい．質問紙調査では「（目的）」「（方法）」「（予想される結果）」と分けて書いている．

参考1

　基本的には以下の項目を含む教授手引き書を作成する。
a) LPLが持つ共通の特徴　　b) 各仕掛けの意義　c) 各アクティビティの意味と実施方法　d) AL型における教師役割　e) 授業モデルフロー　f) 想定される問題と対処法　g) LPLを対象にしたAL型で配慮すべき点（教室環境、グループ構成、教師の言葉かけなど）　h) リーディングやリスニングの教科書によく見られるタスク（語彙、文法、聞き取り）ごとに活用できるALでのアクティビティリスト

参考2

① 教員・地域コーディネーターを対象とした質問紙調査
（目的）
　学習指導要領改訂に向けた論議が始まった現時点での「総合的な学習の時間」に対する教育関係者の意識、同時間の取組状況、教職員と地域住民等との連携・協働状況を調査することを通して、「総合的な学習の時間」が「活性化」していると判断される基準、及び同時間の準備・実施において地域コーディネーターに求められている役割と機能を明らかにする。

（方法）
　郵送による自記式質問紙により調査し、統計学の手法を用いてデータを解析する。
　学校支援地域本部には、地域コーディネーターが配置されている。そこで、全国で約3,500ある学校支援地域本部の設置校を、学校種ごとに区間推定法に基づいて母数を算出しサンプリング抽出するとともに、それと同数の未設置校もサンプリング抽出し、調査対象校とする。調査対象者は、「総合的な学習の時間」主担当教員、地域コーディネーター（配置校のみ）とする。
　調査項目は、山﨑（2012c・2009b）に準じた内容とし、地域コーディネーターには具体的な業務内容を、教員には地域コーディネーターとの協働状況及び協働に対する意識を加える。

（予想される結果）
　地域と協働するアクティブ・ラーニング的な単元を実践している学校では「活性化している」と教員が意識していることや、そのような学校では、学校と地域を「つなぐ」役割を担うボランティア・PTA・コーディネーター等が準備段階から関与していることが、因子分析、相関分析、高群・低群に分けた比較分析において明らかになる。また、学校と地域住民等との連携・協働に関する学校運営上の要件（地域性、学校文化、教職員構成、校務分掌等）が明らかになる。

申請者のギモン17　成果の公開

『作成した教材はweb上で広く公開する．その
ために教材は電子テキスト・ガイドブック化す
る．また将来的に外国語に翻訳して他の国の専
門家との情報交換を行う』
と研究成果を『web上で公開』としたが，研究
成果の公開は【研究計画・方法】よりも，【研究
成果の公開】に記載した方がふさわしい？

研究成果を公開することは，申請書の【研究成
果の公開】に記載する．研究成果の公開は確か
に研究活動の一環だが，それは研究の目的や研
究計画の中身ではない．研究計画には，どのよ
うに研究を行って，何を調べるのか，その詳細
を書くべきである．なお，「他の国の専門家との
情報交換を行う」ことも，もし研究計画に必要
なことならば，その理由を書いておくべきだ．
同様に『論文を書いて発表する』『学会で発表す
る』も研究計画の内容とは直接関係がなく，こ
れらも【研究成果の公開】に書くべきだ．

case 49

データ分析が種類だけで
内容がないのでイメージできない

理工系　生命科学系　医歯薬系　人文学系　社会科学系　複合領域系

重要度 ★★☆　頻度 ★★☆

ふさわしく
はっきりと
具体的に
簡潔に
推敲のヒント
レイアウト
図表
アピールする

どこがよくないか

例文1

　本研究は、潜在教員にかかわる広い発達期の、様々な立場の研究対象からの半構造化面接を基本とする面接調査を行う。具体的には、①青年期である教員養成課程の在学生、②青年期から中年期に至る現職の教員、③青年期から中年期に至る潜在教員を対象とし、個別の面接データを収集する。分析は質的データ分析（質的コーディング法等）を検討している。

例文2

アンケート調査
(7)　調査票の集計とデータの分析：パーソナル・コンピューターで実施する。

memo

アドバイス

分析手法の中身を詳しく書こう．「目的」と データ分析の関係性も意識して

添削例

例文1

　本研究は、潜在教員にかかわる広い発達期の、様々な立場の研究対象からの半構造化面接を基本とする面接調査を行う。具体的には、①青年期である教員養成課程の在学生、②青年期から中年期に至る現職の教員、③青年期から中年期に至る潜在教員を対象とし、個別の面接データを収集する。分析は質的データ分析（質的コーディング法等）を検討している。

例文2

具体的にここではどのような分析になるのか？

アンケート調査
(7)　調査票の集計とデータの分析：パーソナル・コンピューターで実施する。

分析というにはあまりに拙い．
どのようなソフト，どのような分析手法を使うかを書く．

なぜよくないのか？

　　　例文1に書かれている『質的データ分析』によって，どのような特徴のある分析を行うのか？　なぜ，この研究でこの手法を用いるのか？　簡単でよいので，その意図を書いておかないといけない．

　　　例文2は確かにアンケートの集計とデータ分析は『パーソナル・コンピューターで実施する』のだが，単に『パソコンで分析する』では研究方法としては意味がない．

　　　審査委員が詳しく知りたいことはデータ分析の種類ではなく，得られたデータの分析の中身（内容）である．この場合，興味はデータ分析そのもの（どのような種類の分析か）よりも，そもそもの目的とデータ分析の関係性（どのような意図でデータを分析するか）の方にある．

どのように改良すればよいか？

　　　データ分析は研究の重要な手法なので，その内容を具体的に書いておかなければ研究の核心が伝わらないと思おう．特に文系の申請書におけるデータ分析については，なぜその分析方法を使うのか，その特徴は，この研究で使う意義は，などを書いておくこと．

　　　例文1は，「教員のライフデザインに関連した項目を選択するために」などと簡単に書いておく．またSCAT分析法と具体的な分析法について説明しておく．

　　　例文2は，せめて，どのようなソフトを使って，どのような分析手法によって解析するかの方がよい．

改善例

例文1

　本研究は、潜在教員にかかわる広い発達期の、様々な立場の研究対象からの半構造化面接を基本とする面接調査を行う。具体的には、①青年期である教員養成課程の在学生、②青年期から中年期に至る現職の教員、③青年期から中年期に至る潜在教員を対象とし、個別の面接データを収集する。得られたデータから「教員のライフデザインに関連した項目を選択する」ために、分析は質的データ分析のSCAT分析法（Steps for Coding And Theorization）を検討している。

　SCAT分析法は、面接調査のデータ記録などの言語データをセグメント化し、(1)データの中の着目すべき語句、(2)それを言いかえるためのデータ外の語句、(3)それを説明するための語句、(4)そこから浮き上がるテーマ・構成概念の順にコードを考案して付していく4ステップのコーディングと，そのテーマや構成概念を統合してストーリー・ラインと理論を記述する手続きとからなる分析手法である。

例文2

アンケート調査

(7)　調査票の集計とデータの分析：回答を得た調査票はコンピューターへの入力作業を行ったあと、入力データの文字情報を数値化して分析可能なデータに変換し、分析のための予備的な作業を行う。そののち統計分析ソフトRおよびデータマイニングソフトを使って分析を進める。

申請者のギモン18　学会参加

『学会参加で情報を得る』と【研究計画・方法】に書くのはよいの？

学会発表が，科研費申請書に書いた研究の中身とは関係がない（case50参照）ように，学会参加で情報を得ることも研究の中身としては適切ではない．研修会や学会参加で，研究に関する情報を得ることの意義はわかるが，はっきり言って「学会参加で情報を得る」ことは申請書に書く必要はない．学会の内容は開催の2〜3カ月前にならないとわからないし，もちろん次年度以降の内容もわからない．そのため，研究計画の遂行に役立つのかどうかが審査委員には不明だからである．

ただし，学会について申請書では書かない，という意味ではない．学会参加は【研究計画・方法】に書かないで，【研究経費の妥当性・必要性】に学会参加費や交通費などに関して書いておけばよい．

基盤C（一般）-12
（金額単位：千円）

年度	国内旅費 事項	金額	外国旅費 事項	金額	人件費・謝金 事項	金額	その他 事項	金額
28	（研究代表者）第31回日本教育学会学術総会に参加（久留米〜東京，2泊3日，1人×1回）	60						
	第10回九州教育研究会に参加（久留米〜鹿児島，1泊2日，1人×1回）	30						
	計	90						

旅費等の明細　記入に当たっては，基盤研究（C）（一般）研究計画調書作成・記入要領を参照してください．

case 50

論文発表・学会発表・本の刊行は研究計画や方法としてふさわしいか

理工系　生命科学系　医歯薬系　人文学系　社会科学系　複合領域系

重要度 ★★☆　　頻度 ★★★

どこがよくないか

・論文の執筆段階（9月〜3月）
　資料に対する分析の結果を整理し、研究会または学会報告を行う。研究発表で受けた指摘に基づき、論点を再検討し、論文を作成する。さらに改正した論文を学会誌や所属大学の論集において公表する。

memo

アドバイス

論文発表・学会発表・本の刊行は「研究成果の発信」欄に移そう. 研究計画の中身ではない

添削例

・論文の執筆段階（9月〜3月）
　資料に対する分析の結果を整理し、研究会または<u>学会報告を行う</u>。研究発表で受けた指摘に基づき、論点を再検討し、<u>論文を作成する</u>。さらに改正した論文を学会誌や所属大学の論集において公表する。

学会発表，論文発表は成果の発信であり，研究の中身ではない

なぜよくないのか？

　誤解を恐れずに言うと，論文発表は研究計画の中身ではない．論文発表は研究成果の発表や公表の手段として非常に大切だが，あくまでも研究計画に付随するものだ．調査・研究そのものではなく，調査・研究の結果を受けてはじまるものである．その点を忘れずに．

　論文発表と同じく学会発表や本の刊行も，研究を行ったことによる結果であり，研究計画を主とすれば従にあたるものだ．

どのように改良すればよいか？

　論文発表・学会発表・本の刊行は（科研費の求めている）研究計画に書くべきことではない！ もちろん論文発表・学会発表・本の刊行は科研費の「成果」として求められるし，報告書にはこれらの業績をあげることになっている．しかしもう一度言うが，論文発表・学会発表・本の刊行は研究の目的や中身ではなく（主ではなく），研究を行った結果によるものである（従である）．申請書の研究計画に書くことは，行うべき調査・研究である．

　論文発表・学会発表・本の刊行は，申請書の【成果を外部に向けて発信する方法】のところに書いておけばよい．【研究計画・方法】に『成果をまとめ学会発表やシンポジウム等で成果発信する』『論文発表する』『本を刊行する』などの記述は不要だ．

case 51

たくさんの項目を文章だけで説明しようとしていてわかりにくい

理工系 　生命科学系 　医歯薬系 　人文学系 　社会科学系 　複合領域系

重要度 ★★☆ 　頻度 ★★★

ふさわしく

はっきりと

具体的に

簡潔に

推敲のヒント

レイアウト

図表

アピールする

どこがよくないか

例文1

　聞き取りおよびアンケート調査：介護予防への興味の程度、自分の介護予防のために必要であると考えている知識（筋力、筋・骨格、バランス、転倒、認知機能、痛みの対処など）、運動器の機能向上プログラムに参加するにあたり、希望や期待している効果、現在困難に感じている動作や自信がない日常生活動作、それに対しての対処法、今後どのような対処をすればうまくできると考えるか、どのような対処をすれば自信がつくと考えるか。

例文2

　（認知機能、各種評価尺度とTMSとの関連についての検討）

　経頭蓋磁気刺激法（TMS: Transcranial magnetic stimulation）の治療効果予測指標を開発の目的で、TMS開始前に WAIS-III (Wechsler Adult Intelligence Scale 3rd Edition) を用いて認知機能、前頭葉機能を評価する。また、それぞれの疾患ごとに特有の症状評価は、うつ病の場合はBDI (Beck Depression Inventory) およびSDS (Self-rating Depression Scale)、統合失調症の場合は PANSS (Positive and Negative Syndrome Scale) およびSAPS (Scale for the Assessment of Positive Symptoms)、強迫神経性障害の場合は Y-BOCS (Yale-Brown Obsessive Compulsive Scale) によって行う。また日常機能障害は GAF (Global Assessment of Functioning)を用いて評価する。

アドバイス

箇条書きや図表を活用して関係性が視覚的にもわかるようにしよう

添削例

例文1

　聞き取りおよびアンケート調査：介護予防への興味の程度、自分の介護予防のために必要であると考えている知識（筋力、筋・骨格、バランス、転倒、認知機能、痛みの対処など）、運動器の機能向上プログラムに参加するにあたり、希望や期待している効果、現在困難に感じている動作や自信がない日常生活動作、それに対しての対処法、今後どのような対処をすればうまくできると考えるか、どのような対処をすれば自信がつくと考える○

　アンケート項目．箇条書きか表を使う

例文2

（認知機能、各種評価尺度とTMSとの関連についての検討）
　経頭蓋磁気刺激法（TMS: Transcranial magnetic stimulation）の治療効果予測指標を開発の目的で、TMS開始前に WAIS-III（Wechsler Adult Intelligence Scale 3rd Edition）を用いて認知機能、前頭葉機能を評価する。また、それぞれの疾患ごとに特有の症状評価は、うつ病の場合はBDI（Beck Depression Inventory）およびSDS（Self-rating Depression Scale）、統合失調症の場合は PANSS（Positive and Negative Syndrome Scale）およびSAPS（Scale for the Assessment of Positive Symptoms）、強迫神経性障害の場合は　Y-BOCS（Yale-Brown Obsessive Compulsive Scale）によって行う。また日常機能障害は GAF（Global Assessment of Functioning)を用いて評価する。

　表を使って試験を整理する

なぜよくないのか？

　『アンケート調査を行う』と書いているのに，その中身が書いていない例が多いなかで，例文1ではアンケートの項目をきちんと書いていてその点は評価できる．しかし書き方として，項目を次々と列挙し，文章のみで説明しようとしている点が，多少わかりにくい．

　例文2は，認知機能，症状評価，日常機能障害などの試験方法が順番に書かれているが，文章のみで説明しようとしているだけでなく，試験名の和文表記，欧文表記の略称とフルスペルが括弧で示され，文章のつながりが非常にわかりにくい．目で文章を追うだけでもたいへんだ．

どのように改良すればよいか？

　　　　　多くの項目を順番にあげるときには，文章で続けて書かないで，箇条書きにするか，図表にするとわかりやすい．特にアンケート調査やインタビュー調査は項目を次々と書いて煩雑になりやすく，箇条書き，あるいは表にするとよい．

改善例

例文1-a

聞き取りおよびアンケート調査：
- 介護予防への興味の程度
- 自分の介護予防のために必要であると考えている知識（筋力、筋・骨格、バランス、転倒、認知機能、痛みの対処など）
- 運動器の機能向上プログラムに参加するにあたり、希望や期待している効果
- 現在困難に感じている動作や自信がない日常生活動作、それに対しての対処法
- 今後どのような対処をすればうまくできると考えるか、どのような対処をすれば自信がつくと考えるか

例文1-b

聞き取りおよびアンケート調査	
1	介護予防への興味の程度
2	自分の介護予防のために必要であると考えている知識（筋力，筋・骨格，バランス，転倒，認知機能，痛みの対処など）
3	運動器の機能向上プログラムに参加するにあたり，希望や期待している効果
4	現在困難に感じている動作や自信がない日常生活動作，それに対しての対処法
5	今後どのような対処をすればうまくできると考えるか，どのような対処をすれば自信がつくと考えるか

例文2

　TMSの治療効果予測指標を開発の目的で、次表の試験方法で各種の評価を行う。

調べる項目	試験方法	
認知機能、前頭葉機能	WAIS-III	(Wechsler Adult Intelligence Scale 3rd Edition)
うつ病	BDI	(Beck Depression Inventory)
	および	
	SDS	(Self-rating Depression Scale)
統合失調症	PANSS	(Positive and Negative Syndrome Scale)
	および	
	SAPS	(Scale for the Assessment of Positive Symptoms)
強迫神経性障害	Y-BOCS	(Yale-Brown Obsessive Compulsive Scale)
日常機能障害	GAF	(Global Assessment of Functioning)

申請者のギモン19　わかりやすい図に　その1

わかりやすくシンプルな図をめざして，何かできることはありますか

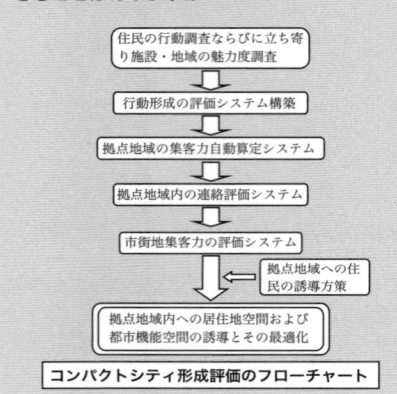

コンパクトシティ形成評価のフローチャート

文字に囲みの大きさを合わせるのではなく，囲みの大きさは幅を一定にする．そうすると，すっきりするし，図が見やすくなる．矢印は普通の矢印でいい．また重要な部分の枠が二重枠になっているが，枠だけが目立ちすぎて文字は目立たない．文字を太字にするなどで工夫する．タイトルには枠はいらない．

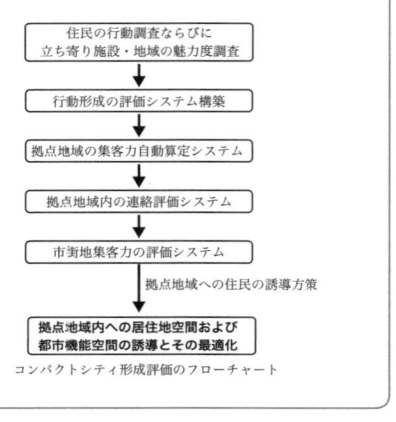

コンパクトシティ形成評価のフローチャート

case 52

この研究ならではの特色がわかりにくい(2)

理工系　生命科学系　医歯薬系　人文学系　社会科学系　複合領域系

重要度 ★★☆　頻度 ★★★

ふさわしく

はっきりと

具体的に

簡潔に

推敲のヒント

レイアウト

図表

アピールする

どこがよくないか

　歯科心身症患者を対象として、薬物療法を行い、痛みや異常感の変化を評価する。また、治療前後の患者のQOL、心理・社会的負担の変化を測定する。同時に副作用等による脱落例も記録する。痛みや異常感、それぞれの症状に対する薬剤の至適用量、用量反応性について解析し、今後の臨床応用に備える。

memo

計画や方法でも特色は出そう. アイデアを整理しこれまでの研究にはない点をしっかり見出しておく

添削例

歯科心身症患者を対象として、薬物療法を行い、痛みや異常感の変化を評価する。また、治療前後の患者のQOL、心理・社会的負担の変化を測定する。同時に副作用等による脱落例も記録する。痛みや異常感、それぞれの症状に対する薬剤の至適用量、用量反応性について解析し、今後の臨床応用に備える。

あまりに内容が平凡. 特色を出す

なぜよくないのか？

【研究計画・方法】内容があまりに平凡すぎる. 試しに対象疾患を別のものに変えても，文章がそのまま通じる（case 31参照）. 一般的な方法で進める場合でも，申請者の独自性，申請者のオリジナリティを出した方がよい.

どのように改良すればよいか？

どうしても今までにないような方法が浮かばない場合には，研究内容は同じなのだが，見せ方，示し方を工夫することで，申請者の独自の，オリジナルなものにみせることもできる（独創性はcase 32も参照）. そのような特色すらないものが他の研究課題と勝負できるわけがない. 全分野には応用はできないが，平凡なものでも，見せ方での工夫をせめて検討するということだ.

例文ならば今までにないような「痛みや異常感の変化を評価する」方法を書く.「評価方法をスコア化する」「二次元マトリックス化する」など，申請書に記入する前に手書きでアイデアを視覚化して整理（参考）するのも有効だ.

参考

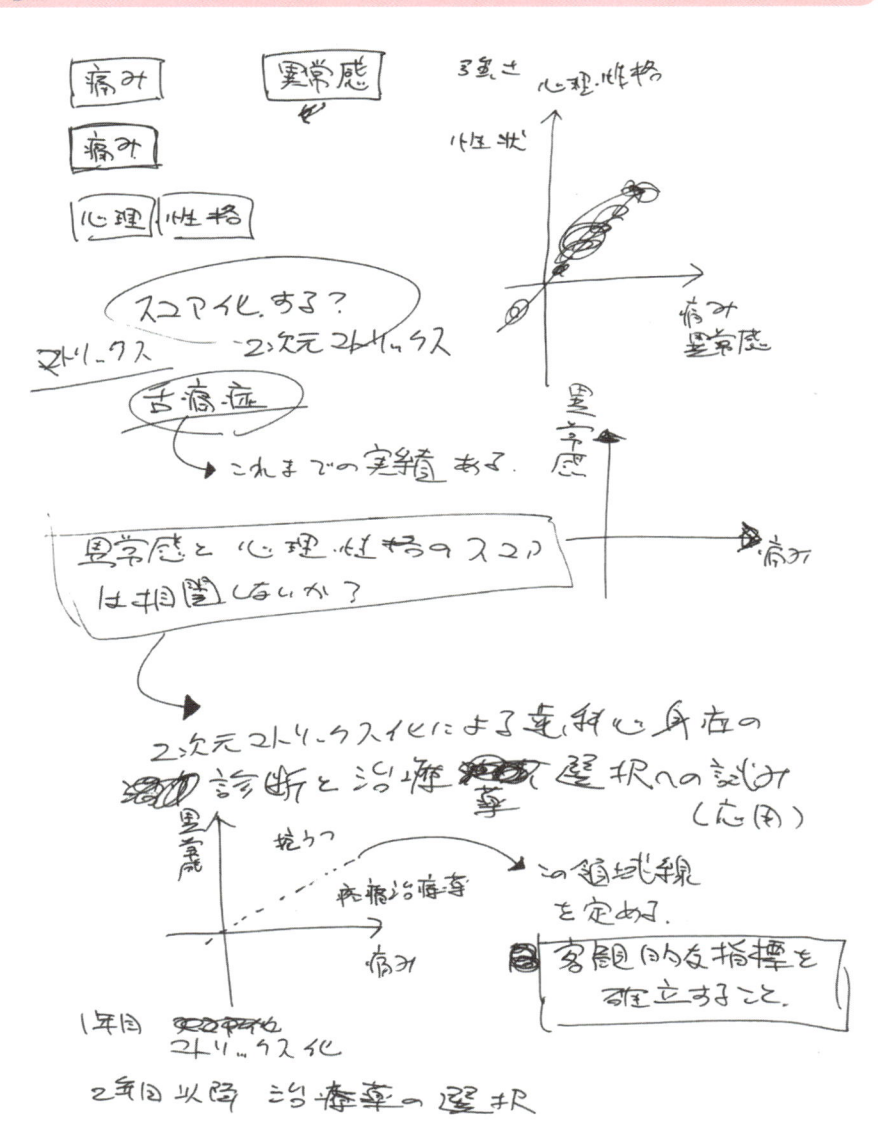

申請者のギモン20　わかりやすい図に　その2

わかりやすくシンプルな図をめざして，何かできることはありますか

【4年間の研究計画】

年度	5月～7月	8月～9月	10月～11月	12月～1月	2月～3月
1年目	全国訪問介護ステーション無作為抽出	訪問介護士の共依存の理解と共依存関係にある主介護者と被介護高齢者の課題の明確化			共依存の理解と課題の明確化（第1段階）
2年目	訪問介護士への介護ケアプログラムの事前研修	介護ケアプログラムのプレテスト実施（第2段階）			プレテスト実施者である訪問介護士とプログラムの検討
3年目	介護ケアプログラムの本実施（第3段階）				
4年目	介護ケアプログラムの本実施		介護ケアプログラムの評価		介護ケアプログラムの効果と標準化

この場合，①図中のフォントの種類と大きさに統一感がなく読みにくい．②大きな矢印のなかに文字を書いていて，内容と研究期間を示す意図はわかるが，これも煩わしい．また③星形のバックに点が敷き詰めてあり文字が読みにくい，という問題点がある．

フォントの種類と大きさは基本的に同じにする方がよい．強調するときだけフォントを変える．矢印型の図形に文字を入れることはよく行われるが，かえってわかりにくい．ごくごくシンプルにする方がよい．枠線の太さにも注意．あまり太くするときつい感じになる．なお，強調部分はフォント変更で認識できるので背景の工夫は不要だろう．

【4年間の研究計画】

年度	5月～7月	8月～9月	10月～11月	12月～1月	2月～3月
1年目	全国訪問介護ステーション無作為抽出	訪問介護士の共依存の理解と共依存関係にある主介護者と被介護高齢者の課題の明確化			共依存の理解と課題の明確化（第1段階）
2年目	訪問介護士への介護ケアプログラムの事前研修	介護ケアプログラムのプレテスト実施（第2段階）			プレテスト実施者である訪問介護士とプログラムの検討
3年目	介護ケアプログラムの本実施（第3段階）				
4年目	介護ケアプログラムの本実施		介護ケアプログラムの評価		介護ケアプログラムの効果と標準化

5 研究計画・方法

case 53

研究項目ごとの「予想される結果と意義」がなく概要がつかみにくい

理工系　生命科学系　医歯薬系　人文学系　社会科学系　複合領域系

重要度 ★★☆　頻度 ★★☆

どこがよくないか

平成26年度

1．飲酒と非アルコール性脂肪性肝疾患（NAFLD）の関連についての動物モデルを用いた研究

　飲酒とNAFLDの関連を調べるため、肥満マウス（db/dbマウス）に高脂肪食を負荷したモデルを用いた実験を行う。アルコール投与量は低・中・高用量の3段階とする。
（途中、省略）
肝細胞のアポトーシスの解析（TUNEL法による）を行う。さらに、クロマチン再構築因子Brahma-related gene 1, Brahmaやmicance RNA miR-155の発現解析（リアルタイムRT-PCR法による）を行う。

2．少量飲酒のFAFLD抑制効果についての臨床的・病理学的研究

memo

ふさわしく　はっきりと　具体的に　簡潔に　推敲のヒント　レイアウト　図表　アピールする

アドバイス

項目ごとに何が確認でき何がわかるという「結果と意義」を書こう. 研究項目の意図をはっきり示す

添削例

実験項目

1. 飲酒と非アルコール性脂肪性肝疾患（NAFLD）の関連についての動物モデルを用いた研究

　飲酒とNAFLDの関連を調べるため、肥満マウス（db/dbマウス）に高脂肪食を負荷したモデルを用いた実験を行う。アルコール投与量は低・中・高用量の3段階とする。

（途中、省略）

肝細胞のアポトーシスの解析（TUNEL法による）を行う。さらに、クロマチン再構築因子Brahma-related gene 1, Brahmaやmicment RNA miR-155の発現解析（リアルタイムRT-PCR法による）を行う。

具体的実験内容

2. ~~少量飲酒のNAFLD治療効果についての臨床的・病理学的研究~~

この2つを書いているのは非常によいがこの実験によって何がわかるのかを書いて欲しい

なぜよくないのか？

　　例文はそれぞれの実験項目（研究項目）に，実験の「目的」を書いているのはとてもよいが，実験によって何が明らかになるのか，予想される結果がない．それを書いてはじめて，何を意図してそれぞれの実験を行うのか，その意義が明らかになる．

どのように改良すればよいか？

　　　　実験項目ごとに何が確認でき，何がわかるか，研究全体に対しどのような意義があるかを書く．そのことによって次の計画が何をもとに考えられているかがわかりやすくなるし，つながりが明確になる．

　　　　例文は『この実験によって，飲酒と NAFLD との関連が確認でき，またアルコール投与によって病態がどのように進行するのかがわかる』と関連性や病態進行の状況が確認できることを加える．

改善例

平成26年度
1．飲酒と非アルコール性脂肪性肝疾患（NAFLD）の関連についての動物モデルを用いた研究
　飲酒とNAFLDの関連を調べるため、肥満マウス（db/dbマウス）に高脂肪食を負荷したモデルを用いた実験を行う。アルコール投与量は低・中・高用量の3段階とする。
（途中、省略）
肝細胞のアポトーシスの解析（TUNEL法による）を行う。さらに、クロマチン再構築因子 Brahma-related gene 1, Brahmaやmicro RNA miR-155の発現解析（リアルタイムRT-PCR法による）を行う。
　この実験によって、飲酒と NAFLD との関連が確認でき、またアルコール投与量によって病態がどのように進行するかがわかる。

申請者のギモン21　わかりやすい図に　その3

わかりやすくシンプルな図をめざして，何かできることはありますか

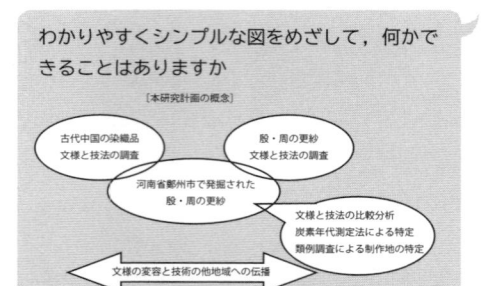

研究計画の概念図として楕円のなかに文字を入れているが，楕円では文字の周囲に空いた部分が多すぎる．また漫画のセリフによく使われる吹き出しが右下にあるが，その意味は不明．さらになかに文を書いた太い両端矢印があるが，これも意図が不明．

文字を入れる形は四角を基本にするのがよい．四角を基本にいくつかの項目を作成したら，それぞれの配置をよく考える．できるだけシンプルに，図形の数はできるだけ少なく，文字でよいところは文字だけにする．「見やすさや美しさの観点から，楕円は避けるべき．楕円は縦や横の幅によって，違う形に見えるため，楕円を他用すると統一感のない資料になってしまう」（技術評論社：伝わるデザインの基本から）．また吹き出しや文字の入った矢印などは不要．

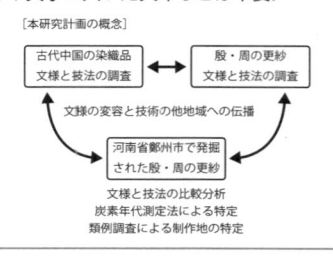

case 54

なぜ海外調査が必要なのか があいまい

理工系　生命科学系　医歯薬系　人文学系　社会科学系　複合領域系

重要度 ★★☆　頻度 ★★☆

どこがよくないか

　9月は、現地に赴き、データベースによって調査できなかった裁判例・資料を収集する。（現地調査は、カリフォルニア大学の○○研究所図書館を訪問）。帰国後、現地調査の結果をこれまでの研究成果に取り入れる。

memo

アドバイス
海外の特定の場所でなければならない具体的根拠を示そう

添削例

9月は、現地に赴き、データベースによって調査できなかった裁判例・資料を収集する。（現地調査は、カリフォルニア大学の○○研究所図書館を訪問）。帰国後、現地調査の結果をこれまでの研究成果に取り入れる。

海外調査を行う理由は？

なぜよくないのか？

海外調査を予定している場合，本当に海外調査が必要なのか，その理由をきちんと書いておく必要がある．なぜ海外の特定の場所で研究を行う必要があるのか，審査委員でも納得できる理由をきちんと書いておくこと．そうしないと「プライベートな海外旅行を兼ねているのでは？」と審査委員に思われ，よい評価が得られないかもしれない．

どのように改良すればよいか？

海外調査の目的をはっきりと書くこと．特になぜその場所に行く必要があるのか，審査委員に納得してもらえる理由を書いておくこと．

例文の場合，別の部分から『カリフォルニア州を研究の対象とするのは，日本の某制度のモデルとなった点において日本法にとって重要であるとともに，米国の企業の約6割がカリフォルニア州を設立州としており，米国法全体において大きな権威をもっているからである』という理由を移動してくる．

改善例

9月は、現地に赴き、データベースによって調査できなかった裁判例・資料を収集する。現地調査は、カリフォルニア大学の○○研究所図書館を予定している。カリフォルニア州を研究の対象とするのは、日本の某制度のモデルとなった点において日本法にとって重要であるとともに、米国の企業の約6割がカリフォルニア州を設立州としており、米国法全体において大きな権威を持っているからである。帰国後、現地調査の結果をこれまでの研究成果に取り入れる。

case 55

締めの言葉がなく
内容が印象に残らない

理工系　生命科学系　医歯薬系　人文学系　社会科学系　複合領域系

重要度 ★★☆　頻度 ★★☆

ふさわしく

はっきりと

具体的に

簡潔に

推敲のヒント

レイアウト

図表

アピールする

どこがよくないか

例文1

　さらに、他の国のさまざまな専門家との情報交換を目的として、研究成果及びそれに基づいて開発したテキストやガイドブックを翻訳して、Web上で公開する。

例文2

それぞれの細胞の頭蓋骨形成への関与について検討し、最終年度の平成26年度には細胞移植実験を行い、移植材料による骨形成の違いを比較する。

例文3

久留米市を中心として教育プログラムを実施し、全国展開につなげる。研究成果は、訪問介護士における教育プログラムの開発というテーマで、日本介護科学学会に中間発表し、また日本介護科学学会の学術的雑誌に投稿していく。

memo

アドバイス

締めに「目的」を繰り返そう．「以上の研究によって，〜が明らかになる」や「この研究は，〜に貢献できると考える」など

添削例

例文1

　さらに、他の国のさまざまな専門家との情報交換を目的として、研究成果及びそれに基づいて開発したテキストやガイドブックを翻訳して、Web上で公開する。

例文2

それぞれの細胞の頭蓋骨形成への関与について検討し、最終年度の平成26年度には細胞移植実験を行い、移植材料による骨形成の違いを比較する。

例文3

久留米市を中心として教育プログラムを実施し、全国展開につなげる。研究成果は、訪問介護士における教育プログラムの開発というテーマで、日本介護科学学会に中間発表し、また日本介護科学学会の学術的雑誌に投稿していく。

3つの例ともあっさりと終わっている．締めの言葉を足す

なぜよくないのか？

　　小説でも音楽でも，開始部分と終了部分は非常に大切．作家や作曲者はここに力を注ぐ．申請書の場合も，開始部分と終了部分はとても大切．開始部分にあたる【〜（概要）】が重要であることは，前著「科研費獲得の方法とコツ」や本書内でも，何度も書いている．しかし，終了部分はどうだろうか．

　　まず終了部分はどこなのだろう？申請書全体の終了部分は【研究費の応募・受入等の状況，エフォート】であるが，申請書の研究内容に関する終了部分は【研究計画・方法】の最後の部分である．ここをあっさりと，調査項目や実験項目を書くだけでさらっと終わっている例が意外にけっこうある．しかし，やはり最後がきちんと締まっている申請書は印象に残る．

どのように改良すればよいか？

　　　　全体のまとめが締めの言葉としてほしい．『以上の研究によって，〜が明らかになる』『この研究計画は，〜に貢献できると考える』など，締めの言葉を書く．またこの締めの言葉は「目的」（この研究では何を明らかにしようとするのか）の最後の復習になる．ぜひとも最後の締めをきちんと書いてほしい．

　　　　例文では，それぞれの研究目的を基にして，何が明らかになるのか，どのような展開が期待できるのかを書いて締めの言葉とする．

改善例

例文1

　さらに、他の国のさまざまな専門家との情報交換を目的として、研究成果及びそれに基づいて開発したテキストやガイドブックを翻訳して、Web上で公開する。

　英語学習は中学校での基礎がしっかりと理解できていないと、以後の学習過程で躓きがちになる。この研究によって、英語学習の基礎を教える教員の学習指導能力の向上につながり、作成したテキストやガイドブックはそのための有益な資料となると考える。

例文2

それぞれの細胞の頭蓋骨形成への関与について検討し、最終年度の平成26年度には細胞移植実験を行い、移植材料による骨形成の違いを比較する。

　本研究によって、骨移植材と形成骨の正確な組織構築が明らかになれば、骨組織の形成や再生過程の基盤研究に大きな役割を果たすことになると期待される。

例文3

久留米市を中心として教育プログラムを実施し、全国展開につなげる。研究成果は、訪問介護士における教育プログラムの開発というテーマで、日本介護科学学会に中間発表し、また日本介護科学学会の学術的雑誌に投稿していく。

　本研究の成果としてまとめられる訪問介護士の技能向上のための教育プログラムは、介護士技能の不安を解消し、介護士不足の問題解決だけでなく、自律した訪問介護士の育成へとつながることが期待される。

参考

　　　　参考までに締め方の例をあげておく．

参考1

　上記の一連の研究から、PCFT による自己複製に必須な遺伝子群の制御機構を明らかにし、ES 細胞において血清条件での安定な自己複製機構を明らかにする。本研究の成果をもとに、他種動物由来のナイーブ型幹細胞の安定的樹立機構の解明へ発展させることが可能となる。

参考2

　活性のあるクローンについては、量を増やした培養液からIgGを精製し、グレリン受容体細胞株に濃度を変えて添加し、活性を確認する。できれば10クローンほどの陽性クローンをピックアップし、アミノ酸を置換したり、部分的にアミノ酸を削ったグレリン受容体を使って、受容体のエピトープ部位を調べる。

　以上の計画で得られたグレリン受容体を活性化できるモノクローナル抗体を使って、受容体を活性型状態に固定し、活性型 GPCR の結晶構造の解明に応用する。

case 56

研究のキーワードが埋もれて重要度が伝わってこない（2）

理工系　　生命科学系　　医歯薬系　　人文学系　　社会科学系　　複合領域系

重要度 ★☆☆　　頻度 ★☆☆

どこがよくないか

その細胞集団において、real-time PCRで骨芽細胞マーカーであるosteocalcin, ALP mRNAの発現が増加しているか解析することで骨芽細胞系細胞であるかどうか検証する。

memo

ふさわしく

はっきりと

具体的に

簡潔に

推敲のヒント

レイアウト

図表

アピールする

アドバイス

理解に役立つキーワードはなるべく冒頭で提示しよう

添削例

　その細胞集団において、real-time PCRで<u>骨芽細胞マーカー</u>であるosteocalcin, ALP mRNAの発現が増加しているか解析することで骨芽細胞系細胞であるかどうか検証する。

　　　　　　　　　重要な単語

なぜよくないのか？

　　　例文の場合，『骨芽細胞マーカー』が重要だが，先に登場する『その細胞集団において』と『real-time PCRで』の方が優先順位は高いようにも読める．

　　　申請書では，できるだけ重要な単語やキーワードを中心に文章を組み立てること．特に【研究計画・方法】では大切だ．

どのように改良すればよいか？

　　　重要な単語やキーワードはなるべく先に書く（case 13参照）．

　　　例文はキーワードの『骨芽細胞』を含む『骨芽細胞マーカー』を最初にもってきて，単語の順番を入れ換えて記述する．

改善例

　骨芽細胞マーカーであるosteocalcin, ALP mRNAの発現が、その細胞集団において増加しているかどうかをreal-time PCRで解析し、細胞集団が骨芽細胞系細胞であるかどうかを検証する。

case 57

前欄に戻らないと記号や略語の意味を確認できない

理工系　生命科学系　医歯薬系　人文学系　社会科学系　複合領域系

重要度 ★☆☆　頻度 ★☆☆

どこがよくないか

例文1

研究目的の②研究の範囲における(1)を行う。

まずは装置の改良を行う。研究目的の図1を示した実験装置の改良版はすでに作成済みである。オンラインでデータを収集するシステムの構築も完了している。（以下省略）

例文2

H26年度は、LPLに対するAL型授業を効果的にすると推測される５つの工夫とアクティビティのそれぞれの効力を、試験的授業を実施して学習者へのアンケートと英語力テストにより測定、分析する。

memo

アドバイス

欄を移ったら，既出だからと省略せず，振り返りの意味を込めて改めて書こう．戻って確認する審査委員はまれ

添削例

例文1

　研究目的の②研究の範囲における(1)を行う．
　まずは装置の改良を行う．研究目的の図1を示した実験装置の改良版はすでに作成済みである．オンラインでデータを収集するシステムの構築も完了している．（以下省略）

なんのことなのか？

例文2

　H26年度は、LPLに対するAL型授業を効果的にすると推測される5つの工夫とアクティビティのそれぞれの効力を、試験的授業を実施して学習者へのアンケートと英語力テストにより測定、分析する。

なんの略語だったか

なぜよくないのか？

　例文1は，既出の【②研究期間内に何をどこまで明らかにしようとするのか】での記述に対応しているのだが，ここだけ読んでも，②や（1）がなんのことかわからない．

　例文2では『LPL』や『AL』と略語を使っている．これらは，【研究目的】に略語の定義はあったのかもしれないが，【研究計画・方法】に読み移ったときに，その略語の定義をはっきりと覚えている審査委員はまれだ．

　審査委員にとって科研費申請書を読む時間は限られている．論文のように何度も繰り返して読むものと違って，申請書はそのまま一度きりで読み終えることもあるかもしれない．その点を考慮した工夫があるとよい．

どのように改良すればよいか？

　　たとえ申請書内のいずれかには書いてあっても，別の欄に移ったときには，もう一度きちんと説明する．ページ（項目，部分）が変わり，最初に出てくるところで，もう一度，略語の full-spelling を書いておく．繰り返しを恐れない．研究目的などの重要なことは繰り返し書いて，審査委員を十分納得させること．

　　なお，申請書中で使う略語の数も重要である（case71 参照）．

改善例

例文1

【平成25年度】
　平成25年度には流水路の抵抗値を求めるための実験装置の改良を行う．もととなる装置は申請者がこれまでの研究で作製した、マルチバルブを組み込んだ流路抵抗の計測装置である．
　研究目的「②研究期間内に何をどこまで明らかにしようとするのか」に記述した「(1)流水路での流れの発達を調べ、層流化の際の流れの変化を調べる」ため、まずは装置の改良を行う．研究目的の図1を示した実験装置の改良版はすでに作成済みである．オンラインでデータを収集するシステムの構築も完了している。（以下省略）

例文2

　H26年度は、LPL (Less proficient learners) に対する AL (Active learning) 型授業を効果的にすると推測される5つの工夫とアクティビティのそれぞれの効力を、試験的授業を実施して学習者へのアンケートと英語力テストにより測定、分析する。

申請者のギモン 22　わかりやすい図に　その 4

わかりやすくシンプルな図表をめざして何かできることはありますか？

表. 鳥マラリア原虫の流行を判定する基本的な考え方

原虫系統	国内における生息状況		判定
	媒介蚊	宿主鳥類	
A 系統	あり	あり	流行あり
B 系統	あり	なし	流行なし
C 系統	なし	あり	流行なし
D 系統	なし	なし	流行なし

表の文字や図の文字は縦横を整列させる．ズレがあるのはよくない．必ずきちんと揃えること．

注意しなければいけないのは，ワードなどで表を作り PDF ファイルへ変換するとずれることがあることだ．電子申請で申請書をアップロードするときには気をつけなければならない．

case 58

計画通りに進まないときの対応を考えていない印象を受ける

理工系　生命科学系　医歯薬系　人文学系　社会科学系　複合領域系

重要度 ★★☆　　頻度 ★☆☆

ふさわしく

はっきりと

具体的に

簡潔に

推敲のヒント

レイアウト

図表

アピールする

どこがよくないか

　本研究における最大のリスクはデータの入力が間に合わないかもしれないという点である。このリスクは、基となるデータが職員名鑑などの紙媒体であれ、デジタル化されたものであれ、生存時間分析に適したフォーマットに手作業で移し替えなければならないという事情から発生する。分析が全くできないという事態を避けるために、最初にデータを収集する企業・期間・変数を絞る。

memo

アドバイス

申請者の研究能力とは関係しないものを「リスク」としてあげ，その対応策を具体的に書こう

添削例

　本研究における最大のリスクはデータの入力が間に合わないかもしれないという点である。このリスクは、基となるデータが職員名鑑などの紙媒体であれ、デジタル化されたものであれ、生存時間分析に適したフォーマットに手作業で移し替えなければならないという事情から発生する。分析が全くできないという事態を避けるために、最初にデータを収集する企業・期間・変数を絞る。

なぜよくないのか？

　『データの入力が間に合わない』というのは，申請者側の理由であって，これは研究内容とはなんの関係もない．そのような記述は不要．

　考えてみて欲しい，例えば『データ入力が間に合わないから研究ができない』ならば，予定している研究などその研究者にできるはずがないと審査委員は思うだろう．無理でもやる，その心構えさえ内面にもてばよく，個人的資質を疑われる内容をあえて書かないでよい．

どのように改良すればよいか？

　不要な記載はカットする．申請書が求めている『研究が当初計画どおりに進まないときの対応』とでは，研究結果がうまく得られないときの対応とか，調査や資料の問題点があったときの対応など本人の努力で如何ともしがたいリスクを書くものであって，『時間がないから』とか『データ入力が間に合わないから』という個人的資質を疑われる書き方では，審査委員に与える印象はよくない．そもそも「データ入力ができる」云々などは書かなくてもよい．

参考

　参考までによい例をあげる．『研究が当初計画どおりに進まない時の対応』『本研究を遂行する上での具体的な工夫』と分けて書いてあるので，わかりやすく，読みやすい．丁寧に書いているので好感がもてる．

研究が当初計画どおりに進まない時の対応

　研究計画のうち先行研究の整理と現地調査を遂行する過程で、①当初の分析枠組みや仮説を反証する新たな事実関係の発見、②現地調査の時間的な制約から当該関係者への聞き取りができない問題が生じる可能性がある。その際の対応として、①事実に沿って分析枠組みの見直しや仮説の修正を行う。②後日、電子メールや Skype などの電子媒体を活用した対話で証言を得る。これらの対応によって実証研究の精度を向上させ、より現実に則した研究成果を得ることができる。

本研究を遂行する上での具体的な工夫

(1) 効果的に研究を進める上でのアイディア

　本研究を遂行する上で、国内外の複数の公的研究機関と連携を図る。地球環境政策の研究において不可欠となる自然科学・社会科学的の知見を国立環境研究所研究員、ラテンアメリカ地域特有の知見を、アジア経済研究所研究員との情報交換により補完する。さらに現地調査中は、ブラジリア大学国際関係研究所とメキシコ自治大学に客員研究員として在籍する。政策策定に携わる公的研究機関や研究者ネットワークへのアクセスと研究者との共同研究への発展が期待できる。

(2) 効率的に研究を進めるための研究協力者からの支援等

　研究協力者からの支援として、関連文献、研究者・政治家・専門家の紹介、研究計画・研究報告・論文への助言、国際学会・ワークショップでの報告機会の提供が期待できる。申請者はまた、研究者と専門機関を通じて、国連気候変動条約第 21 回締約国会議（フランス・パリ）での本会議への参加許可を既に申請中である。これらの支援も本研究を効率的に進めるために有用となる。

申請者のギモン23　雇うという記述

『取得したデータから必要なソフトを用いてパソコン上で3次元再構築を行う．この作業過程には多くの時間を要するうえに比較的単純作業になるため一部はパートタイム就業者を雇用し遂行する．』
のような「パートタイム就業者を雇用し遂行する」という記述は【研究計画・方法】に書く必要はあるのか？

研究分担者や連携研究者が研究内容の一部を行うという記述はよいが，「パートタイム就業者」や「研究補助アルバイト」を雇うという記述は【研究計画・方法】には不要．
「パートタイム就業者」「研究補助アルバイト」を雇うことは【研究計画・方法】ではなく【研究経費】に書いておけばよい．【研究計画・方法】では研究分担者，連携研究者，研究協力者による研究担当までにする．

同じような例は他にもある．これらの記載はもちろん必要ない．
『この解析には多くの時間を費やすために必要に応じて業者へ依頼する．』
『グラフの作成，変数の整理などには，研究補助アルバイトの協力を得る．』

5 研究計画・方法

case 59

誰に相談するかがあいまい

理工系　生命科学系　医歯薬系　人文学系　社会科学系　複合領域系

重要度 ★☆☆　頻度 ★☆☆

どこがよくないか

例文1

　分子的解析においてリアルタイムRT-PCR等がうまくいかない場合には、しかるべき専門家に相談する。

例文2

　本研究計画を遂行するにあたり、これまで共同で外来魚研究を実施してきた県立水産研究所の渡辺ただし主任研究員、台湾CFGの Chu Jen-Shyan博士に協力を依頼し、了解を得ている。具体的には、国内における外来魚の捕獲、外来魚の種同定、解剖による寄生虫の観察に関しては渡辺主任研究員、台湾における外来魚の捕獲と分析については Shyan博士の協力を得る。このように本研究計画を遂行するための協力体制は整っている。

memo

ふさわしく　はっきりと　具体的に　簡潔に　推敲のヒント　レイアウト　図表　アピールする

計画段階でも協力体制として具体的な研究室/研究者名を書こう. できれば事前に許可をとって

添削例

例文1

とは誰のことか？

　分子的解析においてリアルタイムRT-PCR等がうまくいかない場合には、しかるべき専門家に相談する。

日常的な実験

例文2

　本研究計画を遂行するにあたり、これまで共同で外来魚研究を実施してきた県立水産研究所の渡辺主任研究員、台湾CFGの Chu Jen-Shyan博士に協力を依頼し、了解を得ている。具体的には、国内における外来魚の捕獲、外来魚の種同定、解剖による寄生虫の観察に関しては渡辺主任研究員、台湾における外来魚の捕獲と分析については Shyan博士の協力を得る。このように本研究計画を遂行するための協力体制は整っている。

ただし

研究体制がわかりにくい. 図表を活用

なぜよくないのか？

　例文1の『しかるべき専門家』とは？ 漠然としすぎている. 例文では初年度の研究計画において，すぐに分子的解析を行うことになっているのだから，計画段階である程度の相談相手を決めておき，その名前を明示するべきだ..

　例文2は研究体制を文章で書くのもよいが，体制は研究本体というよりも研究の実現性をサポートする情報であるから，審査委員には枠組みを認識してもらえれば十分だ. それには表や図にする方がわかりやすい.

どのように改良すればよいか？

　研究に相談相手が必要なときには，ある程度相手方を決めておくこと. その人物へできれば許可をとって，申請書に研究体制として書く. 研究体制は表や図にするとわかりやすい. 文章で読むよりも，一目見ただけでわかる.

　　例文1では「しかるべき専門家」ではなく，特定の研究者の名前をあげる．
例文2では研究体制を図示する．

改善例

例文1

　技術的に困難な分子レベルの解析がうまくいかない場合には、**専門家である本学の分子生物学講座の○○の協力を得る体制ができている。**

　　なお『リアルタイムRT–PCR等がうまくいかない場合』と具体的に書くと，審査委員に申請者は"生命科学系では日常的な実験の1つ（リアルタイムRT–PCR）すらうまくいかないのか？"と思われる危険性が生じる．ここは，『分子レベルの解析がうまくいかない場合には』にしておけばよい．

例文2

研究者名と所属	研究者の種別	役割
児島将康（久留米大学・分子生命科学研究所・教授）	研究代表者	研究全般
渡辺ただし（県立水産研究所・主任研究員）	分担研究者	国内における外来魚の捕獲，外来魚の種同定，解剖による寄生虫の観察
Chu Jen–Shyan（台湾CFG・主任研究員）	連携研究者	台湾における外来魚の捕獲と分析

久留米大学　児島将康（研究代表者：分子生命科学研究所・教授）
研究全般

　　県立水産研究所　渡辺ただし（分担研究者：主任研究員）
　　国内における外来魚の捕獲、外来魚の種同定、解剖による寄生虫の観察

　　台湾CFG　Chu Jen-Shyan（連携研究者：主任研究員）
　　台湾における外来魚の捕獲と分析

5 研究計画・方法

case 60

（若手研究）「本研究を遂行するうえでの具体的な工夫」が書かれていない

理工系　生命科学系　医歯薬系　人文学系　社会科学系　複合領域系

重要度 ★★☆　頻度 ★★☆

どこがよくないか

例文1

【本研究を遂行する上での具体的な工夫】
　文献調査、統計分析、インタビューなどを有機的に統合して、多角的な情報収集・分析を行う。

例文2

【本研究を遂行する上での具体的な工夫】
　米国法については、免除制度の適用が争われた裁判例を調査・分析するとともに、学説上の議論についても調査する。手法としては、文献調査を基本とする。必要に応じて現地でのヒアリング調査を行う。

memo

ふさわしく

はっきりと

具体的に

簡潔に

推敲のヒント

レイアウト

図表

アピールする

アドバイス

申請者の研究状況や使用するもの,場所を具体的に記すと方法にオリジナリティが生まれる. それによって実現可能性が高いことを示そう

添削例

例文 1

【本研究を遂行する上での具体的な工夫】
　文献調査、統計分析、インタビューなどを有機的に統合して、多角的な情報収集・分析を行う。

具体的に

例文 2

とは？

【本研究を遂行する上での具体的な工夫】
　米国法については、免除制度の適用が争われた裁判例を調査・分析するとともに、学説上の議論についても調査する。手法としては、文献調査を基本とする。必要に応じて現地でのヒアリング調査を行う。

具体的な工夫に書き換える

なぜよくないのか？

　　　例文1，2では『本研究を遂行するうえでの具体的な工夫』と見出しをつけて書いているのだが，残念ながら全くこの研究ならではの中身が感じられない．例文1，2の骨子を他の申請書に書いても，そのまま通じる．それではいけない．申請者のオリジナルな方法や工夫を書く．申請者の何が強みなのか，独自の手法はないのか？

どのように改良すればよいか？

　　種目が「若手研究」の申請書では，【本研究を遂行するうえでの具体的な工夫】として効果的に研究を進めるうえでのアイデア，効率的に研究を進めるための研究協力者からの支援などを書いておく方が，審査委員に好感をもたれる．申請者の特色や独自のアイデアをアピールできる大切な部分だ．言い換えれば，この部分は申請者ならではの特色を出すことができるので，積極的に書く方がよい（case31参照）．また計画実施にあたって研究協力者からの支援は重要なので，研究体制（説明書きの後者にもあげられてある！）はなるべく書いておこう．研究はうまくいかないことの方が多いので，研究協力者からの支援体制が書いてあると審査委員は安心する（case59参照）．

　　例文1は『文献調査』『統計分析』『インタビュー』などの内容を具体的にあげる．

　　例文2は『文献調査』『ヒアリング調査』についてもう少し具体的に書く．またすでに分析や資料のまとめを行って，研究が進展していることをアピールする．

改善例

例文1

【本研究を遂行する上での具体的な工夫】
　文献調査、統計分析、インタビューなどを有機的に統合して、多角的な情報収集・分析を行う。
文献調査：申請者の所属学部の図書館を中心に、関連文献を多く所蔵している○○大学図書館を利用する。
統計分析：計量経済学の基礎理論に基づいて、統計解析ソフトを用いた経済データの計量分析を行う。統計解析ソフトはRを用いる。
インタビュー：中国の経済成長と不平等、産業構造の変化に関して、現地企業の経営者や従業員に対してインタビューを予定している。

例文2

【本研究を遂行する上での具体的な工夫】
　米国法については、免除制度の適応が争われた裁判例を調査・分析する。裁判例についてはすでに20〜30件の資料を集め、分析を開始している。学説上の議論についても既に分析を進め、3つの主要な学説についてまとめている。これらの研究手法としては、文献調査を基本とするが、必要に応じて現地でのヒアリング調査を行う。ヒアリング調査の場所としては、米国のカリフォルニア州とオレゴン州を予定している。それはこれらの西海岸の州において、免除制度に関する裁判例が多いからである。

参考

オリジナリティをアピールできている例を参考としてあげる.

参考1

本研究を遂行する上での具体的な工夫
(1) 効果的に研究を進める上でのアイディア

　本研究を遂行する上で、国内外の複数の公的研究機関と連携を図る。地球環境政策の研究において不可欠となる自然科学・社会科学的の知見を国立環境研究所の研究員、ラテンアメリカ地域特有の知見をアジア経済研究所の研究員との情報交換により補完する。さらに現地調査中は、ブラジリア大学国際関係研究所とメキシコ自治大学に客員研究員として在籍する。

　これらによって、政策策定に携わる公的研究機関や研究者ネットワークへのアクセスが可能になり、多くの研究者との共同研究への発展が期待できる。

(2) 効率的に研究を進めるための研究協力者からの支援等

　研究協力者からの支援として、関連文献、研究者・政治家・専門家の紹介、研究計画・研究報告・論文への助言、国際学会・ワークショップでの報告機会の提供が期待できる。申請者はまた、研究者と専門機関を通じて、国連気候変動条約第21回締約国会議（フランス・パリ）での本会議への参加許可を既に申請中である。これらの支援も、本研究を効率的に進めるために有用となる。

参考2

①本研究を遂行する上での具体的な工夫

　すでに施行してきた自主臨床試験の参加者のリクルートの手法が使用でき、MPH内服の臨床試験としてはより単純化されたデザインであり、ペアレントトレーニングもopen studyで実施済みのため、確実に研究を続行することができる。また、下記の協力体制も臨床試験、ペアレントトレーニングを行ってきたため、すでに確立している。

②研究計画を遂行するための研究体制について

　○○大学医学部附属病院にはNIRS検査、結果解析について習熟した医師、心理士が数名おり、協力体制が作られている。また、研究参加者のADHD患児については、現在、研究代表者が主治医として診療を続けている。当院にはADHD患者へのMPH処方の資格を有する児童精神科医師が数名おり、協力体制がある。心理検査およびペアレントトレーニングについては、発達診療部の心理士数名と協力体制ができている。（実際には医師や心理士の名前が記載されている。）

❻ その他

case 61

「準備状況および発信する方法」で独りよがりな表現が目につく

理工系　生命科学系　医歯薬系　人文学系　社会科学系　複合領域系

重要度 ★★★　頻度 ★★★

どこがよくないか

基盤C（一般）－5

今回の研究計画を実施するに当たっての準備状況及び研究成果を社会・国民に発信する方法

本欄には、次の点について、焦点を絞り、具体的かつ明確に記述してください。
① 本研究を実施するために使用する研究施設・設備・研究資料等、現在の研究環境の状況
② 研究分担者がいる場合には、その者との連絡調整状況など、研究着手に向けての状況（連携研究者及び研究協力者がいる場合についても必要に応じて記述してください。）
③ 本研究の研究成果を社会・国民に発信する方法等

　設備備品については、現有設備で研究遂行上、差し支えない。また胚操作技術については、十分に遂行可能な範囲と考える。公開済みの次世代シークエンスデータを活用するが、それについても申請者自身で十分に遂行できる準備は整っている。これらのことから、本申請での実験系は円滑な研究遂行が可能な状態であると思われる。

　成果発表に際しては、所属機関の発行する Annual Report および Web サイトへ日本語と英語による解説を加えて掲載し、研究者以外の一般社会への成果公表も行う。

memo

アドバイス

準備状況は十分確立できていることや確認済みの現象を示しながら具体的に書こう

添削例

今回の研究計画を実施するに当たっての準備状況及び研究成果を社会・国民に発信する方法

本欄には、次の点について、焦点を絞り、具体的かつ明確に記述してください。
① 本研究を実施するために使用する研究施設・設備・研究資料等、現在の研究環境の状況
② 研究分担者がいる場合には、その者との連絡調整状況など、研究着手に向けての状況（連携研究者及び研究協力者がいる場合についても必要に応じて記述してください。）
③ 本研究の研究成果を社会・国民に発信する方法等

　設備備品については、現有設備で研究遂行上、差し支えない。また胚操作技術については、十分に遂行可能な範囲と考える。公開済みの次世代シークエンスデータを活用するが、それについても申請者自身で十分に遂行できる準備は整っている。これらのことから、本申請での実験系は円滑な研究遂行が可能な状態であると思われる。
　成果発表に際しては、所属機関の発行するAnnual ReportおよびWebサイトへ日本語と英語による解説を加えて掲載し、研究者以外の一般社会への成果公表も行う。

「十分に遂行可能」とあっても，具体的な内容は？

なぜよくないのか？

　　　例文は『十分に遂行可能（できる）』と2回も述べている．しかし研究計画の準備状況を申請者自らが『十分である』と言っても説得力がない．特に例文のように，準備の内容に具体性がないものでは，審査委員の印象はよくないだろう．

　　　申請者が研究にとりくめる状態にあることを示す客観的な事実を書く必要がある．また，誰が書いても同じような準備状況の内容では困る．この研究ならではの内容を書くこと．

どのように改良すればいいのか？

　【研究業績】は申請者が研究を遂行できる力があるかどうかを判断する目安，そして【今回の研究計画を実施するに当たっての準備状況及び研究成果を社会・国民に発信する方法】は申請している研究計画が実現できるかどうかを判断する目安になる．そのため準備状況，特に初年度の研究計画に対する準備状況は，しっかりと書いておかなければならない．準備状況は具体的に書くこと．計画に必要な実験手技，機器類の保有状況や操作方法，解析方法などをきちんと書いて，この研究ならではの準備状況を具体的に説明する．

　例文では準備状況にリアリティが感じられるように，『使用予定の〜ノックアウトES細胞については，すでに樹立できており』などと具体的に説明する．

改善例

　設備備品については、現有設備で研究遂行上、差し支えない。**本研究において使用予定のSTAT3およびPFCTコンディショナルノックアウトES細胞については、すでに樹立できており、かつキメラ作成により多能性を検証済みであり、準備は整っている。**また、**本研究で使用予定の抗体に関しては、STAT3およびTy1タグは、免疫沈降、免疫染色、ChiP-qPCRにおいて検出できることを確認済みで、実験遂行上問題はない。**胚操作技術については、これまで申請者は核移植を含めた発生工学の技術を用いて、多数の研究に貢献してきたことから十分に遂行可能な範囲と考えている。また、本申請課題では、公開済みの次世代シークエンスデータを活用するが、基本的な解析は申請者自身で遂行できる準備は整っている。**もし、より高度な解析が必要となった場合は、所属研究機関のバイオインフォーマティクス専門の研究員によるサポートを受ける事が可能な状況であり、複雑な解析に際しても問題なく対処できる。**これらのことから、本申請での実験系は円滑な研究遂行が可能な状態であると思われる。

　成果発表に際しては、所属機関の発行するAnnual ReportおよびWebサイトへ日本語と英語による解説を加えて掲載し、研究者以外の一般社会への成果公表も行う。また、所属研究室のWebサイトでも同様に、成果を公表する。

申請者のギモン24　成果の発信法

発信する方法に，いまはあてがなくとも『本を出版する』『雑誌・新聞に論考を書く』と書いた方がよいか？

できるだけ実現性の高いものを中心に，いくつかの研究成果の発信方法を書いていれば十分である．申請の時点で確実なものは少ないと思われるから，『発表・発信できる』と強く書かなくても減点されない．

6 その他

case 62

「研究経費」に必要性が書かれていない

理工系　生命科学系　医歯薬系　人文学系　社会科学系　複合領域系

重要度 ★★★　頻度 ★★★

どこがよくないか

研究経費の妥当性・必要性
　本欄には、「研究計画・方法」欄で述べた研究規模、研究体制等を踏まえ、次頁以降に記入する研究経費の妥当性・必要性・積算根拠について記述してください。また、研究計画のいずれかの年度において、各費目（設備備品費、旅費、人件費・謝金）が全体の研究経費の90％を超える場合及びその他の費目で、特に大きな割合を占める経費がある場合には、当該経費の必要性（内訳等）を記述してください。

　研究授業時の活動の様子を映像として記録しておく必要があるので、ビデオカメラを計上した。授業の記録、テープ起こし、アンケート結果の分析のために学生・院生を雇用するための謝金を計上した。

　研究協力者と研究グループの打ち合わせのための費用、ならびに研究成果を発表するための関係する学会参加旅費を計上した。

　カリキュラム・教材開発の資料となる教材購入費が必要であり、関連図書の購入費を計上した。

　またアンケート調査の郵送料やコピー用紙などの消耗品費を計上した。

memo

アドバイス

経費として計上した根拠を具体的に示そう

添削例

研究経費の妥当性・必要性

　本欄には、「研究計画・方法」欄で述べた研究規模、研究体制等を踏まえ、次頁以降に記入する研究経費の妥当性・必要性・積算根拠について記述してください。また、研究計画のいずれかの年度において、各費目（設備備品費、旅費、人件費・謝金）が全体の研究経費の９０％を超える場合及びその他の費目で、特に大きな割合を占める経費がある場合には、当該経費の必要性（内訳等）を記述してください。

　研究授業時の活動の様子を映像として記録しておく必要があるので、ビデオカメラを計上した。授業の記録、テープ起こし、アンケート結果の分析のために学生・院生を雇用するための謝金を計上した。

　研究協力者と研究グループの打ち合わせのための費用、ならびに研究成果を発表するための関係する学会参加旅費を計上した。

　カリキュラム・教材開発の資料となる教材購入費が必要であり、関連図書の購入費を計上した。

　またアンケート調査の郵送料やコピー〔　　なぜ必要か，理由が書かれていない　〕

なぜよくないのか？

　　例文では計上した経費が項目ごとに書かれていて，その部分はよいのだけれども，もっと具体的に書く必要がある．なぜ，それを購入する必要があるのか，なぜ旅費などが必要なのか，その理由をきちんと書いておかなければならない．

　　【研究目的】や【研究計画・方法】と同じく，【研究経費の妥当性・必要性】も具体的に書かなくてはならない．【研究経費の妥当性・必要性】はいくらうまく書いても申請書の総合点アップにはつながらない．しかし研究計画に関係のないものを購入したり，極端に偏った使い方を書いていたりする場合は，審査委員の印象が悪く，減点の対象になることもある．

どのように改良すればいいのか？

　【研究経費の妥当性・必要性】はできるだけ具体的に，詳細に書いておくこと．そうすると減点になることはない．

　例文では『授業実践の記録・編集費・謝金関係』『国内・外国旅費』『設備備品費』『消耗品関係』と分けて応募時点でできるだけ詳しく書く．

改善例

【授業実践の記録・編集費・謝金関係】　本研究は、申請者自身の研究授業実施と研究協力校（中学校5校・と高等学校5校）における授業結果をもとに分析を行うため、研究授業時における生徒・教師双方の活動の様子を映像記録として詳細に記録しておく必要がある。研究初年度において購入予定のPanasonic社製ビデオカメラはメインの被写体と周辺部を同時に撮影することができる。記録装置であるキャノン社製一眼レフデジタルカメラは、2020万画素を有しており、教室の前方からでも最後列の生徒の表情を明細に記録することができる。研究協力校（者）に対し、資料印刷を依頼する関係で用紙・インク代が必要である。授業実践による記録映像、テープ起こしとアンケート結果分析のため学生・院生を雇用するための謝金を計上した。

【国内・外国旅費（授業研究校移動費・学会発表参加旅費関係）】　福岡県内各地の学校における実践授業、研究協力者（10名）との研究協議・打ち合わせを計30回程度行うための移動費と資料収集・印刷費が必要である。研究成果を発表するための関係する学会参加旅費を計上した。

【設備備品費（図書購入費・資料収集費関係）】　教材開発、学習プログラム開発の重要な資料となる外国（英国・米国）の中等教育段階、社会人、高齢者段階における経済教育、消費者教育に関係する教材購入費、国際誌での報告も予定しているため英文校閲料なども必要である。さらに、研究継続のための参考文献として最新版中学校・高等学校用教科書、指導書、金融・消費者教育関連図書、行動経済学関連図書、認知・発達心理学関連図書、外国文献の購入費を計上した。

【消耗品関係】　研究所年度には、全国の抽出校に対するアンケート調査依頼のための郵送料が必要である。さらに、研究期間全体にわたり必要な、コピー用紙・USBメモリー（多くの授業映像を記録するために容量が大きいもの：256GBが必要）・プリンタートナーの費用を計上した。

申請者のギモン 25　強調　その 1

強調したい部分は一目で認識できるか？

本研究の目的は、現在抗がん剤として広く使われている競合型チロシンキナーゼ阻害剤の作用を増強する併用化学療法を開発することである。申請者は今までに、チロシンキナーゼ阻害剤（TKI）の薬剤感受性に関する研究を精力的に行ってきて、EGFR遺伝子の薬剤感受性に関する基礎的研究を積み上げてきた。

本研究の目的は、現在抗がん剤として広く使われている競合型チロシンキナーゼ阻害剤の作用を増強する併用化学療法を開発することである。申請者は今までに、チロシンキナーゼ阻害剤（TKI）の薬剤感受性に関する研究を精力的に行ってきて、EGFR遺伝子の薬剤感受性に関する基礎的研究を積み上げてきた。

重要な箇所を強調する手段として，その部分を太字（ボールド）にすることがよく使われる．しかし例文のように，明朝体でもゴシック体でも，その部分を太字にしてもあまり目立たないことが多い．それは通常の書体と太字との差が少ないためである．正確にはMS明朝とMSゴシックでは通常の書体と太字の差が少ない．

本文と強調する部分との差をはっきりと示すよい方法は，明朝体の本文のなかにゴシック太字体を入れることである．こうすると強調する部分がよくわかる．もちろん通常の書体と太字体との差が大きいフォント（例えば，メイリオ）なら，同一のフォントでもかまわない．

本研究の目的は、現在抗がん剤として広く使われている**競合型チロシンキナーゼ阻害剤の作用を増強する併用化学療法を開発すること**である。申請者は今までに、**チロシンキナーゼ阻害剤（TKI）**の薬剤感受性に関する研究を精力的に行ってきて、EGFR遺伝子の薬剤感受性に関する基礎的研究を積み上げてきた。

本研究の目的は、現在抗がん剤として広く使われている**競合型チロシンキナーゼ阻害剤の作用を増強する併用化学療法を開発すること**である。申請者は今までに、**チロシンキナーゼ阻害剤（TKI）**の薬剤感受性に関する研究を精力的に行ってきて、EGFR遺伝子の薬剤感受性に関する基礎的研究を積み上げてきた。

❻ その他

case 63

「人権の保護及び法律等の遵守への対応」が中身に乏しく具体的でない

〔理工系〕 〔生命科学系〕 〔医歯薬系〕 〔人文学系〕 〔社会科学系〕 〔複合領域系〕

重要度 ★★☆ 頻度 ★★★

ふさわしく

はっきりと

具体的に

簡潔に

推敲のヒント

レイアウト

図表

アピールする

どこがよくないか

人権の保護及び法令等の遵守への対応 （公募要領4頁参照）

　本欄には、研究計画を遂行するに当たって、相手方の同意・協力を必要とする研究、個人情報の取り扱いの配慮を必要とする研究、生命倫理・安全対策に対する取組を必要とする研究など法令等に基づく手続が必要な研究が含まれている場合に、どのような対策と措置を講じるのか記述してください。

　例えば、個人情報を伴うアンケート調査・インタビュー調査、提供を受けた試料の使用、ヒト遺伝子解析研究、組換えDNA実験、動物実験など、研究機関内外の倫理委員会等における承認手続が必要となる調査・研究・実験などが対象となります。

　なお、該当しない場合には、その旨記述してください。

　本研究は大学の倫理委員会の承認を受けて実施する。また研究の協力者に対しては、個人情報の保護には十分に注意する。

memo

必要な承認の種類，個人情報などへの配慮，その方法などを具体的に示そう

添削例

人権の保護及び法令等の遵守への対応（公募要領4頁参照）

　本欄には，研究計画を遂行するに当たって，相手方の同意・協力を必要とする研究，個人情報の取り扱いの配慮を必要とする研究，生命倫理・安全対策に対する取組を必要とする研究など法令等に基づく手続が必要な研究が含まれている場合に，どのような対策と措置を講じるのか記述してください。

　例えば，個人情報を伴うアンケート調査・インタビュー調査，提供を受けた試料の使用，ヒト遺伝子解析研究，組換えDNA実験，動物実験など，研究機関内外の倫理委員会等における承認手続が必要となる調査・研究・実験などが対象となります。

　なお，該当しない場合には，その旨記述してください。

　本研究は大学の倫理委員会の承認を受けて実施する。また研究の協力者に対しては，個人情報の保護には十分に注意する。　あまりに簡単で，内容に具体性がない

なぜよくないのか？

　　　例文では，『倫理委員会の承認』『個人情報の保護』と書いているが，あまりに簡単で，その内容に具体性がない．

　　　【人権の保護及び法令等の遵守への対応】も，【研究経費の妥当性・必要性】同様，いくらうまく書いても申請書の総合点アップにはつながらないが，減点の対象にはなる．申請書云々とは別に，日頃から，個人情報の取り扱いや生命倫理・組換えDNA実験・動物実験・安全対策などの承認手続きはきちんと行い，必要なものは届け出をしておくこと．

どのように改良すればいいか

　　【人権の保護及び法令等の遵守への対応】として必要となる承認手続きを具体的に書いておけば問題はない．書きすぎて減点になることはないので，できるだけ詳しく書きたい．

　　例文では「久留米大学　ヒトを対象とした研究に関する倫理委員会」と具体的にあげ，また「個人情報の保護」についても十分に詳しく具体的に書く．

改善例

人権の保護及び法令等の遵守への対応 （公募要領4頁参照）

　本欄には，研究計画を遂行するに当たって，相手方の同意・協力を必要とする研究，個人情報の取り扱いの配慮を必要とする研究，生命倫理・安全対策に対する取組を必要とする研究など法令等に基づく手続が必要な研究が含まれている場合に，どのような対策と措置を講じるのか記述してください．

　例えば，個人情報を伴うアンケート調査・インタビュー調査，提供を受けた試料の使用，ヒト遺伝子解析研究，組換えDNA実験，動物実験など，研究機関内外の倫理委員会等における承認手続が必要となる調査・研究・実験などが対象となります．

　なお，該当しない場合には，その旨記述してください．

　本研究は，研究所年度から全国の調査予定校に対して教員へのアンケート実施，研究の最終年度である平成30年度には中学校・高等学校での研究授業を予定している。そのため「久留米大学　ヒトを対象とした研究に関する倫理委員会」にて、承認を得た上で実施する。

　中学校・高等学校で授業、アンケート調査などを実施する関係上、教師と生徒の個人情報を扱うこととなる。アンケート用紙は生徒にID番号を付与し、個人名は別に管理する。授業時の様子を撮った映像・写真に関して、教師・生徒の顔や制服等に付けられている名札から学校関係者および生徒のプライバシーが侵害される可能性がある。事前に顔や名札などから、生徒・教師個人が特定されることがないように配慮する。

　また、ビデオ映像、写真の公表をする場合には、学校関係者、生徒本人および生徒の保護者の承諾を確実に得ることとする。学校関係者、本人および保護者の承諾がない場合は、個人情報保護のため公表しないこととする。USBデータにはパスワードを設定し、調査票とともに鍵のかかる保安金庫に保管するなど、個人情報の保護には万全を尽くす。

申請者のギモン 26　強調　その 2

大事なので下線でアピールしました.

> **与格の文法化の解明:** 古英語 DOC の主タ
> る。英語与格・対格屈折の形式的区別は,
> 固定化した後も, <u>与格とみなされている</u>
> Recipient が受動態主語となるには, 事態
> る必要がある。対格が与格化することは近
> するのはよく見られる(<u>「一方向的変化」</u>
> になったのも, <u>与格が対格的機能を獲得</u>
> 格を付与されていた全ての DOC 構文の F
> <u>なったわけではない。動詞ごとの REC 受</u>
> <u>と構文の関係の解明</u>にもつながると考え

下線部分が多い, 多すぎる! 本当に必要な部分に下線を引いているのか?（case27 参照）大部分の下線を削り, 本当に必要な部分だけに下線を使う.

下線部分を目立たせるには, いくつかの方法がある. 4 つほど挙げる（以下参照）. ただし下 2 つの方法は確かに目立つが, 逆に目立ちすぎて煩わしく感じることもあるので注意.

太字にする

'ハーゲン会議の閉幕後に、温室効果ガスのでは**経済成長と環境保護の両立に迫られて**る**制度改革がどのように進展してきたか**、

ゴシック体太字にする

'ハーゲン会議の閉幕後に、温室効果ガスのでは**経済成長と環境保護の両立に迫られて**る**制度改革がどのように進展してきたか**、

下線を太くする

ハーゲン会議の閉幕後に、温室効果ガスのでは<u>経済成長と環境保護の両立に迫られて</u>る<u>制度改革がどのように進展してきたか</u>、

二重下線にする

ハーゲン会議の閉幕後に、温室効果ガスのでは<u>経済成長と環境保護の両立に迫られて</u>る<u>制度改革がどのように進展してきたか</u>、

❻ その他

case 64

強調スタイルがいくつもあり どこが重要かわからない

理工系　生命科学系　医歯薬系　人文学系　社会科学系　複合領域系

重要度 ★★★　頻度 ★★★

ふさわしく　はっきりと　具体的に　簡潔に　推敲のヒント　レイアウト　図表　アピールする

どこがよくないか

　そこで可視光や近赤外光を利用した拡散光スペクトロスコピーによる生体機能イメージングに注目した。この装置は極めて低侵襲であり、ベッドサイドで何度でも測定ができるというメリットがある。米国では既にDOS装置を用いた術前化学療法の早期治療効果予測の実行可能性について検証する多施設臨床試験が進行中であり、国際的にも注目されている。
日本ではこの研究分野はほとんど認知されておらず、研究の推進が急務である。

memo

アドバイス

強調スタイルは1種類にしよう

添削例

　そこで可視光や近赤外光を利用した拡散光スペクトロスコピーによる生体機能イメージングに**注目した**。この装置は極めて低侵襲であり、ベッドサイドで何度でも測定ができるというメリットがある。米国では既に**DOS 装置を用いた術前化学療法の早期治療効果予測の実行可能性について検証する多施設臨床試験が進行中であり、国際的にも注目されている。**
日本ではこの研究分野はほとんど認知されておらず、研究の推進が急務である。

> 3種類の強調スタイル．強調のスタイルはどれか1種類にする

なにがよくないのか？

　　　強調スタイルが混在している．例文のなかに，太字，太字下線，網掛け付きの太字下線と3種類の強調スタイルがある．しかしこれら3種類の強調スタイルには，それぞれに異なった意味があるのだろうか？私がこれまでにチェックした複数の強調スタイルを使っている申請書で，それぞれが意図している意味の違いを説明したものはなかった．

どのように改良すればよいのか？

　　　複数種類の強調スタイルがあっても，その違いが明確でないなら意味はない．強調スタイルはどれか1つに統一する方がよい．

　　　例文では太字を使うのが最も目立つと思う．さらにもっと目立たせようと思うならば，本文を明朝体にして，強調文字の部分だけをゴシック太字にするとよい（case08参照）．

改善例

　そこで可視光や近赤外光を利用した拡散光スペクトロスコピーによる生体機能イメージングに**注目した**。この装置は極めて低侵襲であり、ベッドサイドで何度でも測定ができるというメリットがある。**米国では既にDOS装置を用いた術前化学療法の早期治療効果予測の実行可能性について検証する多施設臨床試験が進行中であり、国際的にも注目されている。**
日本ではこの研究分野はほとんど認知されておらず、研究の推進が急務である。

6 その他

case 65

図や画像が何を示しているのか わからない

理工系　生命科学系　医歯薬系　人文学系　社会科学系　複合領域系

重要度 ★★★　頻度 ★★★

どこがよくないか

例文1

で7,800件以上の研究論文が発表され、申請者らのグレリン発見のオリジナル論文は被引用回数が5,000回を超えている。

グレリンは典型的なGタンパク質共役型受容体(GPCR)であるグレリン受容体に結合して、その生理作用を現す。グレリンはペプチド・ホルモンであるが、N末端から3番目のセリン残基が中鎖脂肪酸のオクタン酸によって修飾されており、しかもこのオクタン酸が受容体の活性化に必須であるという極めて珍しい構造をしている (Kojima et al. Nature 1999 & Physiol Rev 2005)。なぜグレリンがペプチド部分だけでは受容体を活性化できず、オクタン酸の修飾があって始めて受容体を活性化できるのか？それを明らかにするためには、グレリン受容体の結晶構造の解明が必要であり、不活性型の構造だけでなく、リガンドが結合して活性型になった構造の両方を明らかにして、受容体の動きを見る必要がある。

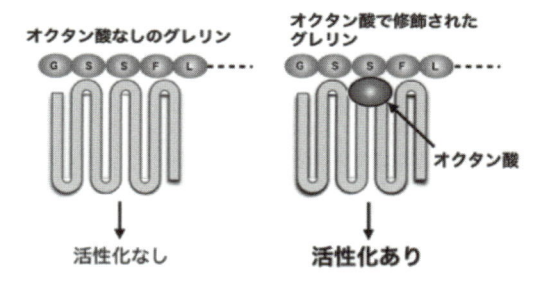

例文2

同移植片を生検し、光学顕微鏡レベルで骨が形成されるところまでを確認している。現在のところ感染等もなく、骨形成においてその経過は良好である。しかしながら，その形成骨の機能性や形態について、脱灰象牙質との相互関係における組織構築の空間的な検討は進んでいない。

申請者はこれまで移植細胞が生体内でどのような運命をたどるのかということを解明するために間葉系幹細胞移植による異所性骨モデルを作製し、形成骨に対して共焦点顕微鏡や電子顕微鏡を用いて組織学的なアプローチを行い、骨および骨周囲を構成する細胞間の関係を検証してきた。その結果、形成骨を構成する細胞の起源は約 8:2 の割合で移植したドナー細胞とレシピエント細胞に由来していることを証明した。これらの細胞は 6 ヶ月目以降にターンオーバーが進み、割合は変化してくる. 脱灰象牙質に

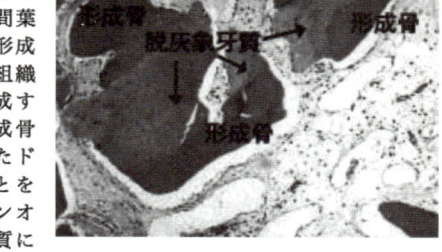

おいては移植後に少しずつ吸収され、 新生骨に置換されると考えられているが、象牙質と新生骨とのダイレクトコンタクトがいつからどのように変化するのかは未だ解析されていない。

アドバイス

図には必ず説明をつけよう

添削例

例文1

で7,800件以上の研究論文が発表され、申請者らのグレリン発見のオリジナル論文は被引用回数が5,000回を超えている。

グレリンは典型的なGタンパク質共役型受容体（GPCR）であるグレリン受容体に結合して、その生理作用を現す。グレリンはペプチド・ホルモンであるが、N末端から3番目のセリン残基が中鎖脂肪酸のオクタン酸によって修飾されており、しかもこのオクタン酸が受容体の活性化に必須であるという極めて珍しい構造をしている（Kojima et al. Nature 1999 & Physiol Rev 2005）。なぜグレリンがペプチド部分だけでは受容体を活性化できず、オクタン酸の修飾があって始めて受［図の説明がない．加える］かにするためには、グレリン受容体の結晶構造の解明が必要でガンドが結合して活性型になった構造の両方を明らかにして、受容体の動きを見る必要がある。

オクタン酸なしのグレリン

G S S F L ……

↓

活性化なし

オクタン酸で修飾されたグレリン

G S S F L ……

← オクタン酸

↓

活性化あり

> 図の説明がない．加える

例文2

同移植片を生検し、光学顕微鏡レベルで骨が形成されるところまでを確認している。現在のところ感染等［モノクロの画像に黒文字と黒い矢印ではわからない．わかるように工夫する］好である。しかしながら、その形成骨の機能性や形態にける組織構築の空間的な検討は進んでいない。

申請者はこ運命をたどるのかということを解明するために間葉系幹細胞移植による異所性骨モデルを作製し、形成骨に対して共焦点顕微鏡や電子顕微鏡を用いて組織学的なアプローチを行い、骨および骨周囲を構成する細胞間の関係を検証してきた。その結果、形成骨を構成する細胞の起源は約8:2の割合で移植したドナー細胞とレシピエント細胞に由来していることを証明した。これらの細胞は6ヶ月目以降にターンオーバーが進み、割合は変化してくる．脱灰象牙質においては移植後に少しずつ吸収され、新生骨に置換され：新生骨とのダイレクトコンタクトがいつからどのように変

> モノクロの画像に黒文字と黒い矢印ではわからない．わかるように工夫する

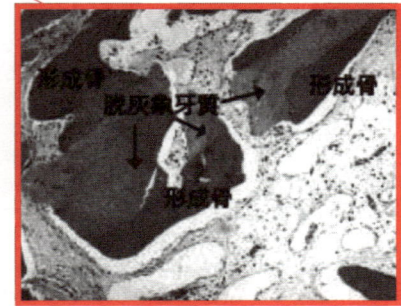

形成骨　形成骨　脱灰象牙質　形成骨

> 画像の説明がない．何を示しているのか？

なぜよくないのか？

　　例文1は図の説明がない．たとえ研究計画の概念図でも説明が欲しい．

　　例文2は画像のなかの矢印や語句が読みにくい．また，そもそも画像の説明がない．

　　申請書において画像や図はただの飾りでもないし，スペースを埋めるためのものでもない．申請者には一目瞭然の図であっても，審査委員には全く未知の図，知らない図である．画像や図は，研究目的をわかりやすくするためのものなので，入れるときは必ずその説明が必要．本文中に図の説明を書いている申請書もあるが，審査委員としては，できれば図のすぐ下に説明を書いて欲しい．その方が図と説明文を同時に見て（読んで）理解しやすい（本文と多少重複してもかまわない）．

どのように改良すればよいか？

　　たとえ簡単な図であっても，図には必ず説明をつける．説明文は短くてよい．何を示している図なのかを書く．そのとき，画像のなかに矢印や語句を置いて説明するときには，文字を白の四角に置く，もしくは矢印を白にするなどして，識別しやすくする，その文字の大きさに注意すること．実際の申請書に図を入れてみて，きちんと説明文が読める大きさに調整する．

改善例

例文1

で7,800件以上の研究論文が発表され、申請者らのグレリン発見のオリジナル論文は被引用回数が5,000回を超えている。

グレリンは典型的なGタンパク質共役型受容体(GPCR)であるグレリン受容体に結合して、その生理作用を現す。グレリンはペプチド・ホルモンであるが、N末端から3番目のセリン残基が中鎖脂肪酸のオクタン酸によって修飾されており、しかもこのオクタン酸が受容体の活性化に必須であるという極めて珍しい構造をしている (Kojima et al. Nature 1999 & Physiol Rev 2005)。なぜグレリンがペプチド部分だけでは受容体を活性化できず、オクタン酸の修飾があって始めて受容体を活性化できるのか？それを明らかにするためには、グレリン受容体の結晶

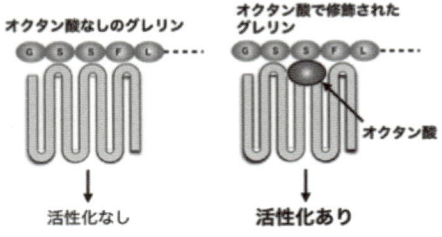

オクタン酸の修飾基が、どのようにしてグレリン受容体を活性化するのかを明らかにするには、受容体の結晶構造の解明が必要である。

構造の解明が必要であり、不活性型の構造だけでなく、リガンドが結合して活性型になった構造の両方を明らかにして、受容体の動きを見る必要がある。

例文2

同移植片を生検し、光学顕微鏡レベルで骨が形成されるところまでを確認している。現在のところ感染等もなく、骨形成においてその経過は良好である。しかしながら，その形成骨の機能性や形態について、脱灰象牙質との相互関係における組織構築の空間的な検討は進んでない。

申請者はこれまで移植細胞が生体内でどのような運命をたどるのかということを解明するために間葉系幹細胞移植による異所性骨モデルを作製し、形成骨に対して共焦点顕微鏡や電子顕微鏡を用いて組織学的なアプローチを行い、骨および骨周囲を構成する細胞間の関係を検証してきた。その結果、形成骨を構成する細胞の起源は約8:2 の割合で移植したドナー細胞とレシピエント細胞に由来していることを証明した。これらの細胞は6ヶ月目以降にターンオーバーが進み、割合は変化してくる．脱灰象牙質においては移植後に少しずつ吸収され、新生骨に置換されると考えられているが、象牙質と新生骨とのダイレクトコンタクトがいつからどのように変化するのかは未だ解析されていない。

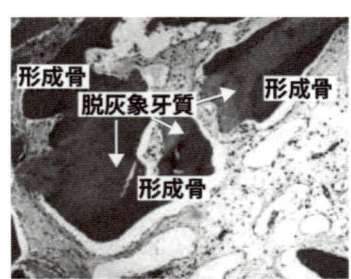

脱灰象牙質を移植後8ヶ月目のヒトのHE染色試料。脱灰象牙質から骨が形成されている。

6 その他

case 66

写真が不明瞭で意図がよくわからない

理工系　生命科学系　医歯薬系　人文学系　社会科学系　複合領域系

重要度 ★★☆　頻度 ★★★

ふさわしく
はっきりと
具体的に
簡潔に
推敲のヒント
レイアウト
図表
アピールする

どこがよくないか

ショウジョウバエの脂肪体（Fat body）はさまざまな生理活性ペプチドを分泌する

　ほ乳類の脂肪組織からはレプチンやアディポネクチンをはじめとして、さまざまな生理活性ペプチドやペプチド・ホルモンを分泌している。これらの脂肪組織由来の生理活性ペプチドは、個体の栄養状態に応じて合成や分泌が制御されており、生体の成長・発育に重要な役割を担っている。哺乳類以外にも例えばモデル生物で研究によく使われるショウジョウバエには、ほ乳類の脂肪組織に相当する器官として脂肪体があるが、脂肪体で合成・分泌される生理活性ペプチドにはどのようなものがあり、どのような機能を担っているのかは、まだ十分に解明されていない。申請者らは最近、ショウジョウバエ脂肪体から新規の生理活性ペプチドを見つけ出した。（図1）

抗ペプチド抗体

図1

memo

アドバイス

写真は審査委員の手元ではモノクロになることを見越して作成する

添削例

ショウジョウバエの脂肪体（Fat body）はさまざまな生理活性ペプチドを分泌する

ほ乳類の脂肪組織からはレプチンやアディポネクチンをはじめとして、さまざまな生理活性ペプチドやペプチド・ホルモンを分泌している。これらの脂肪組織由来の生理活性ペプチドは、個体の栄養状態に応じて合成や分泌が制御されており、生体の成長・発育に重要な役割を担っている。哺乳類以外にも例えばモデル生物で研究によく使われるショウジョウバエには、ほ乳類の脂肪組織に相当する器官として脂肪体があるが、脂肪体で合成・分泌される生理活性ペプチドにはどのようなものがあり、どのような機能を担っているのかは、まだ十分に解明されていない。申請者らは最近、ショウジョウバエ脂肪体から新規の生理活性ペプチドを見つけ出した。（図1）

抗ペプチド抗体

図1

写真の意図は濃淡だけでも表せているか？

なぜよくないのか？

例文は，カラー印刷だとよくわかるのかもしれないが，モノクロではいったい何を示すのかわからない．

画像は非常にインパクトがあってわかりやすいのだが，申請書に写真を載せるときには特に要注意だ．審査委員にはモノクロ印刷で送られてくるが，写真はモノクロになるとわかりにくいものが多いからだ．特に医歯薬学系や生命科学系の組織切片の写真はわかりにくいことが多い．

どのように改良すればよいか？

モノクロ印刷になる申請書では，特に写真はわかりにくくなりがちと思おう．そのためモノクロで印刷して本来の目的どおり図が理解できるかを判断して，写真を使うかどうかを決める．もしモノクロ印刷で写真の意図がはっきりと伝わりそうにないときには，思い切って写真をカットし，イラストや言葉での説明を増やす方がよい．

❻ その他

case 67

図表の文字が小さくて読みにくい

理工系　生命科学系　医歯薬系　人文学系　社会科学系　複合領域系

重要度 ★★★　頻度 ★★★

どこがよくないか

例文1

① 学術的背景

注意欠如多動性障害(Attention deficit hyperactivity disorder:ADHD)は発達の水準に不相応で不適応な不注意や多動性又は衝動性行動を特徴とする障害で、小児期に多く認められる(本邦 2.5%)代表的な精神疾患である。成人期にも約 30%に症状が継続することが報告され、適切な時期に適切な治療選択を行う必要性が指摘されている。米国児童青年精神医学会の ADHD の診断と治療に関する臨床指針では、心理社会的支援法と薬物療法を推奨している。本邦では、心理社会的治療を行ったうえで、効果が不十分な場合に薬物治療を行うアルゴリズムを推奨している。

	塩酸メチルフェニデート治療	ペアレントトレーニング治療
効果	70%患児のADHD症状を改善	保護者の子育てストレスの有意な軽減と自尊心の向上、患児の問題行動の改善
副作用	食欲不振・睡眠障害・低身長・薬物乱用など	報告なし
コスト	コストは高くない	手間がかかり、コストが高い
施行可能な施設	日本では資格を満たし登録した医師が処方するが、登録施設は多い	トレーニングを受けた心理士・医師が行う必要があり、施行できる施設が非常に限られている
患者への負担	副作用の点で負担があるが、時間的拘束が少ない	副作用がないが、時間的拘束が大きく、仕事をしている親の参加が困難

表1: 薬物治療と心理社会的治療の比較

例文2

①【研究の学術的背景】

骨代謝において、骨芽細胞と破骨細胞は中心的な役割を演じている。破骨細胞は末梢血中の単球/マクロファージから分化されることが知られているが、骨芽細胞は骨髄内に存在し、末梢血中に存在するという概念はほとんど知られていない。

我々は、野生型マウス大腿骨から骨髄単球を採取し、マクロファージコロニー刺激因子 (M-CSF)、炎症性サイ

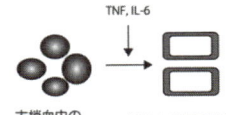

末梢血中の
骨芽細胞系細胞

活性化骨芽細胞様細胞

末梢血中の骨芽細胞系細胞が、TNF, IL-6 などの炎症性サイトカイン刺激により活性化骨芽細胞様細胞へ分化する。

この活性化骨芽細胞系細胞が、動脈硬化の特徴である血管の石灰化に関与している可能性がある。

ふさわしく

はっきりと

具体的に

簡潔に

推敲のヒント

レイアウト

図表

アピールする

アドバイス

図表はできるだけ配置する大きさを決めて作成しよう．本文と同じかやや小さめのフォントサイズにする

添削例

例文1

① 学術的背景
　注意欠如多動性障害（Attention deficit hyperactivity disorder：ADHD）は発達の水準に不相応で不適応な不注意や多動性又は衝動性行動を特徴とする障害で、小児期に多く認められる（本邦 2.5%）代表的な精神疾患である。成人期にも約 30%に症状が継続することが報告され、適切な時期に適切な治療選択を行う必要性が指摘されている。米国児童青年精神医学会の ADHD の診断と治療に関する臨床指針では、心理社会的支援法と薬物療法を推奨している。本邦では、心理社会的治療を行ったうえで、効果が不十分な場合に薬物治療を行うアルゴリズムを推奨している。

	塩酸メチルフェニデート治療	ペアレントトレーニング治療
効果	70%患児の ADHD 症状を改善	保護者の子育てストレスの有意な軽減と自尊心の向上、患児の問題行動の改善
副作用	食欲不振・睡眠障害・低身長・薬物乱用など	報告なし
コスト	コストは高くない	手間がかかり、コストが高い
施行可能な施設	日本では資格を満たし登録したが処方するが、登録施設は多い	トレーニングを受けた心理士・医師が行う必要があり、施行できる施設が非常に限られている
患者への負担	副作用の点で負担があるが、時間的拘束が少ない	副作用がないが、時間的拘束が大きく、仕事をしている親の参加が困難

表1：薬物治療と心理社会的治療の比較

図の文字が小さすぎる

例文2

① 【研究の学術的背景】
　骨代謝において、骨芽細胞と破骨細胞は中心的な役割を演じている。破骨細胞は末梢血中の単球/マクロファージから分化されることが知られているが、骨芽細胞は骨髄内に存在し、末梢血中に存在するという概念はほとんど知られていない。
　我々は、野生型マウス大腿骨から骨髄単球を採取し、マクロファージコロニー刺激因子（M-CSF）、炎症性サイ

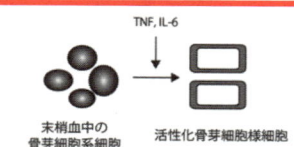

TNF, IL-6

末梢血中の
骨芽細胞系細胞　　　活性化骨芽細胞様細胞

末梢血中の骨芽細胞系細胞が、TNF, IL-6 などの炎症性サイトカイン刺激により活性化骨芽細胞様細胞へ分化する。
この活性化骨芽細胞系細胞が、動脈硬化の特徴である血管の石灰化に関与している可能性がある。

図の文字が小さすぎる

なぜよくないのか？

　　図表の文字が小さい．

　　図表だけを用意しているときには，文字が小さいとは思わなかったはずだが，図表を申請書に移してきて，大きさを整える（たいていの場合，縮小する）と文字が小さくなることが多い．申請書に図表を載せるのならば，やはり文字はきちんと読めるくらいの大きさにしないと意味がない．

どのように改良すればよいか？

　　図表の文字は本文のフォントの大きさと同じか，やや小さめくらいにすること．そのためには，申請書における図表の挿入位置と大きさをあらかじめ決め，図表そのものを申請書に載せる大きさで作成し，フォントも本文とほぼ同じくらいのサイズにするのが理想的．あるいは，縮小後の図表を実際に申請書に配置してみてフォントの大きさを調整するのがよい．

　　例文2のように，図中の文字が多い場合は，図全体を枠で囲んで図と本文とをはっきりと区別するとよい．

改善例

例文2

①【研究の学術的背景】

　骨代謝において、骨芽細胞と破骨細胞は中心的な役割を演じている。破骨細胞は末梢血中の単球/マクロファージから分化されることが知られているが、骨芽細胞は骨髄内に存在し、末梢血中に存在するという概念はほとんど知られていない。

　我々は、野生型マウス大腿骨から骨髄単球を採取し、マクロファージコロニー刺激因子（M-CSF）、炎症性サイトカイン（TNF, IL-6）刺激により骨吸収能を有する破骨細胞様細胞を分化誘導することを報告した。

　そして、ヒト末梢血単核球において、破骨細胞様細

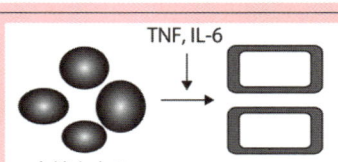

TNF, IL-6

末梢血中の
骨芽細胞系細胞　　　　活性化骨芽細胞様細胞

　末梢血中の骨芽細胞系細胞が、TNF, IL-6 などの炎症性サイトカイン刺激により活性化骨芽細胞様細胞へ分化する。

　この活性化骨芽細胞系細胞が、動脈硬化の特徴である血管の石灰化に関与している可能性がある。

申請者のギモン27　強調　その3

強調に波線や二重下線を使ってもよいですか

①【研究の学術的背景】

　その点で、世界遺産には可能性が認められる〜〜〜〜〜然など、人類が共有すべき「顕著な普遍的価値〜〜とに再審査し、世界遺産委員会での再審査を受〜年）終了時点で、1,031件の世界遺産が登録さ〜的には文化遺産の約半数はヨーロッパに偏って〜

　とはいえ、世界遺産の多くは大都市から離れ〜る条件の不利な地域に位置しているため、地域〜〜〜〜〜ながら世界遺産として質的に充実させることか〜自然・文化の保全を推進したい立場と、地域振〜動に取り組むのかという点で重点の置き方が異〜

　一方、日本では2008年度に事業が開始されて〜に関する実証的研究が行われてきた。申請者は、〜ーの実践内容、実践に影響を与える要因を明確に〜業計画と医療ソーシャルワーク実践をリンクさ〜標準化に取り組んできた。残されている課題は、〜れをどのように克服するのかという点である。〜医療組織の独自の文化、介護福祉士や他専門職の〜ことを明らかにした。しかし、困難とその克服〜

　本研究の目的は、医療ソーシャルワーカーが〜の困難を克服するプログラムを開発することで〜者、医療ソーシャルワーカー、医療ソーシャル〜

使ってもよいが，波線はそれほど目立たないし，意外に存在感がない．また二重下線は，一本線の下線よりも確かに目立つが，ごちゃごちゃした印象になる．

もし下線を付けるのなら，波線や二重下線でなく，普通の下線にした方がよい．もしくは，強調手段としては文字をゴシック太字にするとよい．

なお，くれぐれも強調文字は多すぎないこと．

①【研究の学術的背景】

　その点で、世界遺産には可能性が認められる。**世！**ど、人類が共有すべき「**顕著な普遍的価値**」を持つ〜査し、世界遺産委員会での再審査を受ける必要があ〜点で、1,031件の世界遺産が登録されており、文化〜の約半数はヨーロッパに偏っている。

　とはいえ、世界遺産の多くは大都市から離れた山〜件の不利な地域に位置しているため、**地域の社会経**〜界遺産として質的に充実させることが課題となって〜保全を推進したい立場と、地域振興を推進したい立〜という点で重点の置き方が異なるが、**地域マネジメ**〜っている。

⑥ その他

case 68

論文から流用された図は申請書ではわかりにくい

理工系　生命科学系　医歯薬系　人文学系　社会科学系　複合領域系

重要度 ★★☆　　頻度 ★☆☆

どこがよくないか

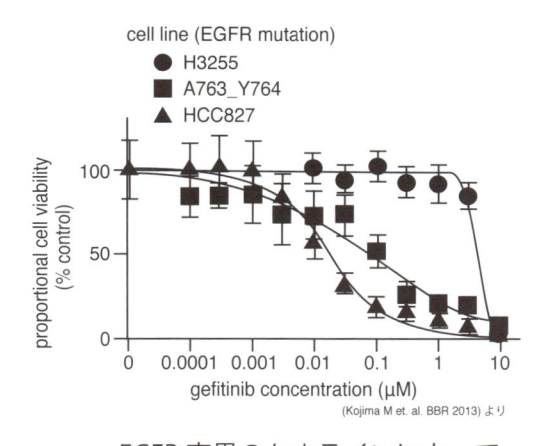

cell line (EGFR mutation)
- ● H3255
- ■ A763_Y764
- ▲ HCC827

(Kojima M et. al. BBR 2013) より

EGFR 変異のセルラインによって
イレッサへの反応性が異なる。

memo

アドバイス

論文の図を使うときは申請書にはめ込んで違和感のないように工夫しよう. 読みにくい部分, 申請書では詳しすぎる部分をシンプルに書き直す

添削例

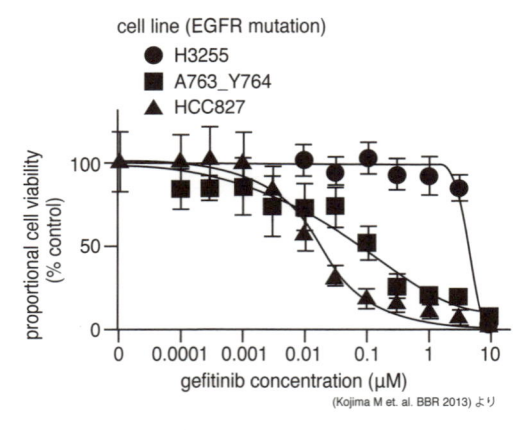

EGFR 変異のセルラインによって
イレッサへの反応性が異なる.

論文からの流用
ではなくエッセン
スをまとめ直す

なぜよくないのか？

　　例では発表した論文の図に解説を加えているのはよいが, グラフの文字が小さい部分があり, 図もやや不鮮明な部分がある. 論文ではグラフにエラーバーを入れるが, 申請書の場合には必要だろうか？

　　論文から図を流用するときには注意が必要.

どのように改良すればよいか？

　論文の図をそのままもってこないこと．また申請書の実験図は正確さよりも，わかりやすさを優先する．そのためエラーバーなどは必要ないので，できれば省いて図をみやすくする．またグラフなどで値が多くてわかりにくいときには，適当に間引きしてみやすくする．図中の文字の大きさは本文と同じか，やや小さめがよいので，申請書に図をもってきたときの大きさを考えて最適なフォントの大きさを決める．また英語表記はできるだけ日本語にする．その方が審査委員は理解しやすい．またクリアな図にするためには，描いた図をjpegファイルに変換するときに高解像度で保存するとよい．

　例文では，エラーバーをカットし，間引いたうえで，縦軸と横軸の英語を日本語にする．

改善例

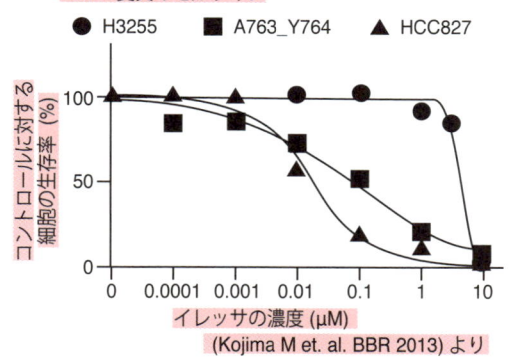

EGFR 変異のセルラインによってイレッサへの
反応性が異なる。

申請者のギモン28　強調　その4

研究内容を目立たせるにはどうしたらよいですか？

研究は以下の5段階に分けて行う。
平成25年度は①と②を並行して行う。平成26年度以降は①と②を継続しつつ、③、④, ⑤を進める。
①、②、③は反応速度定数や活性化エネルギーの見積もりに基づく動力学的研究で、共重合反応の全体像を大まかに理解するのに役立ち、④、⑤は反応の各段階をさらに詳細に理解するのに役立つ。

①ハロゲン化アルキルはどのように反応するのか

②S_N2反応の機構

③S_N2反応に影響を与える要因

④S_N2反応の可逆性について

⑤S_N1反応とS_N2反応の立体化学についての考察

研究項目を5段階①〜⑤と書いているのはよいが，それぞれが何を指すのかわからないまま説明が進む．ここが研究の中心部分なのにアピールが弱い．

この5つの項目は研究の中心なので，より早い段階で列挙したり，もっと視覚的に目立たせるとよい．例文は四角の枠で囲むとよい．

研究は以下の5段階に分けて行う。
① ハロゲン化アルキルはどのように反応するのか
② S_N2反応の機構
③ S_N2反応に影響を与える要因
④ S_N2反応の可逆性について
⑤ S_N1反応とS_N2反応の立体化学についての考察

平成25年度は①と②を並行して行う。平成26年度以降は①と②を継続しつつ、③、④、⑤を進める。①、②、③は反応速度定数や活性化エネルギーの見積もりに基づく動力学的研究で、共重合反応の全体像を大まかに理解するのに役立ち、④、⑤は反応の各段階をさらに詳細に理解するのに役立つ。

6 その他

case 69

回りくどい表現，なくてもよい表現がある（2）

理工系　生命科学系　医歯薬系　人文学系　社会科学系　複合領域系

重要度 ★★★　頻度 ★★★

どこがよくないか

例文1

その解決法としてAL型授業に取り組み、質的に、および表出する事象をデータ化し量的に分析し、教育心理学等の多角的な視点を取り入れながら考察を重ねる。

例文2

数人からの意見のサンプリングなどを通し、数値的、質的の両側面から検証する。

memo

ふさわしく　はっきりと　具体的に　簡潔に　推敲のヒント　レイアウト　図表　アピールする

具体性のない言葉や記述はカットして説得力を高めよう.「〜的」という書き方は割愛を検討する

添削例

例文1

その解決法としてAL型授業に取り組み、質的に、および表出する事象をデータ化し量的に分析し、教育心理学等の多角的な視点を取り入れながら考察を重ねる。

〜的はカットや言い換えを一度は検討

例文2

数人からの意見のサンプリングなどを通し、数値的、質的の両側面から検証する。

なぜよくないのか？

　「〜的」という単語は申請書ではよく見かける．特に例文のように『質的』と『量的』，あるいは『主観的』と『客観的』など対になって使われることが多い．しかし，実は書き手側の意図に反して「〜的」という言葉は抽象的で，具体的な中身が審査委員に伝わらないことがほとんどだ．これらの語句は本当に必要なのか？

どのように改良すればよいか？

　「〜的」をみたら，省略か言い換えを一度は考えてみよう．「〜的」が必要なのか不必要なのかは，その単語をカットして意味が十分に通じるかどうかで判断する．多くの場合，このような「〜的」はカットしても，文章の意味は変わらない．このように，カットしても意味が通る，というものは形容詞に多く，いうなれば形容詞自体にも不要なものが多い．カットして意味が通じるのなら，そのような語句はカットする方がよい．

改善例

例文1

その解決法としてAL型授業に取り組み、表出する事象をデータ化して分析し、教育心理学等の視点を取り入れながら考察を重ねる。

例文2

数人からの意見のサンプリングなどを通し検証する。

参考

　　「〜的」は，申請書の欄によらず，さらに分野を問わず，使われることが非常に多い．以下にさまざまな分野の実例とその改善例を挙げておく．

- 考察を多角的に，またアクティビティ等を柔軟に考案する．
  → 〜を考察し，　アクティビティ等を考案する．

- 誤りの種類による自己修正の頻度とその成功率について量的に分析し，さらに自己修正に至った過程を質的に分析していく
  →誤りの種類による自己修正の頻度とその成功率について分析し，さらに自己修正に至った過程を分析していく．

- 公営住宅の役割を明らかにするために，量的調査と質的調査を併用する．
  →公営住宅の役割を明らかにするために，調査する．

- 1949年から2006年度までの会計制度を理論的，歴史的に分析した．
  → 1949年から2006年度までの会計制度を分析した．

- 限られた社会資源を効率的に活用した，効果的なプログラムの実践が可能となる．
  →限られた社会資源を活用したプログラムの実践が可能となる．

- 解析結果をもとに持続的な改良を試みる．
  →解析結果をもとに改良を試みる．

- 包括的で精度が高く簡便な，スクリーニングから支援計画の作成までのアセ

スメントを一体化した包括的システムの構築を目指す.
→精度が高く簡便なスクリーニングから, 支援計画の作成までのアセスメントを一体化したシステムの構築を目指す.

- これらの発達障害者の医学的治療は可及的早期に開始する方がその効果が大きい.
  →これらの発達障害者の治療はできるだけ早期に開始する方がその効果が大きい.

- 特定の教育方法の試みについて効果検証する法則確立的な検討方法が用いられてきた.
  →特定の教育方法の試みについて効果検証する検討方法が用いられてきた.

- 経験したことが学習観の変化につながったのかという個性記述的な検討はほとんどなされていない.
  →経験したことが学習観の変化につながったのかという検討はほとんどなされていない.

- 破骨細胞における IRF 経路の役割を分子細胞生物学的に解明する.
  →破骨細胞における IRF 経路の役割を解明する.

6 その他

case 70

主観的な表現, 刺激する表現が目につく

理工系　生命科学系　医歯薬系　人文学系　社会科学系　複合領域系

重要度 ★★☆　頻度 ★★★

どこがよくないか

しかし、実証的研究の蓄積が十分ではなく、今後さらに質の高い研究に基づく支援が求められることは自明である。

申請者は今まで、児童・生徒がどのようなところで学習につまずくのかということの研究を中心に行ってきた。したがって、小学生のうちに、中学に入っても学習についていける基礎技能を特定する自信がある。

身体運動とDHA摂取による治療法は、医薬品を使用しないために副作用の問題がなく安全である。

申請者が所属する研究室では、国内で最も活発に本技術を用いた解析をすすめており、この点には研究の遅延は考える必要はない。

siRNA法は当研究室で日常的に行われており、手技的に何ら問題はない。

この方法は当研究室で行われており、技術的に何ら問題はなく、容易に遂行可能である。

研究に関する情報を共有することができるなど研究体制は盤石であり、研究の開始準備は整っている。

実践家が参加する研究会には、全国から新人、ベテランと幅広く参加があるため、あらゆる困難を抽出することが可能である。

アドバイス

余計な言葉や大げさな言い方, 尊大な表現はカットしよう

添削例

しかし、実証的研究の蓄[　　　　]究に基づく支援が求められることは自明である。

> ここまで言うのはどうか？
> 研究に自明のことなどない！

申請者は今まで、児童・生徒がどのようなところで学習につまずくのかということの研究を中心に行ってきた。したがって、小学生のうちに、中学に入っても学習についていける基礎技能を特定する自信がある。

身体運動とDHA摂取による治療法は、医薬品を使用しないために副作用の問題がなく安全である。

申請者が所属する研究室では、国内で最も活[　　　　]、この点には研究の遅延は考える必要はない。

> 言い過ぎ？ 研究では何が
> 起こるかわからない.

siRNA法は当研究室で日常的に行われており、手技的に何ら問題はない。

この方法は当研究室で行われており、技術的に何ら問題はなく、容易に遂行可能である。

研究に関する情報を共有することができるなど研究体制は盤石であり、研究の開始準備は整っている。

実践家が参加する研究会には、全国から新人、ベテランと幅広く参加があるため、あらゆる困難を抽出することが可能である。

> 大げさすぎる？　　　　言い過ぎ？

なぜよくないのか？

　　例文は審査委員を刺激する可能性のある言い回しが多い.

　　審査委員の立場になって考えて欲しい. 申請者自身が研究計画に『何も問題はない』と宣言した場合, たとえ本当に問題がなくても, 審査委員には"本当かな？""よく確認しなくては"という気持ちが生まれる. 一度そのような気持ちをもってしまうと, 申請書のよくない点が目につきやすくなる.

どのように改良すればよいか？

　　読み手を刺激する言い回しを, 不必要に, 無自覚に使わない. こうした言い回しは, 地の文など研究内容以外の, あまり注意を向けていない箇所に含まれることもあるので注意しよう. また, 推定や意見ではなく, 根拠を示すこと. 申請書は意見ではなく, 厳密な根拠や事実に基づいて書くべきものである. そのために必要なら参考文献を引用する.

　　例文では, 余計な言葉や大げさな言い方はカットする. なお,『自信がある』とは主観的な記述. このように書く必要はないし, 自信については客観的事実の積み重ねでアピールする方がよい.

改善例

しかし、実証的研究の蓄積が十分ではなく、今後さらに質の高い研究に基づく支援が求められる。

申請者は今まで、児童・生徒がどのようなところで学習につまずくのかということの研究を中心に行ってきた。したがって、小学生のうちに、中学に入っても学習についていける基礎技能を特定できる。

身体運動とDHA摂取による治療法は、副作用の問題が少なく比較的安全である。

申請者が所属する研究室では、国内で最も活発に本技術を用いた解析をすすめている。

siRNA法は当研究室で日常的に行われており、手技的に十分な経験を積んでいる。

この方法は当研究室で行われており、技術的に遂行可能である。

研究に関する情報を共有することができるなど研究体制ができており、研究の開始準備は整っている。

実践家が参加する研究会には、全国から新人、ベテランと幅広く参加があるため、さまざまな困難な事例を学ぶことが可能である。

6 その他

case 71

略語の種類が多すぎて把握できない

理工系　生命科学系　医歯薬系　人文学系　社会科学系　複合領域系

重要度 ★★☆　頻度 ★★☆

どこがよくないか

①研究の学術的背景

多くの精神疾患に対して薬物療法と経頭蓋磁気刺激法 (TMS: Transcranial magnetic stimulation) が効果的な治療的介入であることが証明されており、米国精神医学会のガイドラインでは多くのうつ症状や不安障害に対する治療として、薬物療法とTMSのどちらかを治療の第一選択として患者の好みにより提供するとされていることから、TMSは精神疾患の治療において重要な選択肢となっている。

生物学的指標を用いてTMSの効果を検討した研究としては、TMSによってうつ病患者の前頭前野内側部と前部帯状回、社交不安障害 (Social Anxiety Disorder; SAD)患者の前頭前野内側部と背外側部、背内側部、強迫性障害 (Obsessive Compulsive Disorder; OCD) 患者の眼窩前頭皮質と前部帯状回の活動性が変化することが報告されており、TMSの治療効果がうつ病、SAD、OCDの脳活動における変化としてとらえられることが明らかになってきた。また、神経性大食症（Bulimia Nervosa; BN）でも外側前頭前皮質と前部帯状回の機能不全が見られ、TMS後に脳活動が変化するという症例報告がある。

（中略）しかしながらその一方で、TMSの効果を予測する指標についての研究としては、Voxel-Based Morphometry (VBM)を用いた全脳の解析でOCDに対するTMSの治療効果と治療前の前頭前野領域の体積の関連を示唆する報告があるものの、前頭前野に関心領域（Region of Interest; ROI）を置いた用手的体積測定によるgyrusレベルの解析や脳機能と組み合わせた検討は行われておらず、うつ病、SAD、BNについては脳構造とTMSの治療効果の関連について検討した報告はまだされていない

memo

ふさわしく

はっきりと

具体的に

簡潔に

推敲のヒント

レイアウト

図表

アピールする

略語は3種類くらいにしよう. それ以外は日本語表記を使う

添削例

①研究の学術的背景

　多くの精神疾患に対して薬物療法と経頭蓋磁気刺激法 (TMS: Transcranial magnetic stimulation) が効果的な治療的介入であることが証明されており、米国精神医学会のガイドラインでは多くのうつ症状や不安障害に対する治療として、薬物療法とTMSのどちらかを治療の第一選択として患者の好みにより提供するとされていることから、TMSは精神疾患の治療において重要な選択肢となっている。

　生物学的指標を用いてTMSの効果を検討した研究としては、TMSによってうつ病患者の前頭前野内側部と前部帯状回、社交不安障害 (Social Anxiety Disorder; SAD)患者の前頭前野内側部と背外側部、背内側部、強迫性障害 (Obsessive Compulsive Disorder; OCD) 患者の眼窩前頭皮質と前部帯状回の活動性が変化することが報告されており、TMSの治療効果がうつ病、SAD、OCDの脳活動における変化としてとらえられることが明らかになってきた。また、神経性大食症 (Bulimia Nervosa; BN) でも外側前頭前皮質と前部帯状回の機能不全が見られ、TMS後に脳活動が変化するという症例報告がある。

　（中略）しかしながらその一方で、TMSの効果を予測する指標についての研究としては、Voxel-Based Morphometry (VBM)を用いた全脳の解析でOCDに対するTMSの治療効果と治療前の前頭前野領域の体積の関連を示唆する報告があるものの、前頭前野に関心領域 (Region of Interest; ROI) を置いた用手的体積測定によるgyrusレベルの解析や脳機能と組み合わせた検討は行われておらず、うつ病、SAD、BNについては脳構造とTMSの治療効果の関連につい□□□いない

略語が多すぎる！

なぜよくないのか？

　　　　　略語が多すぎる. 最初に出てきた箇所ではfull spellingを書いて, それ以降は略語を使っているのはたしかに学術論文のルールに従っていてよい. しかし申請書においては略語が多くなるにつれて読みづらさは増すものと思おう.

どのように改良すればよいか？

　　　　　毎回full spellingを使うよりは略語を使ったほうがよい. しかし略語の使いすぎには注意したい. もちろん略語を使わざるを得ない場合（適当な日本語がまだない場合など）もあるが, できるだけ略語は整理すること. 私の場合は,

略語にするのは申請書のなかでせいぜい3個くらいに留めるようにしている．その他は略さないで日本語で書いた方が審査委員は理解しやすい．

　例文では略語はTMSとVBM（こちらは適当な日本語がまだない）だけにする．

改善例

　多くの精神疾患に対して薬物療法と経頭蓋磁気刺激法 (TMS: Transcranial magnetic stimulation) が効果的な治療的介入であることが証明されており、米国精神医学会のガイドラインでは多くのうつ症状や不安障害に対する治療として、薬物療法とTMSのどちらかを治療の第一選択として患者の好みにより提供するとされていることから、TMSは精神疾患の治療において重要な選択肢となっている。

　生物学的指標を用いてTMSの効果を検討した研究としては、次のような脳の部位の活動性が変化することが知られている。
- うつ病患者：　　　　　前頭前野内側部と前部帯状回
- 社交不安障害患者：　　前頭前野内側部と背外側部、背内側部
- 強迫性障害患者：　　　眼窩前頭皮質と前部帯状回

　したがってTMSの治療効果がうつ病、社交不安障害、強迫性障害の脳活動における変化としてとらえられることが明らかになってきた。また、神経性大食症でも外側前頭前皮質と前部帯状回の機能不全が見られ、TMS後に脳活動が変化するという症例報告がある。

　（中略）その一方で、TMS の効果を予測する指標についての研究としては、Voxel-Based Morphometry (VBM)を用いた全脳の解析で強迫性障害に対する TMS の治療効果と治療前の前頭前野領域の体積の関連を示唆する報告があるものの、前頭前野に関心領域を置いた用手的体積測定による脳回レベルの解析や脳機能と組み合わせた検討は行われておらず、うつ病、社交不安障害、神経性大食症については脳構造と TMS の治療効果の関連について検討した報告はまだされていない。

　なお，例文では『うつ病患者の前頭前野内側部と前部帯状回，社交不安障害（Social Anxiety Disorder；SAD）患者の前頭前野内側部と背外側部，背内側部，強迫性障害（Obsessive Compulsive Disorder; OCD）患者の眼窩前頭皮質と前部帯状回の活動性が変化する』と複数の事柄を続けて説明していることも，読みにくさにつながっている．複数の事柄を続けて説明するときには，箇条書きや表にするなどの工夫をするとよい（case51 参照）．

申請者のギモン 29　スペースがないとき

スペースがありません．空いたスペースに図を入れ込みました．

研究計画	研究内容		
	情報の収集 教材の開発 授業の実践	結果の分析 プログラム作成	成果の公開 社会貢献
1年目	○北欧の教育機関の視察 ○研究協力校（大学，専門学校）での授業実践	○開発プログラムの有効性検証 ○学生のマスター段階に応じた学習内容の検討	○中間成果を学生教育学会にて発表 ○進捗状況を研究紀要にまとめる
2年目〜3年目	○研究協力校（大学，専門学校）での授業実践 ○研究代表者と研究協力者による最終のプログラム検討会	○開発プログラムの有効性検証 ○学習カリキュラムの作成	○最終成果を学生教育学会にて発表 ○学会誌に論文投稿 ○社会人講座の開講

図が上下に縮んで，文字が変形している．わずかな変形でも人間の目には変な感じに映る．
図をスペースに入れ込むときに，文字が変形しないように注意すること．無理矢理上下だけを縮して図を入れ込むなどはしないで，文章を削るなどしてスペースを少々広げる，あるいは図を少し小さくするなどで対応する．

研究計画	研究内容		
	情報の収集 教材の開発 授業の実践	結果の分析 プログラム作成	成果の公開 社会貢献
1年目	○北欧の教育機関の視察 ○研究協力校（大学，専門学校）での授業実践	○開発プログラムの有効性検証 ○学生のマスター段階に応じた学習内容の検討	○中間成果を学生教育学会にて発表 ○進捗状況を研究紀要にまとめる
2年目〜3年目	○研究協力校（大学，専門学校）での授業実践 ○研究代表者と研究協力者による最終のプログラム検討会	○開発プログラムの有効性検証 ○学習カリキュラムの作成	○最終成果を学生教育学会にて発表 ○学会誌に論文投稿 ○社会人講座の開講

6 その他

case 72

なぜ最新あるいは流行の機器を使うかがあいまい

理工系　生命科学系　医歯薬系　人文学系　社会科学系　複合領域系

重要度 ★☆☆　頻度 ★☆☆

どこがよくないか

DOS装置で測定した乳がんヘモグロビン濃度の分子生物学的意義を、組織検体を用いて次世代シーケンサーによる解析をする。

ふさわしく

はっきりと

具体的に

簡潔に

推敲のヒント

レイアウト

図表

アピールする

memo

最新であることもよりもその手法を用いる意義を具体的に書こう

添削例

DOS装置で測定した乳がんヘモグロビン濃度の分子生物学的意義を、組織検体を用いて<u>次世代シーケンサーによる解析</u>をする。

とは？どのような解析なのか

なぜよくないのか？

最新の機器「次世代シーケンサー」を使えば技術的には解析可能なのだということはわかるが，その機器によって，いったい何を解析するのか，この申請書からはわからない．「次世代シーケンサー」ならば多量のデータが得られるが，解析の対象を書かなくてはその意味がない．得られたデータから，どのように解析して，何を調べるのか？

どのように改良すればよいか？

もし，ある機器や手法を使うことで最新の研究とアピールし，よい評価を得ようとするのなら，それはやめておいた方がよい．付け焼き刃かどうか審査委員はわかるものだ．流行（最新）の機器や手法を使うのなら，それを使う納得できる理由や意義を示さないといけないし，これまでの研究である程度の経験があること，あるいは経験がなくとも準備が万端であることを示さないと，審査委員の印象もよくない．

例文では何を調べたいかという具体的な解析の内容，機器の所在，これまでの使用経験の有無を加え，具体的にする．

改善例

DOS装置で測定した乳がんヘモグロビン濃度の分子生物学的意義を、組織検体を用いて次世代シーケンサーによる解析をする。乳がん患者の複数の検体を次世代シークエンサーで解析し、乳がん関連の遺伝子の変異がないか調べる。次世代シークエンサーは申請者が所属している研究機関が保有しており、申請者もこれまでに使用した経験がある。

6 その他

case 73

時事問題への配慮が足りない

理工系　生命科学系　医歯薬系　人文学系　社会科学系　複合領域系

重要度 ★☆☆　頻度 ★☆☆

どこがよくないか

　野鳥や蚊の種類構成は、地域によって異なると考えられるため、調査地は、東京都（林試の森公園）、新潟県（佐潟湿地）、鳥取県（湖山）とする。これらの調査地では、過去に蚊の生息調査を実施し、分析に十分なサンプルが得られることを確認している。

memo

ふさわしく　はっきりと　具体的に　簡潔に　推敲のヒント　レイアウト　図表　アピールする

時事問題への配慮・対応を記そう. どこに時事的な要素が含まれているか把握しておく

添削例

　野鳥や蚊の種類構成は、地域によって異なると考えられるため、調査地は、東京都（林試の森公園）、新潟県（佐潟湿地）、鳥取県（湖山）とする。これらの調査地では、過去に蚊の生息調査を実施し、分析に十分なサンプルが得られることを確認している。

デング熱騒動があったが対応は？

なぜよくないのか？

　申請書の記述が, 時事問題に関連するときがある. 例文では,『調査地は, 東京都（林試の森公園）, 新潟県（佐潟湿地）, 鳥取県（湖山）』とある. しかし, 申請書作成中の時期2014年夏に東京の公園でデング熱が発生した. このタイミングで『東京都（林試の森公園）での調査』を書いてよいか.

どのように改良すればよいか？

　時事的な事柄が研究計画に影響を及ぼすことは, ないことではない. 時事問題については, かかわることが申請前に明らかな場合は対応についての記述が必要であるし, そうでない場合でもかかわりそうな研究項目がどこかは申請者としてせめて把握しておこう.

　例文では, 東京での蚊の採取については何らかの注意事項を書いておくか, あるいは別の地域に変更するという改良のしかたが考えられる. 具体的な場所を2箇所ほど言及しているので未定でもよいかもしれない.

改善例

　野鳥や蚊の種類構成は、地域によって異なると考えられるため、調査地は、新潟県（佐潟湿地）、鳥取県（湖山）ともう一カ所（現時点では未定）とする。これらの調査地では、過去に蚊の生息調査を実施し、分析に十分なサンプルが得られることを確認している。

case 74

表記が異なっており同じものを指すか違うものを指すかがあいまい

理工系　生命科学系　医歯薬系　人文学系　社会科学系　複合領域系

重要度 ★☆☆　頻度 ★☆☆

ふさわしく
はっきりと
具体的に
簡潔に
推敲のヒント
レイアウト
図表
アピールする

どこがよくないか

申請者らは、末梢血中に炎症性サイトカインの刺激により石灰化組織が形成される**骨芽細胞系細胞**が存在することを見出した。これらの予備実験の結果は、末梢血中に**骨芽細胞様細胞**が存在し、炎症性サイトカインにより**活性化骨芽細胞系細胞**へ誘導することで、石灰化組織を形成していることを示唆している。

memo

アドバイス

申請書内の用語は統一しよう. 図表の中, 異なる欄は不統一になりがちなので注意

添削例

申請者らは、末梢血中に炎症性サイトカインの刺激により石灰化組織が形成される<u>骨芽細胞系細胞</u>が存在することを見出した。これらの予備実験の結果は、末梢血中に<u>骨芽細胞様細胞</u>が存在し、炎症性サイトカインにより活性化<u>骨芽細胞系細胞</u>へ誘導することで、石灰化組織を形成していることを示唆している。

同じ意味の細胞なのか？異なるのか？

なぜよくないのか？

　　申請書のなかに,『骨芽細胞系細胞』と『骨芽細胞様細胞』の2つの似た単語があり, 同じ細胞なのか, あるいは2つは異なる細胞なのか明らかでない. もし後者ならば, 細胞の違いをどこかできちんと定義しておかなければならない.

どのように改良すればよいか？

　　申請書全体で表記を統一すること. 特に似たような表記が複数あるとき, 同じものなのか, 区別すべきものなのかをはっきりさせること. 例文の場合, 同じ細胞を指し示しているので, 「骨芽細胞系細胞」か, 「骨芽細胞様細胞」か, どちらかに統一する.

改善例

申請者らは、末梢血中に炎症性サイトカインの刺激により石灰化組織が形成される**骨芽細胞系細胞**が存在することを見出した。これらの予備実験の結果は、末梢血中に**骨芽細胞系細胞**が存在し、炎症性サイトカインにより活性化**骨芽細胞系細胞**へ誘導することで、石灰化組織を形成していることを示唆している。

6 その他

case 75

「関連性」「関係」をもつのは何かがあいまい

理工系　生命科学系　医歯薬系　人文学系　社会科学系　複合領域系

重要度 ★☆☆　　頻度 ★☆☆

どこがよくないか

　歯科心身症患者を対象として薬物療法を行い、痛みや異常感の変化を評価する。さらに、治療成績から患者の年齢、性別、基礎疾患、既往歴、現病歴、病悩の期間、医科歯科的治療の有無、職業、生活スタイル等、様々な背景からアプローチし、関連性について解析する。

memo

ふさわしく　はっきりと　具体的に　簡潔に　推敲のヒント　レイアウト　図表　アピールする

アドバイス
何と何の関連性かと明記して関連がわかるように書こう

添削例

歯科心身症患者を対象として薬物療法を行い、痛みや異常感の〜から患者の年齢、性別、基礎疾患、既往歴、現病歴、病悩の期間〜活スタイル等、様々な背景からアプローチし、関連性について解析する。

> 何と何の関連性なのか？

なぜよくないのか？

例文では『関連性について解析する』と書いているが，何と何の関連性なのか書いていないので，読んだだけではわからない．

申請書では『関連性を探る』『関係を調べる』という記述がしばしばみられるが，何と何の関連性か（関係なのか），わからない例が多い．わからない理由は主に2つあって，1つは具体的な項目を書いていないのでわからない場合で，もう1つは，項目は書いているのだが，文章がわかりにくい場合だ．

どのように改良すればいいのか？

関連性をわかるように書くこと．詳しく説明して文章が少々長くなっても，わかりやすい方がよい．

例文は「治療成績」との関連，と明記しよう．以下では2つの書き方をあげる．

改善例

例文 -a

歯科心身症患者を対象として薬物療法を行い、痛みや異常感の変化を評価する。さらに、治療成績と、患者の様々な背景（患者の年齢、性別、基礎疾患、既往歴、現病歴、病悩の期間、医科歯科的治療の有無、職業、生活スタイル等）との関連性について解析する。

例文 -b

歯科心身症患者を対象として薬物療法を行い、痛みや異常感の変化を評価する。さらに、治療成績と、患者の様々な背景との関連性について解析する。様々な背景とは、患者の年齢、性別、基礎疾患、既往歴、現病歴、病悩の期間、医科歯科的治療の有無、職業、生活スタイル等である。

case 76

「AとBを用いて，CとDを行う」はわかりにくい

理工系　生命科学系　医歯薬系　人文学系　社会科学系　複合領域系

重要度 ★☆☆　頻度 ★☆☆

どこがよくないか

　129-ES細胞のSTAT3 KO-ES細胞とSTAT3のDox（ドキシサイクリン）依存性発現誘導系を用いて、STAT3の有無の条件で転写因子PCFTに対する抗体を用いてChip-qPCRと下流遺伝子のqPCRを行う。

ふさわしく

はっきりと

具体的に

簡潔に

推敲のヒント

レイアウト

図表

アピールする

memo

文を2つに分けてそれぞれの関係を確認しよう. 文章を簡潔にすることに縛られて一文に情報を 盛り込みがちなので注意

添削例

A
129-ES細胞のSTAT3 KO-ES細胞：
B
STAT3のDox（ドキシサイクリン）依存性発現誘導系を用いて、
STAT3の有無の条件で 転写因子PCFTに対する抗体を用いてChip-qPCR： 下流遺伝子のqPCR を行う。
C
D

なぜよくないのか？

　　　例文は「AとBを用いて，CとDを行う」という1文になっていて，さらに，『129–ES細胞』が『STAT3 KO–ES細胞』にかかるのか，それとも『STAT3 KO–ES細胞とSTAT3のDox（ドキシサイクリン）依存性発現誘導系』の両方にかかるのかがわからない.

　　「AとBを用いて，CとDを行う」のように，○○と○○の対になることが1文中に2つあるとわかりにくい. このわかりにくさは，簡潔にしようと1文に情報が詰め込まれたことに原因がある. またこういった場合，形容詞が最初のものにかかるのか，あるいは両方にかかるのか，その点でもわかりにくくなりやすいので注意が必要だ. 文章がわかりにくいときは，短い文章で説明するという前提を捨てる. 説明を加え，繰り返しを多くし，文章を長くしてでも，はっきりとした文章をめざした方がわかりやすい.

どのように改良すればよいか？

　1文の情報をシンプルに．「AとBを用いて，CとDを行う」の1文ならば，2つに分ける．つまりこの系ではAとBの2つを用いる（①），この2つについてCとDを行う（②），とするともう少しわかりやすい．

　例文ならば次のように分ける．文章は長くなるが，理解しやすくなると思う．

- 『STAT3がない条件としては，129–ES細胞においてSTAT3 KO–ES細胞をつくる．』（＝①）
- 『STAT3がある条件としては，Dox（ドキシサイクリン）依存性の発現誘導系によってSTAT3発現レベルを上昇させる．』（＝②）

改善例

　ここでは、STAT3の有無の条件下で、転写因子PCFTに対する抗体を用いてChip-qPCRと下流遺伝子のqPCRを行う。STAT3がない条件としては、129-ES細胞においてSTAT3 KO-ES細胞を作る。STAT3がある条件としては、Dox（ドキシサイクリン）依存性の発現誘導系によってSTAT3発現レベルを上昇させる。

申請者のギモン 30　字下げ

> 段落最初の一文字分のスペースを空ける意味
> は？ 必ず空けなくてはならないもの？

段落の最初に一文字分のスペースを空けること
（字下げ）は，その段落を他から明確に区別する
ためである．
字下げは文章の段落部分や切れ目を示すために，
必ず入れること．そのためには，必要な改行を
入れ１つの内容に関して書かれた段落をつくる．
「しかし」とか「また」とあるときに，改行が必
要かどうか判断すること．

6 その他

case 77

雑なレイアウトで
整った感じがしない

理工系　生命科学系　医歯薬系　人文学系　社会科学系　複合領域系

重要度 ★☆☆　頻度 ★☆☆

どこがよくないか

例文1

研究計画・方法（概要） ※ 研究目的を達成するための研究計画・方法について、簡潔にまとめて記述してください。

　生体内の微量な二酸化炭素濃度をリアルタイムで測定するために、低消費のエネルギーで高感度の時間分解能を行うことが可能なバイオセンサーの開発を目指す。
　以下の4項目について研究を行う。
i)　低消費エネルギー&二酸化炭素濃度についてのパルス幅変換回路の設計を行う。
ii)　低消費エネルギー&パルス幅についてのデジタル変換回路の設計を行う。
iii)　時間分解能&白色雑音の回路技術の確立を行う。
iv)　時間分解能の高信頼性化技術を確立する。

例文2

研究計画・方法（概要） ※ 研究目的を達成するための研究計画・方法について、簡潔にまとめて記述してください。

　生体内の微量な二酸化炭素濃度をリアルタイムで測定するために、低消費のエネルギーで高感度の時間分解能を行うことが可能なバイオセンサーの開発を目指す。
以下の4項目について研究を行う。
1）低消費エネルギー&二酸化炭素濃度についてのパルス幅変換回路の設計を行う。
2）低消費エネルギー&パルス幅についてのデジタル変換回路の設計を行う。
3）時間分解能&白色雑音の回路技術の確立を行う。
4）時間分解能の高信頼性化技術を確立する。

ふさわしく　はっきりと　具体的に　簡潔に　推敲のヒント　レイアウト　図表　アピールする

アドバイス

字下げや文頭揃えにも気をつかおう. 数字は半角でプロポーショナルフォントを使うとよい

添削例

例文1

研究 計 画 ・ 方 法 （概要）※ 研究目的を達成するための研究計画・方法について、簡潔にまとめて記述してください。

　生体内の微量な二酸化炭素濃度をリアルタイムで測定するために、低消費のエネルギーで高感度の時間分解能を行うことが可能なバイオセンサーの開発を目指す。
　以下の4項目について研究を行う。
i)　低消費エネルギー＆二酸化炭素濃度についてのパルス幅変換回路の設計を行う。
ii)　低消費エネルギー＆パルス幅についてのデジタル変換回路の設計を行う。
iii)　時間分解能＆白色雑音の回路技術の確立を行う。
iv)　時間分解

> 幅が広がりすぎる．proportional フォントに変える

例文2

研究 計 画 ・ 方 法 （概要）※ 研究目的を達成するための研究計画・方法について、簡潔にまとめて記述してください。

　生体内の微量な二酸化炭素濃度をリアルタイムで測定するために、低消費のエネルギーで高感度の時間分解能を行うことが可能なバイオセンサーの開発を目指す。
以下の4項目について研究を行う。
1）低消費エネルギー＆二酸化炭素濃度についてのパルス幅変換回路の設計を行う。
2）低消費エネルギー＆パルス幅についてのデジタル変換回路の設計を行う。
3）時間分解能＆白色雑音の回路技術の確立を行う。
4）時間

> 箇条書きの数字を左寄せにすると単調に見える．一段下げる

なぜよくないのか？

　　例文1は研究項目を箇条書きにするのにギリシャ数字を使って書いているが，i)，ii)，iii) としだいに幅が広くなり，iv) でまた狭くなるなど，整った感じがしない．その原因はMS明朝を使っていることにある．proportional でないフォントを使うと文字によってその幅はかなり異なる．MSゴシックも proportional なフォントではないので，やはり文字の幅がまちまちになる．そのため，文頭が揃っていなくて，雑なレイアウトに感じる．数字を概要部分のスペース

　　に左寄せして，）の後にスペースを1つ入れることを優先しているためだ．

　　例文2はアラビア数字を使った箇条書きとなっているが，さらに見やすくすることはできないか？ 余白や，全角と半角に注目したい．

どのように改良すればよいか？

　　箇条書きにしたときはproportionalフォントを使う方がよい．また1文字分のスペースを空けてから，数字を書き，またその後の文頭を揃える．箇条書きの数字は，右へ少し移動する方が構成は視覚的にもわかり読みやすい．レイアウトは好みがあるものだが，とにかく読みやすく，きれいなレイアウトを心がけるという原則は忘れないこと．

　　例文1はproportionalフォントを使う．改善例は，MS P明朝（＝a），ヒラギノ明朝Pro（＝b），メイリオ（＝c）の順である．

　　例文2は文頭に半角1文字分のスペースを入れ，数字を半角にした方がバランスがよい．もちろんフォントの種類にも気を配る．もとの例文はMS明朝，改善例はヒラギノ明朝Pro．

改善例

例文1-a

研究計画・方法（概要） ※ 研究目的を達成するための研究計画・方法について、簡潔にまとめて記述してください。

　生体内の微量な二酸化炭素濃度をリアルタイムで測定するために、低消費のエネルギーで高感度の時間分解能を行うことが可能なバイオセンサーの開発を目指す。
　以下の4項目について研究を行う。
i)　低消費エネルギー&二酸化炭素濃度についてのパルス幅変換回路の設計を行う。
ii)　低消費エネルギー&パルス幅についてのデジタル変換回路の設計を行う。
iii)　時間分解能&白色雑音の回路技術の確立を行う。
iv)　時間分解能の高信頼性化技術を確立する。

例文 1-b

研究計画・方法（概要） ※ 研究目的を達成するための研究計画・方法について、簡潔にまとめて記述してください。

　生体内の微量な二酸化炭素濃度をリアルタイムで測定するために、低消費のエネルギーで高感度の時間分解能を行うことが可能なバイオセンサーの開発を目指す。
　以下の4項目について研究を行う。
i)　低消費エネルギー&二酸化炭素濃度についてのパルス幅変換回路の設計を行う。
ii)　低消費エネルギー&パルス幅についてのデジタル変換回路の設計を行う。
iii)　時間分解能&白色雑音の回路技術の確立を行う。
iv)　時間分解能の高信頼性化技術を確立する。

例文 1-c

研究計画・方法（概要） ※ 研究目的を達成するための研究計画・方法について、簡潔にまとめて記述してください。

　生体内の微量な二酸化炭素濃度をリアルタイムで測定するために、低消費のエネルギーで高感度の時間分解能を行うことが可能なバイオセンサーの開発を目指す。
　以下の4項目について研究を行う。
i)　低消費エネルギー&二酸化炭素濃度についてのパルス幅変換回路の設計を行う。
ii)　低消費エネルギー&パルス幅についてのデジタル変換回路の設計を行う。
iii)　時間分解能&白色雑音の回路技術の確立を行う。
iv)　時間分解能の高信頼性化技術を確立する。

例文 2

研究計画・方法（概要） ※ 研究目的を達成するための研究計画・方法について、簡潔にまとめて記述してください。

　生体内の微量な二酸化炭素濃度をリアルタイムで測定するために、低消費のエネルギーで高感度の時間分解能を行うことが可能なバイオセンサーの開発を目指す。
　以下の4項目について研究を行う。
1)　低消費エネルギー&二酸化炭素濃度についてのパルス幅変換回路の設計を行う。
2)　低消費エネルギー&パルス幅についてのデジタル変換回路の設計を行う。
3)　時間分解能&白色雑音の回路技術の確立を行う。
4)　時間分解能の高信頼性化技術を確立する。

6 その他

case 78

不適切な接続詞を使っている

理工系　生命科学系　医歯薬系　人文学系　社会科学系　複合領域系

重要度 ★☆☆　頻度 ★☆☆

どこがよくないか

　研究代表者は抗うつ薬の用量反応性に関する研究を行い、低用量での処方によって効果が認められる症例も多い半面、効果が不十分な場合には増量によって症状が改善する患者も存在することを明らかにした。

memo

ふさわしく　はっきりと　具体的に　簡潔に　推敲のヒント　レイアウト　図表　アピールする

アドバイス

前後の文章の意味をよく考えてつながりに合わせた接続詞を使おう

添削例

研究代表者は抗うつ薬の用量反応性に関する研究を行い，低用量での処方によって効果が認められる症例も多い半面，効果が不十分な場合には増量によって症状が改善する患者も存在することを明らかにした。

この前後は並列

なぜよくないのか？

例文では『〜も多い半面』とあり，審査委員は前の文章と後の文章で逆の効果があるようなことを期待して読み進めるが，特にそのようなことはない．ここでは内容が逆ではなく，『低用量での処方によって効果が認められる症例も多い』ことと『効果が不十分な場合には増量によって症状が改善する患者も存在する』ことの特徴を2つ並べて書いているだけ．ならば，より適切な接続詞がある．

これと同じような，つなぎが不適切になりがちな表現に『〜だが』がある．これは内容が逆の文章をつなぐ場合にのみ使われるのが正しい表現だ．しかし，多くの人が順接などの使い方もしている．書類をつくるときには特に注意したい．

どのように改良すればよいか？

2つの文章をつなげて書いたとき，前後の文章の意味をよく考えて，つながりに注意しなければならない．もし苦手意識がある場合は，順接，逆接，並列，説明の4つをまず意識する．それぞれ『そして』『だから』，『しかし』『けれども』，『また』『および』，『すなわち』『つまり』などで示せる．

例文の場合，『また』を用いるか，あるいは文章を2つに分ける．

改善例

例文 -a

　研究代表者は抗うつ薬の用量反応性に関する研究を行い、低用量での処方によって効果が認められる症例も多く、また、効果が不十分な場合には増量によって症状が改善する患者も存在することを明らかにした。

例文 -b

　研究代表者は抗うつ薬の用量反応性に関する研究を行い、低用量での処方によって効果が認められる症例が多いことを見いだした。また効果が不十分な場合には増量によって症状が改善する患者も存在することを明らかにした。

補 遺　「申請書を書く，添削する」基本

どこから書いていくのがよいのか？

　　ある科研費セミナーで参加者の方々に「科研費申請書のどの部分から書きはじめるか？」と質問したところ，驚くべきことにかなりの人数が，「【研究目的(概要)】から」と回答した．

　　どおりで申請書をチェックしたときに，【研究目的 (概要)】が【研究目的】本文の内容とは別個の（バラバラの）ものになっていて，首をひねる例が多いわけだ．【研究目的(概要)】はベテラン研究者でも頭を悩ますことが多く，特に申請初心者にとっては難しい（そして実際に【研究目的(概要)】の出来はよくないものが多い）．しかし，論文や総説を書くときのことを思い出してほしい．冒頭のサマリーを最初に書くだろうか？ そうではなく，論文や総説で本文を全部書き終わって，最後に全体のまとめとして，内容を反映させてサマリーを書くのではないだろうか？

　　この順番を意識してみると，【研究目的(概要)】の書きはじめがスムーズになる．なお学術論文においては最初に図表を作成したり，方法を書いたりすることも多い．しかし，この点は論文ではすでに実験を行っていて，その結果をもとに論文を作成するからできるのであって，これから実験を行う科研費申請書では事情が異なる．

書き進めやすい順番はあるのか？

　　科研費申請書では次の順番で書いていくとよい．

【研究目的】本文→【研究計画・方法】本文→【研究計画・方法 (概要)】→【研究目的 (概要)】
（→課題名はいつでもよい）

申請書を作成する順番の要点は，【研究目的 (概要)】を最後に書くということである．【研究目的 (概要)】は申請書の最初の部分ではあるが，申請書全体のサマリーでもあるので一番最後に書くのがよい．申請書の他の部分ができあがって，"さあ，あとは，【研究目的 (概要)】を書いたら完成"と最後の最後に張り切って仕上げる部分だともいえる．

また【研究業績】や，【これまでに受けた研究費とその成果等】【研究経費の妥当性・必要性】などは，【研究目的】や【研究計画・方法】と並行して書いていく．これらの部分は，【研究目的】と【研究計画・方法】で苦労したときの息抜きとして書いていくくらいの気持ちでよい．いずれは書かなくてはいけない部分なので，少しずつ書き溜めておくと，申請書の進捗も見え，やる気がでる．

申請書をとにかく埋めるための秘訣

経験を積んでくると，それぞれ2ページの【研究目的】や【研究計画・方法】では研究を説明するにはスペースが足りないと感じるようになる．しかし，初心者にとってはたった2ページを埋めるだけでもたいへんな作業と努力が必要だろう．申請書を書き進められないときにどのようにしたらよいか，いくつかのヒントを示そう．

1) 研究内容に関する資料を集めて読み込む

申請書が書きにくい原因の1つは，まだ研究内容が固まっていないからである．研究内容をもっと豊かに，研究計画をもっと魅力あるものにするためには，研究内容に関する資料を集めて読み込むことだ．資料とは，本，研究論文，総説など．特に総説にはその分野の研究の重要な事実がまとめて書いてあるので，非常に役に立つ．多くの資料を読んでいくなかで，自分の研究内容に使えそうな方法や未解明な点をメモしていくとよい．

2) 小さく分けて書く

　　申請書が書きにくいもう1つの原因は，何を書くのかがはっきりしていないからである．この対策としては，例えば研究目的の【①研究の学術的背景】を

- 国内の研究動向
- 国外の研究動向
- 本研究の位置づけ
- 着想に至った経緯

などと分けて書いていく．それぞれの分けた項目について5行くらいで書いていくと，まとまったものが書ける．これ以外の欄でも部分に分けて書いていくと書きやすい（右表参照）．

【②研究期間内に何をどこまで明らかにしようとするのか】
• 申請書する研究の最終目標
• それを明らかにするための各年度の研究内容
【③当該分野における本研究の学術的特色・独創的な点及び予想される結果と意義】
• 本研究の学術的特色
• 独創的な点
• 予想される結果
• その意義

3) 具体的な例をあげて説明を詳しく書く

　　例えば次の1文をみてみよう．

『これらの分析にあたっては，申請者の主観のみではなく，テキストマイニングによって分析カテゴリーを抽出したり，対象グループ間を比較するために統計的手法も取り入れる』

　　内容はなんとなくわかるのだが，具体性がない．『分析カテゴリーを抽出』『統計的手法も取り入れる』とあるが，具体的な内容，この研究ならではの内容が書かれていない．自分で抽象的な内容を書いているため，余計に書きにくくなるのだ．

　解決策としては，実例をあげてもう少しだけ詳しく書くことだ．例えば，『主観的な観察』項目には何があるのか具体的なものを2〜3例あげる，『テキストマイニング』で予想される項目をいつくかあげる，などである．難しいと思うかもしれないが，特に初年度に予定している研究計画ならば，研究内容の候補項目ぐらい，あらかじめ計画段階であげられるようにしておこう．こうした点が不足していると，計画の実現性に疑問符がつく，という印象を審査委員はもつ．

添削をはじめよう

　ここまでの流れで，なんとか申請書を形にすることはできたはずだ．それでは，作成した申請書をどのようにチェックしていったらいよいか？自己チェックのやり方はどうすればよいのか？付録1に私が普段実践しているセルフチェック項目をあげる．参考にされたい．

付録1　セルフチェックリスト

セルフチェックに役立つ特に重要な4＋18項目を示します．⇒以下の関連case から詳細なチェックにも挑んでみましょう．

全体のチェック箇所

☐ 内容はそれぞれまとまっているか

☐ 何が問題なのか（＝「背景」）は分野外の人にもわかる書き方になっているか

☐ 何を明らかにしようとする研究なのか（＝「目的」）は1〜2行で簡潔に記されているか

☐ ふさわしい体裁となっているか

⇒ case01 〜 case07, case64 〜 case78

申請書の記載項目ごとのチェック箇所

【研究目的（概要）】

☐ 3つの項目（背景，目的，展開）は書かれているか

☐ 「背景」から，何が問題なのか／未解明なのか／解決すべき問題は／なぜこの研究に意義があるのか，などが読み取れるか

☐ 「目的」がしっかり認識できるか

☐ 「展開」から，この研究によって何が明らかになるのか／その意義は，などが読み取れるか

⇒ case08 〜 case18

【研究目的①研究の学術的背景】

☐ 「一般的な背景」「申請者のこれまでの研究成果」「解決すべき課題」の3つが書かれているか

☐ 1頁目半分程度から，研究の一般的な背景／他の研究者の研究内容が読み取れるか

☐ 残る半分程度から，申請者がこれまでこの分野で行ってきた研究／どのような貢献をしてきたのか，が読み取れるか

☐ 2頁目の1/3程度で，何が現段階で問題なのか／未解決のことは／何を解明すべきなのか，が読み取れるか

【研究目的②何をどこまで明らかにするのか】 ※「目的」をアピールする大切な部分

☐ 【研究目的（概要）】に書いた「目的」は再度書かれているか

☐ 研究項目，あるいは年度ごとの研究内容について，「目的」との関連性が読み取れるか

【研究目的③当該分野における本研究の学術的な特色・独創的な点及び予想される結果と意義】

☐ 「本研究の学術的な特色」「独創的な点」「予想される結果と意義」と分けて書かれているか

☐ 独創的な点がはっきりする書き方になっているか

⇒ **case19** 〜 **case35**

【研究計画・方法（概要）】

☐ 【研究目的（概要）】に書いた「目的」が書かれているか

☐ 研究計画・方法は，簡潔に6行くらいにまとめられているか

⇒ **case36** 〜 **case41**

【研究計画・方法】

☐ 各年度の冒頭に，その年度に行う計画のサマリーがまず書かれているか

☐ 各研究（実験・調査）項目には，「その研究（実験・調査）の目的」「具体的な研究手法」「それによって何が明らかになるかの予想」の3つが書かれているか

☐ うまくいかなかったときの対応／研究体制，が書かれているか

☐ 最後の締めがきちんと書かれているか

⇒ **case42** 〜 **case59**

付録2　インデックス別アドバイス一覧

よりよい申請書にするための8つの改良方針（ふさわしく／はっきりと／具体的に／簡潔に／推敲のヒント／レイアウト／図表／アピールする）ごとにアドバイスをリスト化しました．気になる改良方針のアドバイス一覧をまとめ読みしたりそれぞれのcaseを参照したりなど申請書のブラッシュアップにお役立てください．

より「ふさわしく」する19のアドバイス

1章

case05 項目数や内容は申請書のどの部分でも同じになるように書く

2章

case08 概要部分には「背景」「目的」「展開」を書こう

case12 書きはじめには2つのパターンがある．迷ったら「本研究の目的は」or「背景」から書きはじめよう

case15（**case16** **case39**）

概要部分は論文のサマリーとみなそう

case18（**case34**）

「仮説」や「政策提言」を使うときは慎重に

3章

case20 導入部には一般的な背景と解決すべき課題を書こう

case21 冒頭に「目的」を簡潔に示し，研究の内容をイメージしやすくしよう

case24 何が研究の本体であるかを整理し「目的」と「展開」を区別しよう

case30 応募項目に合った研究項目数でよい

case32「独創的」という表現を避けつつ，申請した研究の特色・意義をしっかり書こう

case33 弱気な表現は極力避け強気な表現でアピールしよう

case35 科研費でしかできない個人の研究者でできる範疇をまとめる

4章

case36 概要部分には「研究項目」だけでなく「目的」も書こう

case38 概要は8行くらい書こう

5章

case50 論文発表・学会発表・本の刊行は「研究成果の発信」欄に移そう

case55 締めに「目的」を繰り返そう

case58 申請者の研究能力とは関係しないものを「リスク」としてあげ，その対応策を具体的に書こう

6章

▌より「はっきりと」させる26のアドバイス

1章

2章

3章

4章

5章

case42 研究項目ごとに「目的」「具体的なメソッド・手法」「予想される結果と意義」を書こう

case43 **case44**
　　　　詳細の前に，年度の要約や「目的」を書こう

case45 具体性のない言葉や記述はカットして説得力を高めよう

case48 現段階の構想でかまわないので，アンケート調査の中身を具体的に書こう

case49 分析手法の中身を詳しく書こう

case52 計画や方法でも特色は出そう

case53 項目ごとに何が確認でき何がわかるという「結果と意義」を書こう

case54 海外の特定の場所でなければならない具体的根拠を示そう

case57 欄を移ったら，既出だからと省略せず，振り返りの意味を込めて改めて書こう

6章

case65 図には必ず説明をつけよう

case71 略語は3種類くらいにしよう

case75 何と何の関連性かと明記して関連がわかるように書こう

case76 文を2つに分けてそれぞれの関係を確認しよう

▌より「具体的に」する17のアドバイス

2章

case09 何を調べたいのかという「目的」を第三者でもイメージできるように書こう

case10 研究目的を理解してもらうため，どのような研究の状況で何を解決すべきかという「背景」をしっかり示そう

3章

case24 「検証」ならば，実験・調査によって何を明らかにするかを加える．「開発」ならば，調査を加えその後に開発する（展開）と話を進める

case25 具体的な例を挙げて詳細に書く

case29 文章が長くなってもよいので丁寧に書こう．専門家でない人に説明するくらいの気持ちで

4章

case38 「目的」と「研究項目」を具体的に

5章

case42 研究項目ごとに「目的」「具体的なメソッド・手法」「予想される結果と意義」を書こう

case46 まずは細部を緻密に書き，具体性とオリジナリティのある内容を目指そう

case47 具体例を幾つか盛り込みイメージの共有ができる内容を目指そう

case48 現段階の構想でかまわないので，アンケート調査の中身を具体的に書こう

case54 海外の特定の場所でなければならない具体的根拠を示そう

case59 計画段階でも協力体制として具体的な研究室/研究者名を書こう

case60 申請者の研究状況や使用するもの，場所を具体的に記すと方法にオリジナリティが生まれる．それによって実現可能性が高いことを示そう

6章

case61 準備状況は十分確立できていることや確認済みの現象を示しながら具体的に書こう

case62 経費として計上した根拠を具体的に示そう

case63 必要な承認の種類，個人情報などへの配慮，その方法などを具体的に示そう

case72 最新であることもよりもその手法を用いる意義を具体的に書こう

より「簡潔に」する13のアドバイス

1章

case03 図は一目見てポイントがつかめるようシンプルにしよう

case04 箇条書きは1～2箇所に限定して効果的に使い，数が多すぎるときは「・」を使ってシンプルに

2章

case11（case28）
「目的」「背景」はそれぞれ1つにまとめてロジックを明確にしよう

case14 2行を超える一文は分割する

3章

case30 関連した項目をまとめシンプルにしよう．応募項目に合った研究項目数でよい．

case33 弱気な表現は極力避け強気な表現でアピールしよう

ふさわしく　はっきりと　**具体的に**　簡潔に　推敲のヒント　レイアウト　図表　アピールする

4章

case39 見出し，先行研究との関連，研究体制への言及はここ（＝概要）になくてよい

case40 概要は8行くらいにしよう．不要な単語はカットし，箇条書きはうまく配置する

5章

case43 case44

詳細の前に，年度の要約や「目的」を書こう

case45 （ case69 ）

具体性のない言葉や記述はカットして説得力を高めよう

6章

case68 論文の図を使うときは，読みにくい部分，申請書では詳しすぎる部分をシンプルに書き直す

case70 余計な言葉や大げさな言い方，尊大な表現はカットしよう

case71 略語は3種類くらいにしよう

「推敲のヒント」となる25のアドバイス

1章

case01 申請書は一度書いたら完成ではない．初めて読む人にも内容を伝えられるか意識して何度も書き直そう

case02 （ case21 ）

「目的」を端的に言い表した一文を用意しよう

case03 図は一目見てポイントがつかめるようシンプルにしよう

case06 case07

審査委員の目を意識して，常に読みやすいかどうか考えながら工夫しよう

2章

case11 「目的」の片方を「背景」に書き換えるのも1つの方法

case13 （ case56 ）

理解に役立つキーワードはなるべく冒頭で提示しよう

case18 （ case34 ）

「仮説」や「政策提言」を使うときは慎重に

3章

case23 過去の業績を目立つ形で記載しよう

case24 何が研究の本体であるかを整理し「目的」と「展開」を区別しよう

case26 指示代名詞を使いすぎず，くどくても元の名詞にすることも検討しよう

case29 文章が長くなってもよいので丁寧に書こう

case31 （ case52 ）

申請する研究の特色やオリジナルな点をしっかり認識して書こう

case35 科研費でしかできない個人の研究者でできる範疇をまとめる

case41 概要は余白行よりも解説の充実を優先しよう

5章

case42 研究項目ごとに「目的」「具体的なメソッド・手法」「予想される結果と意義」を書こう

case48 現段階の構想でかまわないので，アンケート調査の中身を具体的に書こう

case57 欄を移ったら，既出だからと省略せず，振り返りの意味を込めて改めて書こう

6章

case69 「〜的」という書き方は割愛を検討する

case70 余計な言葉や大げさな言い方，尊大な表現はカットしよう

case73 時事問題への配慮・対応を記そう

case74 申請書内の用語は統一しよう

case75 何と何の関連性かと明記して関連がわかるように書こう

case76 文を2つに分けてそれぞれの関係を確認しよう

case77 字下げや文頭揃えにも気をつかおう

case78 前後の文章の意味をよく考えてつながりに合わせた接続詞を使おう

「レイアウト」に関する16のアドバイス

1章

case04 箇条書きや見出し表記の種類は絞ろう

case06 case07

審査委員の目を意識して，常に読みやすいかどうか考えながら工夫しよう

ふさわしく　はっきりと　具体的に　簡潔に　推敲のヒント　レイアウト　図表　アピールする

「図表」に関する6つのアドバイス

■「アピールする」ための9つのアドバイス

1章

case02 「目的」を端的に言い表した一文を用意しよう．重複してもよいので繰り返す

case04 箇条書きや見出し表記の種類は絞ろう

2章

case13 （case56）

理解に役立つキーワードはなるべく冒頭で提示しよう

3章

case23 過去の業績（発表論文，学会発表，科研費獲得など）を目立つ形で記載しよう

case27 本当に重要な1～2箇所だけを太字にしよう

case33 弱気な表現は極力避け強気な表現でアピールしよう．自分の研究に自信を持って

5章

case60 申請者の研究状況や使用するもの，場所を具体的に記すと方法にオリジナリティが生まれる．それによって実現可能性が高いことを示そう

6章

case61 準備状況は十分確立できていることや確認済みの現象を示しながら具体的に書こう

case64 強調スタイルは1種類にしよう

ふさわしく

はっきりと

具体的に

簡潔に

推敲のヒント

レイアウト

図表

アピールする

付録3　申請分野別関連 case 早引きリスト

専門分野ごとに関連する case 番号をまとめた一覧を示します．厳密なものではありませんが，申請書を添削する際，どこから手を付けるべきか悩んだら，まずは申請予定の専門分野の case を，次に全分野共通の case をご覧ください．

理工系

1章	case03　case05
2章	case13
3章	case26　case30　case35
4章	case37　case40
5章	case46　case53　case56
6章	case61　case65　case66　case67　case68　case72

生命科学系

1章	case03　case05
2章	case13
3章	case26　case30　case35
4章	case37　case40
5章	case46　case53　case56
6章	case61　case63　case65　case66　case67　case68　case72

医歯薬系

1章	case03　case05
2章	case09　case13
3章	case26　case30　case34　case35
4章	case37　case40
5章	case46　case48　case51　case53　case56
6章	case61　case63　case65　case66　case67　case68　case72

人文学系

2章	case09 case18
3章	case34
5章	case42 case45 case47 case48 case49 case51 case54

社会科学系

2章	case09 case18
3章	case34
5章	case42 case45 case47 case48 case49 case51 case54

複合領域

2章	case09 case13 case18
3章	case26 case34
4章	case40
5章	case46 case47 case56

全分野共通

1章	case01 case02 case04 case06 case07
2章	case08 case10 case11 case12 case14 case15 case16 case17
3章	case19 case20 case21 case22 case23 case24 case25 case27 case28 case29 case31 case32 case33
4章	case36 case38 case39 case41
5章	case43 case44 case50 case52 case55 case57 case58 case59 case60
6章	case62 case64 case69 case70 case71 case73 case74 case75 case76 case77 case78

索　引

児島 将康 (Masayasu Kojima)

淡路島生まれ．1988年宮崎医科大学大学院博士課程修了（医学博士）．日本学術振興会特別研究員を経て，'93年国立循環器病センター研究所生化学部室員，'95年より同室長．2001年より久留米大学分子生命科学研究所遺伝情報研究部門教授．

【研究テーマ】 未知の生理活性ペプチドの探索と機能解明．そして，グレリンを中心とした摂食・代謝調節の研究．

【趣　　　味】 クラシック音楽．好きな曲はたくさんあるが，この本の各 Case のような，短い小品で好きな曲は
① ジョージ・バターワース：青柳の堤
② ヤナーチェク：草陰の小道
③ フーゴー・ヴォルフ：夏の子守歌

【好きな小説】 この歳になって村上春樹に夢中．

【好きな映画】 小津安二郎の作品．どこにでも，誰にでもあるような話が心に染みる．

【座 右 の 銘】 師匠の松尾壽之先生から受け継いだ言葉　Hitch your wagon to a Star!　高い望みを抱き，理想に燃えよ！

【E-mail】 kojima_masayasu@kurume-u.ac.jp（科研費申請書に関する質問は，左記のメール宛てに遠慮なく連絡してきてください）

科研費申請書の赤ペン添削ハンドブック

2016 年 9 月 15 日　第 1 刷発行	著　者	児島将康（こじままさやす）
2016 年 10 月 5 日　第 2 刷発行	発行人	一戸裕子
	発行所	株式会社　羊　土　社
		〒 101-0052
		東京都千代田区神田小川町 2-5-1
		TEL　03（5282）1211
		FAX　03（5282）1212
		E-mail　eigyo@yodosha.co.jp
		URL　www.yodosha.co.jp/
ⓒ YODOSHA CO., LTD. 2016		
Printed in Japan	装　幀	関原直子
ISBN978-4-7581-2069-2	印刷所	三美印刷株式会社